嵌入式计算机智能系统设计

赵明富　汤　斌　王博思 等　编著

科学出版社

北　京

内 容 简 介

本书从微型计算机应用需求的角度，介绍了嵌入式计算机智能系统设计的基础知识、关键技术和实例分析，内容涵盖计算机应用系统的基础知识，嵌入式计算机智能系统中的 MCS-51、PIC、MSP430、ARM、DSP 系列微处理器等，系统输入/输出通道，数据采集接口设计，模拟量与开关量（数字量）输出通道设计，系统外设处理接口技术，系统中的通信接口，系统的数据处理，系统的抗干扰技术，系统的设计及实例，智能车路协同系统设计与实现。

本书可作为相关学科研究生教材，也可作为从事嵌入式计算机智能系统设计相关领域工程技术人员的参考书。

图书在版编目（CIP）数据

嵌入式计算机智能系统设计 / 赵明富等编著. —北京：科学出版社，2024.2
（2025.1 重印）

ISBN 978-7-03-075238-3

Ⅰ. ①嵌… Ⅱ. ①赵… Ⅲ. ①微型计算机－智能系统－系统设计
Ⅳ. ①TP36

中国国家版本馆 CIP 数据核字（2023）第 047177 号

责任编辑：叶苏苏 梁晶晶 / 责任校对：王萌萌
责任印制：罗 科 / 封面设计：义和文创

科 学 出 版 社 出版
北京东黄城根北街 16 号
邮政编码：100717
http://www.sciencep.com
四川青于蓝文化传播有限责任公司印刷
科学出版社发行 各地新华书店经销
*
2024 年 2 月第 一 版 开本：787×1092 1/16
2025 年 1 月第二次印刷 印张：21 1/4
字数：517 000
定价：139.00 元
（如有印装质量问题，我社负责调换）

本书编写人员

主要编著人员：赵明富　　汤　斌　　王博思

　　　　　　　邹　雪　　彭醇陵

其他参编人员：宋　涛　　龙邹荣　　钟年丙

　　　　　　　罗彬彬　　王建旭

前　　言

以计算机技术和通信技术为核心的信息革命现已迈进"互联网+"时代，物联网技术正融入人们生活的方方面面。物联网典型体系架构分为三层，自下而上分别是感知层、网络层和应用层。覆盖物联网的感知与标识、通信与网络、接入与处理三个不同层面的各项关键核心技术，以嵌入式系统、单片机及智能终端等为代表的微型计算机技术是构建系统软硬件平台不可缺少的支撑技术。

本书以 MCS-51 微处理器为基础，介绍 PIC、MSP430、ARM、DSP 系列微处理器等，从微型计算机应用需求的角度，详细阐述有关微处理器及其指令系统的概念和汇编语言的程序设计方法，介绍构成微型计算机的存储器、中断系统及 I/O 接口部件的工作原理和应用实例，包括测控通道、数据采集接口设计、模拟量与开关量（数字量）输出通道设计，以及各种实例电冰箱、智能车等，为微型计算机技术在电子信息、物联网、测控等领域的应用打下坚实基础。

在编写本书的过程中，重点不是研究各电路模块本身的工作原理，而是研究由各模块构成的整个计算机智能系统的工作原理；不是研究计算机智能系统各模块的内部结构，而是研究各模块之间的连接和影响；不是研究设计某一个模块的具体电路，而是从总体设计的角度出发，研究各模块设置的必要性，以及整机对该模块的技术要求；不是从整机角度研究计算机智能系统各部分硬件的连接，而是把硬件与软件结合起来，重点研究与硬件相关的接口软件，测量控制算法、整机监控程序及影响计算机智能系统整机性能的抗干扰技术等；研究如何把以前学习过的计算机、传感器、测量电路和控制电路等模块构建成一个恰当、适合，满足特定需求的计算机智能系统。本书重点讨论传感器的选用、信号调理电路设计、采集电路设计、模拟输入通道的误差分析、单元电路级联设计中的问题，以及量程切换、标度变换、非线性校正技术、数字滤波技术、硬件抗干扰技术、软件抗干扰技术等。

本书可为嵌入式计算机智能系统设计相关领域的工程技术人员提供技术参考，同时，也可作为相关学科研究生课程的教材。

作者参考了大量的文献资料，吸取众家之长，并融合了作者多年来从事计算机智能系统应用研究方面的实际经验，对全书内容作了精心组织编排，在注重完整性和系统性的前提下，坚持少而精的原则，重点突出，力求实用。为了便于学生掌握讲述的内容，每章均有例题分析和习题，注重学生的能力培养，使学生从应用角度出发，了解微机的工作原理，建立微机工作的整体概念，从理论与实践的结合上掌握汇编语言程序设计和微机接口技术，并在此基础上掌握微型计算机在电子信息、测控领域的应用，具备软、硬件开发和分析能力。

读者可以从以下三方面学习。

1. 领悟原理

（1）掌握各类信息在计算机中的表示方法以及运算方法。

（2）理解微处理器的结构和工作原理，进而了解微机系统的组成及工作原理。

（3）理解常用接口芯片的工作原理。

2. 分析/开发软件程序

（1）掌握 MCS-51 指令系统、伪指令。

（2）能完成常用问题的汇编语言程序设计。

（3）掌握 ROM BIOS 中断功能调用和 DOS 功能调用。

（4）I/O 常用控制方式的程序设计方法。

3. 分析/设计硬件系统

（1）掌握微机中存储器系统的设计与分析方法。

（2）理解微机系统中常用的输入/输出控制方式。

（3）掌握采用常用接口芯片的硬件系统设计与分析。

本书在编写过程中参考了大量的书籍，在此对相关作者一并表示感谢！

由于作者水平有限，书中疏漏之处在所难免，敬请读者指正。

赵明富

2023 年 7 月于重庆理工大学

目　　录

第1章 绪 论

【自学提示】

本章从计算机的基本结构和工作过程入手，着重介绍计算机应用系统的基本概念、组成形式、特点、名词术语和应用形式，是学习本课程的基础知识，通过本章的学习使学习者对计算机应用系统的结构和组成有一个初步的认识，以此引出学习内容，明确需要达到的要求。

1.1 概 述

电子计算机（简称计算机）的发明是 20 世纪重大科学成就之一，它标志着人类文明已进入了一个新的历史阶段。从 1946 年第一台电子计算机 ENIAC（electronic numerical integrator and computer）问世以来，计算机科学技术一直飞速发展。在推动计算机发展的诸因素中，电子器件是最活跃的因素。基于器件的更新换代，计算机经历了电子管、晶体管、集成电路、超大规模集成电路四个发展阶段后，朝着智能信息处理的第五代计算机发展。

目前，计算机有着极其广泛的应用前景，特别是伴随互联网时代的来临，终端技术所必须依赖的微型计算机技术更凸显出其在现代电子技术领域的重要地位，在社会生活的各个领域将迎来前所未有的机遇和挑战。

1.2 计算机应用系统的发展趋势

1939 年 12 月，阿坦纳索夫制成了世界上第一台以二进制逻辑为核心的计算机。1945 年，莫希利和埃克特利用阿坦纳索夫发明中的构想研制成了编制弹道特性表的计算机，命名为 ENIAC，1946 年 2 月交付使用，这台计算机使用了 18000 多只电子管，重 30 吨、体积达 90m³、加法运算速度为 5000 次/秒。由于习惯原因，人们在对计算机技术划代时仍然把 1946 年作为起始点，依照采用的物理器件的变更通常把计算机的发展分为四代[1]。

（1）第一代电子管时代。1946 年开始，由于使用电子管作为逻辑器件，这一代计算机体积大、功耗高、价格高、操作复杂、可靠性和稳定性差、维修不方便，运算速度在每秒几千次到一万次，主要用于数值计算。

（2）第二代晶体管时代。从 1957 年开始，由于采用了晶体管，计算机的体积减小、功耗降低、价格降低、操作趋于简单、可靠性提高、运算速度达到每秒 10 万次到 100 万次，大多用于科学计算。

（3）第三代集成电路时代。1965 年开始，集成电路是将晶体管、电阻、电容等电子元件构成的电路微型化，并集成在一块指甲大小的硅片上。由此，计算机的体积急剧减小、功耗进一步降低、价格大幅度下降、运算速度达到每秒 100 万次到 1000 万次，数据处理方面的应用增多。

（4）第四代大规模、超大规模集成电路时代。从 1971 年开始至今，出现了微型计算机，并在结构上出现了由多台计算机组成的计算机网络。由于集成电路的高度集成，计算机的体积越来越小、价格进一步降低、可靠性越来越高、操作更简单、应用范围也更广泛，计算机在这个时代得到了普及。

计算机应用的广泛和深入，又向计算机技术本身提出了更高的要求。当前，计算机的发展表现为四种趋向：巨型化、微型化、网络化和智能化。

（1）巨型化是指发展高速度、大存储量和强功能的巨型计算机。这是诸如天文、气象、地质、核反应堆等尖端科学的需要，也是记忆巨量的知识信息，以及使计算机具有类似人脑的学习和复杂推理的功能所必需的。巨型机的发展集中体现了计算机科学技术的发展水平。

（2）微型化就是进一步提高集成度，利用高性能的超大规模集成电路研制质量更加可靠、性能更加优良、价格更加低廉、整机更加小巧的微型计算机。

（3）网络化就是把各自独立的计算机用通信线路连接起来，形成各计算机用户之间可以相互通信并能使用公共资源的网络系统。网络化能够充分利用计算机的宝贵资源并扩大计算机的使用范围，为用户提供方便、及时、可靠、广泛、灵活的信息服务。

（4）智能化是指让计算机具有模拟人的感觉和思维过程的能力。智能计算机具有解决问题和逻辑推理、知识处理和知识库管理的功能等。人与计算机的联系是通过智能接口，用文字、声音、图像等与计算机进行自然对话。目前，已研制出各种"机器人"，有的能代替人劳动，有的能与人下棋等。智能化使计算机突破了"计算"这一初级的含义，从本质上扩充了计算机的能力，计算机可以越来越多地代替人类的脑力劳动。

1.3 计算机系统的结构与特点

1.3.1 计算机系统的基本结构

1946 年在美籍匈牙利数学家冯·诺依曼领导的研制小组提出的计算机方案中明确了计算机的五大组成部分：输入和输出设备、运算器、逻辑控制装置（控制器）、存储器[2]。

（1）输入设备是人与计算机进行交互的入口，是向计算机输入原始数据、程序和其他信息的设备。常用的输入设备有键盘、鼠标等。工作时，把信息转换成计算机所能接收的二进制代码送入机器。

（2）输出设备是计算机与人交互的出口，是计算机运算器把运算的中间结果或最终结果及其他信息以数字、字符、图形等形式表示出来的设备。常用的有打印机、数码管、显示器和绘图仪等。

（3）运算器是计算机进行算术运算和逻辑运算的主要部件，由寄存器、可控的加减运算器、移位寄存器等逻辑电路构成。衡量运算器性能的主要指标是字长和运算速度。字长是一次参加运算的二进制数的最大位数。运算速度是指计算机进行加减运算的快慢，用每秒完成的运算次数来表示。

（4）控制器是整个机器的控制中心。它通过向机器的各部分发出的控制信号来控制整台机器自动地、协调地工作。

在控制器工作过程中，还需不断地接收执行部件的反馈信息。例如，运算器送来的运算结果、状态等，这些反馈信息为控制器判断下一步如何工作提供了依据。

因此，控制器的工作就是根据存储器中存储的程序，周而复始地取指令、分析指令、执行指令，向运算器、存储器、输入和输出设备发出控制命令，控制计算机的工作。

（5）存储器是计算机信息仓库，具有记忆功能，用来存放输入设备送来的原始数据、程序及运算器送来的运算结果等。

存储器采用按地址存取的方式工作，它由许多存储单元组成，每个存储单元可以存放一个数据代码。存储器好似一个有着若干容量（座位数）相同的房间的建筑物，每个房间有一个唯一的编号，每个房间的座位在该房间也有一个唯一编号。人们根据房间号和座位号就能对号入座了。存储器中的"房间"称为单元，"房间"的编号称为地址，"座位"编号称为位。在计算机中，存储器包含的存储单元的总数称为容量，为了方便，以 KB 为单位。存储器的基本功能是按给定的地址，将数据写入相应的存储单元或读取相应单元中的数据或指令。因此，能存储大量信息的存储体是存储器的核心。

1.3.2 微型计算机系统的组成及工作过程

微型计算机也属于冯·诺依曼计算机体系结构，只是利用超大规模集成电路技术将其传统计算机硬件的五大组成部件中的运算器和控制器，即中央处理器（central processing unit，CPU）集成在一块芯片里。图 1-3-1 给出了微型计算机相关术语之间的关系[3]。

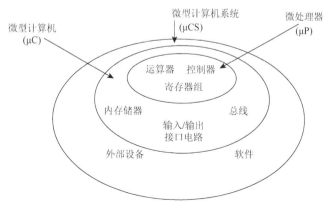

图 1-3-1 微型计算机组成

（1）微处理器（microprocessor）利用微电子技术将包括运算器、控制器的中央处理器的复杂电路集成在一块大规模集成电路（large scale integrated circuit，LSI）芯片上，把这种微缩的 CPU 称为 μP 或 MP。

（2）微型计算机（microcomputer）以微处理器为核心配上存储器[随机存储器（random access memory，RAM）、只读存储器（read-only memory，ROM）]、输入/输出（input/output，I/O）设备的接口集成电路构成的整体，称为微型计算机，或简称微机（μC 或 MC）。如果把微处理器（μP）、存储器（RAM 和 ROM）及接口电路集成在一块芯片上，就是单片机（single chip microcomputer，SCM）。如果把微处理器、存储器及 I/O 接口电路焊接在一块印刷板上，就是单板机。微计算机一般不包括外设和软件。

（3）微型计算机系统（microcomputer system）以微型计算机为中心，配上相应的外部设备（如键盘、显示器、打印机、磁盘机等）、电源及软件（系统软件、应用软件）所构成的系统，称为微型计算机系统，或简称微机系统（μCS 或 MCS）。根据外设配置的多少、软件功能的强弱，微型计算机系统可分为大系统和小系统，而大系统和小系统之间没有明确的定义与界线。

微型计算机系统硬件系统结构框图见图 1-3-2。

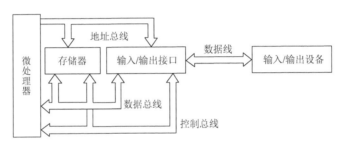

图 1-3-2　微型计算机系统硬件系统结构框图

（1）微处理器包括运算器、控制器、寄存器组三大部分，一般集成在一个大规模集成芯片上，如 8088、80x86 等，它是计算机的核心部件，具有计算、控制、数据传送、指令译码及执行等重要功能，它直接决定了计算机的主要性能，见图 1-3-3。

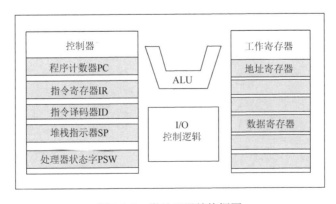

图 1-3-3　微处理器结构框图

①算术逻辑部件（arithmetic and logic unit，ALU）——运算器的核心部件是 ALU，所有的算术运算、逻辑运算和移位操作都是由 ALU 完成的。

②控制器——CPU 的指挥机关，完成指令的读入、寄存、译码和执行。

程序计数器（program counter，PC）——保存下一条要执行的指令的地址。

指令寄存器（instruction register，IR）——保存从存储器中读入的当前要执行的指令。

指令译码器（instruction decoder，ID）——对指令寄存器中保存的指令进行译码分析。

堆栈指针（stack pointer，SP）——对堆栈进行操作时提供地址。

处理器状态字（processor status word，PSW）——暂存处理器当前的状态。

③工作寄存器——暂存寻址和计算过程的信息。

地址寄存器——操作数的寻址。

数据寄存器——暂存操作数和中间运算结果。

④I/O 控制逻辑——包括 CPU 中与输入/输出操作有关的逻辑，其作用是处理输入/输出的操作。

（2）存储器用于存放程序代码及有关数据。微处理器通过对总线的控制实现对存储器的读写操作，见图 1-3-4。

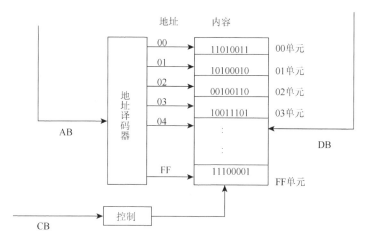

图 1-3-4 存储器结构

存储器由若干存储单元、地址译码器及相应的控制电路组成。存储器的读写操作是由地址总线上送来的地址，经过存储器中的地址译码器译码，选择存储器中的不同存储单元，然后根据控制总线上的控制命令，进行相应的读写操作。

（3）输入/输出接口电路，由于外部设备如键盘、显示器、软盘、硬盘、打印机等，在数据格式、运行速度等方面与 CPU 不匹配，故在连接时，需要通过输入/输出接口电路使外部设备与之相连。

（4）总线是微型计算机中模块到模块之间传输信息的通道，是各种公共信息线的集合，采用总线结构便于部件和设备的扩充。

对微机而言，总线可以分为以下四类，见图 1-3-5。

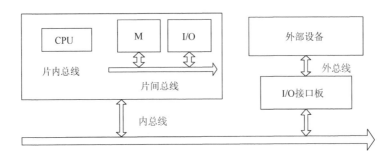

图 1-3-5 微型计算机的总线结构

片内总线——这种总线是微处理器的内总线,在微处理器内用来连接 ALU、CU(control unit)和寄存器组等逻辑功能单元。这种总线没有具体标准,由芯片生产厂家自己确定。

片间总线——微处理器、存储器芯片、I/O 接口芯片等之间的连接总线。片间总线通常包括数据总线、地址总线和控制总线。

内总线——微型计算机系统内连接各插件板的总线。内总线有不同的总线标准,如 S-100 总线(IEEE-696 标)、STD(standard data bus)总线、IBM-PC(ISA、ESA、VESA、PCI、AGP)总线标准等,采用不同总线标准的功能板无法连接在一起。

外总线——用于微型计算机系统之间或者微型计算机与外部设备之间的通信。外总线技术已经很成熟,各种应用要求皆有标准可遵循,如并行总线 IEEE-488 标准、串行总线 RS-232 标准等。

1.3.3 计算机系统的主要特点

计算机系统的主要特点有以下五个方面。

(1)高速性。计算机组成的物质基础主要是电子逻辑部件,电子器件的高速性使计算机具有了高速性。

(2)准确性。由于采用数字化信息编码,计算机的运算、控制及信息处理具有极高的准确性。

(3)记忆性。计算机采用"存储程序"工作原理,把程序和数据先存入具有记忆功能的存储器件中,只需要发送"启动"命令,计算机就按照程序进行控制,自动连续地完成预设的任务。因此计算机具有记忆性。

(4)逻辑性。由于计算机内部所有数字化信息编码都采用二进制的形式(称基二码),即每位代码只有 0 和 1 两种形式,它既可以表示数值数据也可以表示逻辑值("是"与"非"等),从而使逻辑代数成为计算机设计与分析工具。它与高速逻辑器件结合使计算机具有逻辑判断和逻辑运算的能力。

(5)通用性。计算机采取程序存储原理,程序可以是各个领域的用户自己编写的应用程序,也可以是厂家提供的众多用户共享的程序,丰富的软件、多样的信息使计算机具有相当强的通用性。

1.4　学习的主要内容与方法

　　本书的主要学习内容包括：了解计算机系统的概念，熟悉常见的微处理器类型和特点，能根据具体应用需求选择合适的处理器；掌握计算机系统中的模拟输入/输出通道和数字输入/输出通道，以及输入/输出通道的设计和使用；掌握模/数（analog to digit，A/D）转换的原理和转换电路的设计，掌握计算机应用系统中数据输入采集接口的设计；掌握数/模（digit to analog，D/A）转换的原理和输出通道的设计，包括模拟量输出和开关量（数字量）输出；掌握计算机应用系统常用的外设处理接口技术，包括键盘、发光二极管（light-emitting diode，LED）、液晶显示屏（liquid crystal display，LCD）、打印机和触摸屏等接口；掌握计算机应用系统中较为常用的通信接口使用，包括串口通信、通用串行总线（universal serial bus，USB）通信、以太网通信、控制器局域网（controller area network，CAN）总线通信等；熟悉利用微处理器进行数据处理，如误差校正、数据滤波及其他数据处理；熟悉计算机系统中干扰产生的原理以及常用的抗干扰技术。

　　学习本书首先应该明确"学习目的"，也就是指在选择学习课程时应该少一些盲从性。其次要熟悉学习内容，"预习"是学习中一个很重要的环节，但和其他学科中的"预习"不同的是，计算机学科中的"预习"不是说要把教材从头到尾地看上一遍，这里的"预习"是指，在学习之前，应该粗略地了解一下诸如课程内容是用来做什么的、用什么方式来实现等一些基本问题。最为重要的是该课程是一门实践性较强的课程，一些初学者往往会产生这样的疑惑："该上的课，一节不落；该读的书，我也一页没少看。为什么还总是觉得什么都不会？"其实在你认为计算机学习的全部就只是听听讲课、看看课件的同时，你也犯下了计算机应用系统学习之大忌——"多学少练"。计算机系统应用是一个熟能生巧的过程。实践在这个过程中是一个十分重要的环节。只看演示记下步骤，却疏于自己动手练习；或是只照猫画虎地重复别人的操作，都不能达到学习的目的。必须有充足的时间自己动脑创意、动手练习。在反复的练习中才能使自己牢固掌握住所学知识。在这里需要特别强调的一点是，"计算机系统应用"是一门工具课程，所以在计算机的学习中"学以致用"最重要。如果不能把学会的东西用来解决实际问题，这样的学习是空洞没有实效的。

参 考 文 献

[1]　屈婷婷，刘载锋. ENIAC——一项颠覆性创新的历史探究[J]. 求索，2014，（02）：84-89.
[2]　亨尼西，帕特森. 计算机体系结构量化研究方法[M]. 贾洪峰，译. 6 版. 北京：人民邮电出版社，2022.
[3]　杨宝勇. 计算机硬件组成设备维护技术[J]. 电子技术与软件工程，2018，（3）：171.

第2章 嵌入式计算机智能系统中的微处理器

【自学提示】

普通个人计算机（personal computer，PC）中的处理器是通用目的处理器。它们的设计非常丰富，因为这些处理器提供全部的特性和广泛的功能，故可以用于各种应用中。这些处理器能源消耗大，产生的热量高，尺寸也大。其复杂性意味着这些处理器的制造成本昂贵。在早期，计算机应用系统通常用通用目的处理器建造。随着大量先进的微处理器制造技术的发展，越来越多的计算机应用系统用嵌入式微处理器建造，而不是用通用目的处理器。这些微处理器是为完成特殊的应用而设计的特殊目的处理器。对于不同的应用，需要综合考虑能耗、处理速度、接口数量、尺寸等因素，选择合理的符合需求的处理器。本章主要介绍多种常用的微处理器的性能特点，包括 51 系列单片机、PIC 系列单片机、MSP430 系列单片机、ARM（advanced RICS machines）处理器以及数字信号处理器（digital signal processor，DSP）等，以便合理选择微处理器。

2.1 嵌入式计算机智能系统中的微处理器选择

一类微处理器注重尺寸、能耗和价格。因此，某些嵌入式处理器限定其功能，即处理器对于某类应用足够好，而对于其他类的应用可能就不够好了。这就是许多的嵌入式处理器没有太高的 CPU 速度的原因。例如，为个人数字助理（personal digital assistant，PDA）设备选择的就没有浮点协处理器，因为浮点运算没有必要，或用软件仿真就足够了。这些处理器可以是 16bit 地址体系结构，而不是 32bit 的，因为受内存储器容量的限制；CPU 频率可以是 200MHz，因为应用的主要特性是交互和显示密集型的，而不是计算密集型的。这类嵌入式处理器很小，因为整个 PDA 装置尺寸很小并能放在手掌上。限制功能意味着降低能耗并延长电池供电时间。更小的尺寸可降低处理器的制造成本。

另一类微处理器更关注性能。这些处理器功能很强，并用先进的芯片设计技术包装，如先进的管道线和并行处理体系结构。这些处理器设计满足那些用通用目的处理器难以达到的密集型计算的应用需求。新出现的高度特殊的高性能的嵌入式处理器包括为网络设备和电信工业开发的网络处理器。总之，系统和应用速度是人们关心的主要问题。

还有一类微处理器关注全部 4 个需求——性能、尺寸、能耗和价格。例如，蜂窝电话中的嵌入式 DSP 具有特殊性的计算单元、内存中的优化设计、寻址和带多种处理能力的总线体系结构，这样 DSP 可以非常快地实时执行复杂的计算。在同样的时钟频率下，DSP 执行数字信号处理要比通用目的处理器速度快若干倍，这就是在蜂窝电话的设计上用 DSP 而不用通用目的处理器的原因。更甚之，DSP 具有非常快的速度和强大的嵌入式处理器，其价格是相当合适的，使得蜂窝电话的整体价格具有相当大的竞争力。使用 DSP 的供电电池可以持续几十小时。

片上系统（system on chip，SoC）处理器对嵌入式系统具有特别的吸引力。SoC 处理器具有 CPU 内核并带内置外设模块，如可编程通用目的计时器、可编程中断控制器、直接存储器访问（direct memory access，DMA）控制器和以太网接口。这样的自含设计使嵌入式设计可以用来建造各种嵌入式应用，而不需要附加外部设备，再次减少了最终产品的费用并减小尺寸。

针对各种嵌入式设备的需求，各个半导体芯片厂商都投入了很大的力量研发和生产适用于这些设备的 CPU 及协处理器芯片。用于嵌入式设备的处理器必须高度紧凑、低功耗、低成本。

与全球 PC 市场不同的是，没有一种微处理器和微处理器公司可以主导嵌入式系统，仅以 32 位的 CPU 而言，就有 100 种以上嵌入式微处理器。由于嵌入式系统设计的差异性极大，因此选择是多样化的。设计者在选择处理器时要考虑的主要因素如下。

（1）调查市场上已有的 CPU 供应商。有些公司如 Motorola、Intel、AMD 很有名气，而有一些小的公司如 QED 虽然名气很小，但也生产很优秀的微处理器。另外，有一些公司，如 ARM、MIPS 等，只设计但并不生产 CPU，它们把生产权授予世界各地的半导体制造商。ARM 是一家近年来在嵌入式系统中有影响力的微处理器制造商，ARM 的设计非常适合于小的电源供电系统。Apple 在 Newton 手持计算机中使用 ARM 的产品，另外有几款数字无线电话也在使用 ARM 的产品。

（2）处理器的处理速度。一个处理器的性能取决于多个方面的因素：时钟频率，内部寄存器的大小，指令是否对等处理所有的寄存器等。对于许多需用处理器的嵌入式系统设计来说，目标不在于挑选速度最快的处理器，而在于选取能够完成作业的处理器和 I/O 子系统。如果设计是面向高性能的应用，那么建议考虑某些新的处理器，其价格极为低廉，如 IBM 和 Motorola 的 Power PC。以前 Intel 的 i960 是销售极好的精简指令集计算机（reduced instruction set computer，RISC）高性能芯片，但是最近几年却遇到了强劲的对手，让位于 MIPS、SH 以及后起之星 ARM。

（3）技术指标。当前，许多嵌入式处理器都集成了外围设备的功能，从而减少了芯片的数量，进而降低了整个系统的开发成本。开发人员首先考虑的是系统所要求的一些硬件能否无需过多的胶合逻辑（glue logic）就可以连接到处理器上。其次是考虑该处理器的一些支持芯片，如 DMA 控制器、内存管理器、中断控制器、串行设备、时钟等的配套。

（4）处理器的低功耗。嵌入式微处理器最大并且增长最快的市场是手持设备、电子记事本、PDA、手机、全球定位系统（global positioning system，GPS）导航器、智能家电等消费类电子产品，这些产品中选购的微处理器典型的特点是高性能、低功耗。许多 CPU 生产厂家已经进入了这个领域。

（5）处理器的软件支持工具。仅有一个处理器，没有较好的软件开发工具的支持也是不行的，因此选择合适的软件开发工具对系统的实现会起到很好的作用。

（6）处理器是否内置调试工具。处理器如果内置调试工具可以极大地缩短调试周期，降低调试的难度。

（7）处理器供应商是否提供评估板。许多处理器供应商可以提供评估板来验证理论是否正确，验证决策是否得当。

2.2　MCS-51 系列单片机

2.2.1　MCS-51 系列单片机简介

单片机自 20 世纪 70 年代问世以来，作为微计算机一个很重要的分支，应用广泛，发展迅速，已对人类社会产生了巨大的影响。尤其是美国 Intel 公司生产的 MCS-51 系列单片机，由于其具有集成度高、处理功能强、可靠性好、系统结构简单、价格低廉、易于使用等优点，在我国已经得到广泛的应用，在智能仪器仪表、工业检测控制、电力电子、机电一体化等方面取得了令人瞩目的成果。尽管目前已有世界各大公司研制的各种高性能的不同型号的单片机不断问世，但由于 MCS-51 单片机易于学习、掌握，性能价格比高，另外，以 MCS-51 单片机基本内核为核心的各种扩展型、增强型的单片机不断推出，所以在今后若干年内，MCS-51 系列单片机仍是我国在单片机应用领域首选的机型。

MCS 是 Intel 公司生产的单片机符号，如 Intel 公司的 MCS-48、MCS-51、MCS-96 系列单片机。MCS-51 系列单片机既包括三个基本型 8031、8051、8751，也包括对应的低功耗型 80C31、80C51、87C51。

MCS-51 系列及 80C51 单片机有多种。它们的引脚及指令系统相互兼容，主要在内部结构上有些区别。目前使用的 MCS-51 系列单片机及其兼容产品通常分成以下几类。

1. 基本型（典型产品：8031/8051/8751）

8031 内部包括一个 8 位 CPU、128 字节 RAM、21 个特殊功能寄存器（special function register，SFR）、4 个 8 位并行 I/O 口、1 个全双工串行口、2 个 16 位定时器/计数器，但片内无程序存储器，需外扩可擦可编程只读存储器（erasable programmable read-only memory，EPROM）芯片。

8051 是在 8031 的基础上，片内又集成有 4KB ROM，作为程序存储器，是一个程序不超过 4KB 的小系统。ROM 内的程序是公司制作芯片时，代为用户烧制的，出厂的 8051 都是含有特殊用途的单片机，所以 8051 适合于应用在程序已定且批量大的单片机产品中。

8751 是在 8031 基础上，增加了 4KB 的 EPROM，它构成了一个程序小于 4KB 的小系统。用户可以将程序固化在 EPROM 中，可以反复修改程序，但其价格相对于 8031 较贵。8031 外扩一片 4KB EPROM 就相当于 8751，它的最大优点是价格低。随着大规模集成电路技术的不断发展，能装入片内的外围接口电路也可以是大规模的。

2. 增强型

Intel 公司在 MCS-51 系列三种基本型产品基础上，又推出了增强型系列产品，即 52 子系列，典型产品有 8032/8052/8752。它们的内部 RAM 增到 256B，8052 和 8752 的内部程序存储器扩展到 8KB，16 位定时器/计数器增至 3 个，6 个中断源，串行口通信速率提高 5 倍。

3. 低功耗型

低功耗型的代表性产品为 80C31BH/87C51/80C51。它们均采用 CHMOS 工艺，功耗很低。例如，8051 的功耗为 630mW，而 80C51 的功耗只有 120mW，它们用于低功耗的便携式产品或航天技术中。

此类单片机有两种掉电工作方式：一种掉电工作方式是 CPU 停止工作，其他部分仍继续工作；另一种掉电工作方式是，除片内 RAM 继续保持数据外，其他部分都停止工作。此类单片机的功耗低，非常适于电池供电或其他要求低功耗的场合。

上述各种型号的单片机中，最具代表性的产品是美国 ATMEL 公司推出的 89C51，它是一个低功耗、高性能的含有 4KB 闪烁存储器的互补金属氧化物半导体器件（complementary metal oxide semiconductor，CMOS）单片机，时钟频率高达 20MHz，与8031 的指令系统和引脚完全兼容。闪烁存储器允许在线（＋5V）电擦除、电写入或使用通用编程器对其重复编程。此外，89C51 还支持由软件选择的两种掉电工作方式，非常适于电池供电或其他要求低功耗的场合。由于片内带 EPROM 的 87C51 价格偏高，而89C51 芯片内的 4KB 闪烁存储器可在线编程或使用编程器重复编程，且价格较低，因此89C51 受到了应用设计者的欢迎。

2.2.2　MCS-51 系列单片机结构

MCS-51 系列单片机的片内结构如图 2-1-1 所示。MCS-51 系列单片机是把那些作为控制应用所必需的基本内容都集成在一块尺寸有限的集成电路芯片上。如果按功能划分，它由如下功能部件组成，即微处理器、RAM、ROM/EPROM、并行接口（P0 口、P1 口、

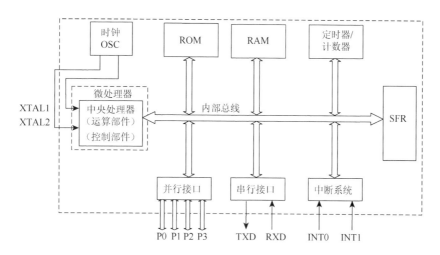

图 2-1-1　MCS-51 系列单片机的片内结构

P2 口、P3 口)、串行接口、定时器/计数器、中断系统及 SFR。它们都是通过片内单一总线连接而成的(图 2-1-1),其基本结构依旧是 CPU 加上外围芯片的传统结构模式。但对各种功能部件的控制是采用 SFR 的集中控制方式。

1. 微处理器

MCS-51 系列单片机中有 1 个 8 位的微处理器,与通用的微处理器基本相同,同样包括了运算器和控制器两大部分,只是增加了面向控制的处理功能,不仅可处理字节数据,还可以进行位变量的处理,如位处理、查表、状态检测、中断处理等。

2. RAM

片内为 128B(52 子系列的为 256B),片外最多可外扩至 64KB,用来存储程序在运行期间的工作变量、运算的中间结果、数据暂存和缓冲、标志位等,所以称为数据存储器。128B 的数据存储器以高速 RAM 的形式集成在单片机内,以加快单片机运行的速度,而且这种结构的 RAM 还可以降低功耗。

3. ROM/EPROM

8031 无此部件;8051 为 4KB ROM;8751 则为 4KB EPROM。由于受集成度限制,片内只读存储器一般容量较小(4~8KB),如果片内只读存储器的容量不够,则需用扩展片外只读存储器,片外最多可外扩至 64KB。

4. 中断系统

它具有 5 个中断源,2 级中断优先权。

5. 定时器/计数器

片内有 2 个 16 位的定时器/计数器,具有四种工作方式。在单片机的应用中,往往需要精确的定时,或对外部事件进行计数。为提高单片机的实时控制能力,需在单片机内部设置定时器/计数器部件。

6. 串行接口

1 个全双工的串行接口具有四种工作方式,可用来进行串行通信、扩展并行 I/O 口,甚至与多个单片机相连构成多机系统,从而使单片机的功能更强且应用更广。

7. P0 口、P1 口、P2 口、P3 口

它们为 4 个并行 8 位 I/O 口。

8. SFR

SFR 共有 21 个,用于对片内各功能部件进行管理、控制、监视,实际上是一些控制寄存器和状态寄存器,是一个具有特殊功能的 RAM 区。

　　由上可见，MCS-51 系列单片机的硬件结构具有功能部件种类全、功能强等特点。特别值得一提的是 MCS-51 单片机 CPU 中的位处理器，它实际上是一个完整的 1 位微计算机，这个 1 位微计算机有自己的 CPU、位寄存器、I/O 口和指令集。1 位微计算机在开关决策、逻辑电路仿真、过程控制方面非常有效；而 s 位微计算机在数据采集、运算处理方面有明显的长处。MCS-51 系列单片机中 8 位微计算机和 11 位微计算机的硬件资源复合在一起，二者相辅相成，它是单片机技术上的一个突破，这也是 MCS-51 系列单片机在设计上的精妙之处。

2.2.3　MCS-51 微处理器

　　MCS-51 微处理器是由运算器和控制器所构成的。

　　1. 运算器

　　运算器主要用来对操作数进行算术、逻辑运算和位操作，主要包括算术逻辑运算单元 ALU、累加器 A、寄存器 B、位处理器、PSW 以及 BCD（binary-coded decimal）码修正电路等，下面介绍主要几种。

　　1）算术逻辑运算单元 ALU

　　ALU 的功能十分强大，它不仅可对 8 位变量进行逻辑与、或、异或、循环、求补和清零等基本操作，还可以进行加、减、乘、除等基本算术运算。ALU 还具有一般的微计算机 ALU 所不具备的功能，即位处理操作，它可对位（bit）变量进行位处理，如置位、清零、求补、测试转移及逻辑与、或等操作。由此可见，ALU 在算术运算及控制处理方面的能力是很强的。

　　2）累加器 A

　　累加器 A 是一个 8 位的累加器，是 CPU 中使用最频繁的一个寄存器，也可写为 Acc。

　　3）寄存器 B

　　寄存器 B 是为执行乘法和除法操作设置的存储器，ALU 的两个输入端分别为 A、B，运算结果存放在 BA 寄存器对中。B 中放乘积的高 8 位，A 中放乘积的低 8 位。除法中，被除数取自 A，除数取自 B，商存放在 A 中，余数存放于 B 中。在不执行乘、除法操作的情况下，可把它当作一个普通寄存器使用。

　　4）PSW

　　MCS-51 单片机的 PSW，是一个 8 位可读写的寄存器，位于单片机片内的特殊功能寄存区，字节地址为 D0H。PSW 的不同位包含了程序运行状态的不同信息，掌握并牢记 PSW 各位的含义是十分重要的，因为在程序设计中，经常会用到 PSW 的各个位。

　　2. 控制器

　　控制器是单片机的指挥控制部件，控制器的主要任务是识别指令，并根据指令的性质控制单片机各功能部件，从而保证单片机各部分能自动而协调地工作。单片机执行指令是在控制器的控制下进行的。首先从程序存储器中读出指令，送指令寄存器保存，然后送指令译码器进行译码，译码结果送定时控制逻辑电路，由定时控制逻辑电路产生各种定时信号和控制信号，再将这些信号送到单片机的各个部件去进行相应的操作。这就是一条指令执行的全过程，执行程序就是不断重复这一过程。控制器主要包括程序计数器、程序地址寄存器、指令寄存器 m、指令译码器、条件转移逻辑电路及时序控制逻辑电路。

综上所述，单片机整个程序的执行过程就是在控制部件的控制下，将指令从程序存储器中逐条取出，进行译码，然后由定时控制逻辑电路发出各种定时控制信号，控制指令的执行。对于运算指令，还要将运算的结果特征送入 PSW。

以主振频率为基准（每个主振周期称为振荡周期），控制器控制 CPU 的时序，对指令进行译码，然后发出各种控制信号，它将各个硬件环节的动作组织在一起。

2.3　PIC 系列单片机

PIC 是美国 Microchip 公司所生产的单片机系列产品型号的前缀。PIC 系列单片机的硬件系统设计简洁，指令系统设计精练。在所有的单片机品种当中，它是容易学习、容易应用的单片机品种之一。对于单片机的初学者来说，若选择 PIC 单片机作为攻入单片机的"突破口"，将是一条轻松的捷径，定会取得事半功倍的功效[1]。

世界上有一些著名计算机芯片制造公司，其单片机产品是在其原有的微型计算机 CPU 基础上改造而来的。在某种程度上自然存在一定的局限性。而 Microchip 公司是一家专门致力于单片机开发、研制和生产的制造商，其产品设计起点高，技术领先，性能优越，独树一帜。目前，已有好几家著名半导体公司仿照 PIC 系列单片机，开发出与其引脚兼容的系列单片机。

例如，美国 SCENIX 公司的 SX 系列、中国台湾 EMC 公司的 EM78P 系列、中国台湾 MDT 公司的 MDT 系列等。可以说，PIC 系列单片机代表着单片机发展的新动向。以下分几个方面介绍它的优越之处。

1. 哈佛总线结构

PIC 系列单片机在架构上采用了与众不同的设计手法，它既不像 Motorola 公司开发生产的 MC68HC05/08 系列单片机那样，其程序存储器和数据存储器统一编址（也就是两种存储器位于同一个逻辑空间里，这种架构的微控制器、微处理器、数字信号处理器或者微型计算机系统，称为普林斯顿体系结构），也不像早期在国内市场上最流行的单片机产品——Intel 公司开发生产的 MCS-51 系列单片机那样，其程序存储器和数据存储器虽然独立编址（也就是两种存储器位于不同的逻辑空间里，这种架构的微控制器、微处理器、数字信号处理器或者微型计算机系统，称为哈佛体系结构）；但是它们与 CPU 之间传递信息必须共用同一条总线，仍然摆脱不了瓶颈效应，于是影响到 CPU 运行速度的进一步提高。PIC 系列单片机不仅采用了哈佛体系结构，而且采用了哈佛总线结构。在 PIC 系列单片机中采用的这种哈佛总线结构就是在芯片内部将数据总线和指令总线分离，并且采用不同的宽度，如图 2-3-1 所示。这样做的好处是，便于实现指令提取的"流水作业"，也就是在执行一条指令的同时对下一条指令进行取指操作；便于实现全部指令的单字节化、单周期化，从而有利于提高 CPU 执行指令的速度。在一般的单片机中，指令总线和数据总线是共用的（即时分复用），如图 2-3-1 所示。

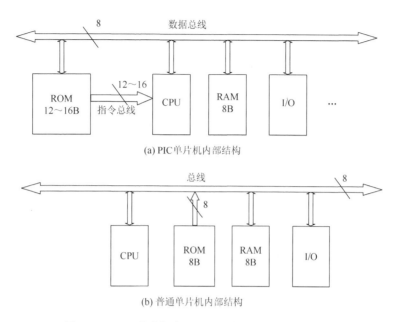

(a) PIC 单片机内部结构

(b) 普通单片机内部结构

图 2-3-1 PIC 单片机内部结构与普通单片机内部结构

2. 指令单字节化

因为数据总线和指令总线是分离的，并且采用了不同的宽度，所以程序存储器 ROM 和数据存储器 RAM 的寻址空间（即地址编码空间）是互相独立的，而且两种存储器宽度也不同。这样设计不仅可以确保数据的安全性，还能提高运行速度和实现全部指令的单字节化。在此所说的字节，特指 PIC 单片机的指令字节，而不是常说的 8 字节。例如，PIC12C50X/PIC16C5X 系列单片机的指令字节为 12 位；PIC16C6X/PIC16C7X/PIC16C8X 系列的指令字节为 14 位；PIC17CXX 系列的指令字节为 16 位。它们的数据存储器全为 8 位宽。而 MCS-51 系列单片机的 ROM 和 RAM 宽度都是 8 位，指令长度从 1 字节（8 位）到 3 字节长短不一。

3. RISC 技术

PIC 系列单片机的指令系统（就是该单片机所能识别的全部指令的集合，称为指令系统或者指令集，instruction set）只有 35 条指令。这给指令的学习、记忆、理解带来很大的好处，也给程序的编写、阅读、调试、修改、交流都带来极大的便利，真可谓"易学好用"。而 MCS-51 系列单片机的指令系统共有 111 条指令，MC68HC05 单片机的指令系统共有 89 条指令。PIC 系列单片机不仅全部指令均为单字节指令，而且绝大多数指令为单周期指令，以利于提高执行速度。

4. 寻址方式简单

寻址方式就是寻找操作数的方法。PIC 系列单片机只有 4 种寻址方式（即寄存器间接寻址、立即数寻址、直接寻址和位寻址），容易掌握，而 MCS-51 系列单片机则有 7 种寻址方式，MC68HC05 单片机有 6 种寻址方式。

5. 代码压缩率高

1KB 的存储器空间，对于像 MCS-51 这样的单片机，大约只能存放 600 条指令，而对于 PIC 系列单片机则能够存放的指令条数可达 1024 条。与几种典型的单片机相比，PIC16C5X 是一种最节省程序存储器空间的单片机。也就是说，对于完成相同功能的一段程序，MC68HC05 所占用地址空间是 PIC16C5X 的 2.24 倍。

6. 运行速度高

由于采用了哈佛总线结构，以及指令的读取和执行采用了流水作业方式，运行速度大大提高。PIC 系列单片机的运行速度远远高于其他相同档次的单片机。在所有 8 位机中，PIC17CXX 是目前世界上速度较快的品种。

7. 功耗低

PIC 系列单片机的功率消耗极低，是目前世界上功耗较低的单片机品种。其中有些型号，在 4MHz 时钟下工作时耗电不超过 2mA·h，在睡眠模式下耗电可以低到 1μA 以下。

8. 驱动能力强

I/O 端口驱动负载的能力较强，每个 I/O 引脚吸入和输出电流的最大值可分别达到 25mA 和 20mA，能够直接驱动 LED、光电耦合器或者微型继电器等。

9. I2C 和 SPI 串行总线端口

PIC 系列单片机的一些型号具备 I2C（inter IC bus，也可以记为 IIC）和 SPI（serial peripheral interface）串行总线端口。I2C 和 SPI 分别是由 PHILIPS 公司和 Motorola 公司发明的两种串行总线技术，是在芯片之间实现同步串行数据传输的技术。利用单片机串行总线端口可以方便灵活地扩展一些必要的外围器件串行接口和串行总线的设置，不仅极大地简化了单片机应用系统的结构，而且还极易形成产品电路的模块化结构。目前，松下、日立、索尼、夏普、长虹等公司，都在其大屏幕彩电等产品中引入了 I2C 技术。

10. 寻址空间设计简洁

PIC 系列单片机的程序、堆栈、数据三者各自采用互相独立的寻址（或地址编码）空间，而且前两者的地址安排不需要用户操心，这会受到初学者的欢迎。而 MC68HC05 和 MC68HC11 单片机的寻址空间只有一个，编程时需要用户对程序区、堆栈区、数据区和

I/O 端口所占用的地址空间作精心安排，这样会给专业设计人员的设计带来灵活性，但是也会给初学者带来一些麻烦。

11. 外接电路简洁

PIC 系列单片机片内集成了上电复位电路、I/O 引脚上拉电路、"看门狗"（watchdog）定时器等，可以最大限度地减少或免用外接器件，以便实现"纯单片"应用。这样不仅方便于开发，而且还可节省用户的电路板空间和制造成本。

12. 开发方便

通常，业余条件下学习和应用单片机最大的障碍是实验开发设备昂贵，许多初学者望而却步，Microchip 公司及多家代理商，为用户的应用开发提供了丰富多彩的硬件和软件支持。有各种档次的硬件仿真器和程序烧写器（或称编程器）出售，其售价从 500 元到 2000 余元不等。此外，Microchip 公司还研制了多种版本的软件仿真器和软件综合开发环境（软件名为 MPLAB-IDE），为爱好者学习与实践、应用与开发的实际操练提供了极大的方便。对于 PIC 系列中任一款单片机的开发，都可以借助于一套免费的软件综合开发环境。实现程序编写和模拟仿真，再用任何一种廉价的烧写器完成程序的固化烧写，便形成一套最经济实用的开发系统，它特别适合那些不想过多投资来购置昂贵开发工具的初学者和业余爱好者：借助于这套廉价的开发系统，用户可以完成一些小型电子产品的研制开发。由此可见，对初级水平的自学者来说，PIC 系列单片机是一种最为适合、最容易接近的单片机。

13. C 语言编程

对于掌握了 C 语言的用户，Microchip 公司还为其提供了 C 语言编译程序，这样的用户如果使用 C 语言这种高级语言进行程序设计，还可以大大提高工作效率。

14. 品种丰富

PIC 系列单片机目前已形成了 3 个层次、50 多个型号。片内功能从简单到复杂，封装形式从 8 脚到 68 脚，可以满足各种不同的应用需求。用户总能在其中找到一款适合自己开发目标的单片机。在封装形式多样化方面，不像 MCS-51 系列单片机那样，大都采用 40 脚封装，应用灵活性受到极大的限制。此外，Microchip 公司最先开发出世界上第一台最小的 8 脚封装的单片机。

15. 程序存储器版本齐全

Microchip 公司对其单片机的某一种型号可提供多种存储器版本和封装工艺的产品。

（1）窗口的 EPROM 型芯片，适合程序反复修改的开发阶段；

（2）一次编程（one time programmable，OTP）的 EPROM 芯片，适合于小批量试生产和快速上市的需要；

（3）ROM 掩模型芯片，适合大企业大批量定型产品的规模化生产；

（4）个别型号具有电擦除可编程只读存储器（electrically-erasable programmable read-only memory，EEPROM 或 E^{2}PROM）或 Flash 程序存储器，特别适合初学者在线反复擦写，练习编程。

16. 程序保密性强

目前，尚无办法对其直接进行解密复制，可以最大限度地保护用户的程序版权。

2.4 MSP430 系列单片机

MSP430 系列单片机是美国德州仪器（Texas Instruments，TI）1996 年开始推向市场的一种 16 位超低功耗的混合信号处理器（mixed signal processor），称为混合信号处理器，主要是由于其针对实际应用需求，把许多模拟电路、数字电路和微处理器集成在一块芯片上，以提供"单片"解决方案[2]。

1. MSP430 系列单片机的特点

虽然 MSP430 系列单片机推出时间不是很长，但由于其卓越的性能，在短短几年时间里，其发展极为迅速，应用也日趋广泛。MSP430 系列单片机针对各种不同应用，有一系列不同型号的器件，其主要特点如下。

1）超低功耗

MSP430 系列单片机的电源电压采用 1.8～3.6V 低电压，RAM 数据保持方式下耗电仅 0.1μA，活动模式耗电 250pA/MIPS（MIPS：每秒百万条指令数），I/O 端口的漏电流最大仅 50nA。MSP430 系列单片机有独特的时钟系统设计，包括两个不同的时钟系统：基本时钟系统和锁频环（FLL 和 FLL+）时钟系统或数字振荡器时钟系统。由时钟系统产生 CPU 和各功能模块所需的时钟，并且这些时钟可以在指令的控制下打开或关闭，从而实现对总体功耗的控制。由于系统运行时使用的功能模块不同，即采用不同的工作模式，芯片的功耗有明显的差异。在系统中共有 1 种活动模式（AM）和 5 种低功耗模式（LPM0～LPM4）。

另外，MSP430 系列单片机采用矢量中断，支持十多个中断源，并可以任意嵌套。用中断请求将 CPU 唤醒只要 6μs，通过合理编程，既可以降低系统功耗，又可以对外部事件请求作出快速响应。在这里，需要对低功耗问题作一些说明。

首先，对一个处理器而言，活动模式的功耗必须与其性能一起来考察、衡量，忽略性能来看功耗是片面的。在计算机体系结构中，是用 W/MIPS（瓦特/每秒百万条指令数）来衡量处理器的功耗与性能关系的，这种标称方法是合理的。MSP430 系列单片机在活动模式时耗电 250μA/MIPS，这个指标是很高的（传统的 MCS-51 单片机为 10～20mA/MIPS）。其次，作为一个应用系统，功耗是整个系统的功耗，而不仅仅是处理器的功耗。例如，在一个有多个输入信号的应用系统中，处理器输入端口的漏电流对系统的耗电影响就较大。MSP430 单片机输入端口的漏电流最大为 50nA，远低于其他系列单片机（一般为 1～10μA）。

另外，处理器的功耗还要看它内部功能模块是否可以关闭，以及模块活动情况下的耗电，如低电压监测电路的耗电等。还要注意，有些单片机的某些参数指标中，虽然典型值可能很小，但最大值和典型值相差数十倍，而设计时要考虑到最坏情况，就应该关心参数标称的最大值，而不是典型值。总体而言，MSP430 系列单片机堪称目前世界上功耗最低的单片机，其应用系统可以做到一枚电池使用 10 年。

2）强大的处理能力

MSP430 系列单片机是 16 位单片机，采用了目前流行的、颇受学术界好评的 RISC结构，一个时钟周期可以执行一条指令（传统的 MCS-51 单片机要 12 个时钟周期才可以执行一条指令），使 MSP430 在 8MHz 晶振工作时，指令速度可达 8MIPS（注意：同样 8MIPS 的指令速度，在运算性能上，16 位处理器比 8 位处理器高不止两倍）。不久还将推出 25～30MIPS 的产品。

同时，MSP430 系列单片机中的某些型号，采用了一般只有 DSP 中才有的 16 位多功能硬件乘法器、硬件乘加（积之和）功能、DMA 等一系列先进的体系结构，大大增强了它的数据处理和运算能力，可以有效地实现一些数字信号处理的算法[如快速傅里叶变换（fast Fourier transform，FFT）、双音多频（dual-tone multifrequency，DTMF）等]。这种结构在其他系列单片机中尚未使用。

3）高性能模拟技术及丰富的片上外围模块

MSP430 系列单片机结合 TI 的高性能模拟技术，各成员都集成了较丰富的片内外设。视型号不同可能组合有以下功能模块："看门狗"，模拟比较器 A，定时器 A（Timer_A），定时器 B（Timer_B），串口 0、1（USART0、1），硬件乘法器，液晶驱动器，10 位、12 位、14 位模/数转换器（analog to digital converter，ADC），12 位数/模转换器（digital to analog converter，DAC），I2C 总线，直接数据存取（DMA），端口 1～6（P1～P6），基本定时器（basic timer）等。

其中，"看门狗"可以在程序失控时迅速复位；模拟比较器进行模拟电压的比较，配合定时器，可设计出高精度（10～11 位）的 A/D 转换器；16 位定时器（Timer_A 和 Timer_B）具有捕获、比较功能；大量的捕获、比较寄存器可用于事件计数、时序发生、脉冲宽度调制（pulse width modulation，PWM）等；多功能串口（通用同步/异步串行接收/发送器（universal synchronous/asynchronous receiver/transmitter，USART）可实现异步、同步和 I2C串行通信，可方便地实现多机通信等应用；具有较多的 I/O 端口，最多达 6×8 条 I/O 口线，I/O 输出时，不管是灌电流，还是拉电流，每个端口的输出晶体管都能够限制输出电流（最大约 25mA），保证系统安全：P1、P2 端口能够接收外部上升沿或下降沿的中断输入；12 位 A/D 转换器有较高的转换速率，最高可达 200Kbit/s，能够满足大多数数据采集应用；LCD 驱动模块能直接驱动多达 160 段液晶；F15X 和 F16X 系列有两路 12 位高速 DAC，可以实现直接数字波形合成等功能；硬件 I2C 串行总线接口可以扩展 I2C 接口器件；DMA功能可以提高数据传输速度，减轻 CPU 的负荷。MSP430 系列单片机的丰富片内外设，在目前所有单片机系列产品中是非常突出的，为系统的单片解决方案提供了极大的方便。

4）系统工作稳定

上电复位后，首先由 DCO_CLK 启动 CPU，以保证程序从正确的位置开始执行，保证晶体振荡器有足够的起振及稳定时间。然后软件可设置适当的寄存器的控制位来确定最后的系统时钟频率。如果晶体振荡器在用作 CPU 时钟 MCLK 时发生故障,DCO 会自动启动,以保证系统正常工作。这种结构和运行机制,在目前各系列单片机中是绝无仅有的。另外,MSP430 系列单片机均为工业级器件,运行环境温度为–40~+85℃,运行稳定、可靠性高,所设计的产品适用于各种民用和工业环境。

5)方便高效的开发环境

目前,MSF430 系列有 OTF 型、Flash 型和 ROM 型三种类型的器件,国内大量使用的是 Flash 型。这些器件的开发手段不同,对于 OTF 型和 ROM 型的器件是使用专用仿真器开发成功之后再烧写或掩模芯片。对于 Flash 型则有十分方便的开发调试环境,因为器件片内有 JTAG(joint test action group)调试接口,还有可电擦写的 Flash 存储器,因此采用先通过 JTAG 接口下载程序到 Flash 内,再由 JTAG 接口控制程序运行、读取片内 CPU 状态,以及存储器内容等信息供设计者调试,整个开发(编译、调试)都可以在同一个软件集成环境中进行。这种方式只需要一台 PC 和一个 JTAG 调试器,而不需要专用仿真器和编程器。开发语言有汇编语言和 C 语言。目前较好的软件开发工具是 IAR WORKBENCH V3.10。这种以 Flash 技术、JTAG 调试、集成开发环境结合的开发方式,具有方便、廉价、实用等优点,在单片机开发中还较为少见。其他系列单片机的开发一般均需要专用的仿真器或编程器。另外,2001 年,TI 公司又公布了 BOOTSTRAP 技术,利用它可在保密熔丝烧断以后,只要几根硬件连线,通过软件口令字(密码)就可更改并运行内部的程序,这为系统固件的升级提供了又一方便的手段。BOOTSTRAP 具有很高的保密性,口令字可达 32 字节长度。

2. MSP430 系列单片机的发展和应用

TI 公司从 1996 年推出 MSP430 系列开始到 2000 年初,推出了 33X、32X、31X 等几个系列。MSP430 的 33X、32X、31X 等系列具有 LCD 驱动模块,对提高系统的集成度较有利。每个系列有 ROM 型(c)、OTP 型(P)和 EPROM 型(E)等芯片。EPROM 型的价格昂贵,运行环境温度范围窄,主要用于样机开发。这也表明了这几个系列的开发模式,即用户可以用 EPROM 型开发样机,用 OTP 型进行小批量生产,而 ROM 型适应大批量生产的产品。MSP430 的 3XX 系列,在国内几乎没有使用。随着 Flash 技术的迅速发展,TI 公司也将这一技术引入 MSP430 系列单片机中。2000 年推出了 F11X/11X1 系列,这个系列采用 20 脚封装,内存容量、片上功能和 I/O 引脚数比较少,但是价格比较低廉。在 2000 年 7 月推出了带 ADC 或硬件乘法器的 F13X、F14X 系列。在 2001 年 7 月到 2002 年又相继推出了带 LCD 控制器的 F41X、F43X、F44X。TI 公司在 2003~2004 年推出了 F15X 和 F16X 系列产品。在这一新的系列中,有两个方面的发展:一是增加了 RAM 的容量,如 F1611 的 RAM 容量增加到 10KB,这样就可以引入实时操作系统(real time operating system,RTOS)或简单文件系统等。二是从外围模块来说,增加了 I2C、DMA、DAC12 和 SVS 等模块。近两年,TI 公司针对某些特殊应用领域,利用 MSP430 的超低功耗特性,还推出了一些专用单片机,如专门用于电量计量的 MSP430FE42X,用于水表、气表、热表等具有无磁传感模块的 MSP430FW42X,以及用于人体医学监护(血糖、血压、脉搏等）的 MSP430FG42X 单片机。用这些单片机来设计相应的专用产品，不仅具有 MSP430 的超低功耗特性，还能大大简化系统设计。根据 TI 公司在 MSP430 系列单片机上的发展计划，在今后将陆续推出性能更高、功能更强的 F5XX 系列，这一系列单片机的运行速度可达 25~30MIPS，并具有更大的 Flash（128KB）及更丰富的外设图像信号处理器（CAN、USB 等）。MSP430 系列单片机不仅可以应用于许多传统的单片机应用领域，如仪器仪表、自动控制及消费品领域，而且适合用于一些电池供电的低功耗产品，如能量表（水表、电表、气表等）、手持式设备、智能传感器等，以及需要较高运算性能的智能仪器设备。

2.5 ARM 系列嵌入式系统微处理器

由于网络与通信技术的发展，嵌入式系统在经历了近 20 年的发展历程后，又进入了一个新的历史发展阶段，即从普遍的低端应用进入一个高、低端并行发展，并且不断提升低端应用技术水平的时代，其标志是近年来 32 位多点控制器（multipoint control unit，MCU）的发展。

32 位 MCU 的应用不会走 8 位机百花齐放、百余种型号系列齐上阵的道路，这是因为在 8 位机的低端应用中，嵌入对象与对象专业领域十分广泛而复杂；而当前 32 位 MCU 的高端应用则多集中在网络、通信和多媒体技术领域，32 位 MCU 将会集中在少数厂家发展的少数型号系列上。

在嵌入式系统高端应用的发展中，曾经有众多的厂家参与，很早就有许多 8 位嵌入式 MCU 厂家实施了 8 位、16 位和 32 位机的发展计划。后来，8 位和 32 位机的技术扩展侵占了 16 位机的发展空间。传统电子系统智能化对 8 位机的需求使这些厂家将主要精力放在 8 位机的发展上，形成了 32 位机发展迟滞不前的局面。当网络、通信和多媒体信息家电业兴起后，出现了嵌入式系统高端应用的市场；而在嵌入式系统的高端应用中，进行多年技术准备的 ARM 公司适时地推出了 32 位 ARM 系列嵌入式微处理器，以其明显的性能优势和知识产权平台扇出的运行方式，迅速形成 32 位机高端应用的主流地位，以至于不少传统嵌入式系统厂家放弃了自己的 32 位发展计划，转而使用 ARM 内核来发展自己的 32 位 MCU。甚至在嵌入式系统发展史上作出卓越贡献的 Intel 公司以及将单片微型计算机发展到微控制器的 PHILIPS 公司，在发展 32 位嵌入式系统时都不另起炉灶，而是转而使用 ARM 公司的嵌入式系统内核来发展自己的 32 位 MCU。

网络、通信、多媒体和信息家电时代的到来，无疑为 32 位嵌入式系统高端应用提供了空前巨大的发展空间；同时，也为力不从心的 8 位机向高端发展起到了接力作用。一般来说，嵌入式系统的高、低端应用模糊地界定为：高端用于具有海量数据处理的网络、通信和多媒体领域，低端则用于对象系统的控制领域。然而，控制系统的网络化、智能化的发展趋势要求在这些 8 位机的应用中提升海量数据处理能力。当 8 位机无法满足这些提升要求时，便会转而求助 32 位机的解决办法。因此，32 位机的市场需求发展由两方面所致：一方面是高端新兴领域（网络、通信、多媒体和信息家电）的拓展；另一方面是低端控制领域应用在数据处理能力方面的提升要求。

后 PC 时代的到来以及 32 位嵌入式系统的高端应用吸引了大量计算机专业人士的加入，加之嵌入式系统软/硬件技术的发展，导致嵌入式系统应用模式的巨大变化，即使嵌入式系统应用进入一个基于软/硬件平台、集成开发环境的应用系统开发时代，并带动了 SoC 技术的发展。

在众多嵌入式系统厂家参与下，基于 ARM 系列处理器的应用技术会在众多领域取得突破性进展。Intel 公司将 ARM 系列向更高端的嵌入式系统发展；而 PHILIPS 公司则在向高端嵌入式系统发展的同时，向低端的 8 位和 16 位机的高端应用延伸。Intel 公司和 PHILIPS 公司的发展都体现了各自的特点，并充分发挥了各自的优势。因此，在 32 位嵌入式系统的应用中，ARM 系列会形成 ARM 公司领军，众多厂家参与，计算机专业、电子技术专业以及对象专业人士共同推动的局面，形成未来 32 位嵌入式系统应用的主流趋势。这种集中分工的技术发展模式有利于嵌入式系统的快速发展。

ARM 是 Advanced RISC Machines 的缩写，是微处理器行业的一家知名企业，该企业设计了大量高性能、廉价、耗能低的 RISC 处理器、相关技术及软件。其技术具有性能高、成本低和能耗省的特点，适用于多个领域，如嵌入控制、消费/教育类多媒体、DSP 和移动式应用等。

ARM 将其技术授权给世界上许多著名的半导体、软件和原始设备制造商（original equipment manufacturer，OEM），每个厂商得到的都是一套独一无二的 ARM 相关技术及服务。利用这种合伙关系，ARM 很快成为许多全球性 RISC 标准的缔造者。

目前，总共有 30 家半导体公司与 ARM 签订了硬件技术使用许可协议，其中包括 Intel、IBM、LG 半导体、NEC、SONY、PHILIPS 和美国国家半导体这样的大公司。至于软件系统的合伙人，则包括微软和 MRI 等一系列知名公司。

ARM 架构是面向低预算市场设计的第一款 RISC 微处理器。

1. ARM 的体系结构

ARM 的设计实现了非常小但是高性能的结构。ARM 处理器结构简单，内核非常小，这样器件的功耗也非常低。

ARM 处理器是 RISC，因为它集成了非常典型的 RISC 结构特性：①一个大的、统一的寄存器文件；②装载/保存结构，数据处理的操作只针对寄存器的内容，而不直接对存储器进行操作；③简单的寻址模式，所有装载/保存的地址都只由寄存器内容和指令域决定；④统一和固定长度的指令域，简化了指令的译码；⑤每一条数据处理指令都对 ALU 和移位器进行控制，以实现对 ALU 和移位器的最大利用；⑥地址自动增加和自动减少的寻址模式实现了程序循环的优化；⑦多寄存器装载和存储指令实现了最大数据吞吐量；⑧所有指令的条件执行实现最快速的代码执行。

这些在基本 RISC 结构上增强的特性使 ARM 处理器在高性能、低代码规模、低功耗和小的硅片尺寸方面取得良好的平衡。

从最初开发到现在，ARM 指令集体系结构有了巨大的改进，并在不断完善和发展。为了清楚地表达每个 ARM 应用实例所使用的指令集，ARM 公司定义了 5 种主要的 ARM 指令集体系结构版本，以版本号 v1~v5 表示。

（1）版本 1（v1）在 ARM1 中使用，由于只有 26 位的寻址空间（现已废弃不用），从未商业化，该版本包括：①基本的数据处理指令（不包括乘法）；②字节、字和半字加载/存储（load/store）指令；③分支（branch）指令，包括在子程序调用中使用的分支和链接（branch-and-link）指令；④在操作系统调用中使用的软件中断（software interrupt）指令。

（2）版本 2（v2）仍然只有 26 位寻址空间（现已废弃不用），但相对版本 1 增加了以下内容：①乘法和乘加指令；②协处理器支持；③快速中断模式中的两个以上的分组寄存器；④原子性（atomic）加载/存储指令 SWP 和 SWPB（稍后版本中称作 v2a）。

（3）版本 3（v3）将寻址范围扩展到 32 位；先前存储于 R15 的程序状态信息存储在新的当前程序状态寄存器（current program status register，CPSR）中，且增加了程序状态保存寄存器（saved program status register，SPSR），以便出现异常时保存 CPSR 中的内容。此外，版本 3 还增加了两种处理器模式，以便在操作系统代码中有效地使用数据中止异常、取指中止异常和未定义指令异常。相应地，版本 3 指令集发生如下改变：①增加了两个指令 MRS 和 MSR，允许访问新的 CPSR 和 SPSR；②修改过去用于异常返回指令的功能，以便继续使用。

（4）版本 4（v4）不再强制要求与以前的版本兼容以支持 26 位体系结构，清楚地指明哪个指令会引起未定义指令发生异常。版本 4 在版本 3 的基础上增加了如下内容：①半字加载/存储指令；②字节和半字的加载及符号扩展（sign-extend）指令；③在 T 变量中，转换到 Thumb 状态的指令；④使用用户（user）模式寄存器的新的特权处理器模式。

（5）版本 5（v5）在版本 4 的基础上，对现在指令的定义进行了必要的修正，对版本 4 的体系结构进行了扩展，并增加了指令，具体如下：①改进在 T 变量中 ARM/Thumb 状态之间的切换效率；②允许非 T 变量和 T 变量一样，使用相同的代码生成技术；③增加计数前导零（count leading zeros）指令，允许更有效的整数除法和中断优先程序；④增加软件断点（software breakpoint）指令；⑤对乘法指令如何设置标志进行了严格的定义。

（6）ARM7 架构是在 ARM6 架构的基础上诞生的。该架构采用了 Thumb-2 技术，Thumb-2 技术是在 ARM 的 Thumb 代码压缩技术的基础上发展起来的，并且保持了对现存 ARM 解决方案的完整的代码兼容性。Thumb-2 技术比纯 32 位代码少使用 31%的内存，减少了系统开销。同时能够提供比已有的基于 Thumb 技术的解决方案高出 38%的性能。ARM7 架构还采用了 NEON 技术，将 DSP 和媒体处理能力提高了近 4 倍，并支持改良的浮点运算，满足下一代 3D 图形、游戏物理应用以及传统嵌入式控制应用的需求。此外，ARM7 还支持改良的运行环境，以迎合不断增加的 JIT（just in time）和 DAC（dynamic adaptive compilation）技术的使用。另外，ARM7 架构对于早期的 ARM 处理器软件也提供了很好的兼容性。

2. ARM 处理器核简介

ARM 公司开发了很多系列的 ARM 处理器核，目前最新的系列是 ARM11，但 ARM6 核及更早的系列已经很罕见了，ARM7 以后的核也不是都获得了广泛应用。目前，应用比较多的是 ARM7 系列、ARM9 系列、ARM9E 系列、ARM10 系列、SecurCore 系列和 Intel 的 StrongARM、Xscale 系列，以及 Cortex 系统，下面简单介绍一下这几个系列。

1）ARM7 系列

ARM7 系列包括 ARM7TDMI、ARM7TDMI-S、带有高速缓存处理器宏单元的 ARM720T 和扩充了 Jazelle 的 ARM7EJ-S。该系列处理器提供 Thumb16 位压缩指令集和 Embedded ICE JTAG 软件调试方式，适合应用于更大规模的 SoC 设计中。其中，ARM720T 高速缓存处理宏单元还提供 8KB 缓存、读缓冲和具有内存管理功能的高性能处理器，支持 Linux、Symbian OS 和 Windows CE 等操作系统。

ARM7 系列广泛应用于多媒体和嵌入式设备，包括 Internet 设备、网络和调制解调器设备，以及移动电话、PDA 等无线设备。其在无线信息设备领域的应用前景广阔，因此，ARM7 系列也瞄准了下一代智能化多媒体无线设备领域的应用。

2）ARM9 系列

ARM9 系列有 ARM9TDMI、ARM920T 和带有高速缓存处理器宏单元的 ARM940T。所有的 ARM9 系列处理器都具有 Thumb 压缩指令集和基于 Embedded ICE JTAG 的软件调试方式。ARM9 系列兼容 ARM7 系列，而且能够比 ARM7 进行更加灵活的设计。

ARM9 系列主要应用于引擎管理、仪器仪表、安全系统、机顶盒、高端打印机、PDA、网络计算机及带有 MP3 音频和 MPEG4 视频多媒体格式的智能电话中。

3）ARM9E 系列

ARM9E 系列为综合处理器，包括 ARM926EJ-S 和带有高速缓存处理器宏单元的 ARM966E-S、ARM946E-S 和带有高速缓存处理器宏单元的 ARM966E-S。该系列强化了 DSP 功能，可应用于需要 DSP 与微控制器结合使用的情况，将 Thumb 技术和 DSP 都扩展到 ARM 指令集中，并具有 Embedded ICE-RT 逻辑（ARM 的基于 Embedded ICE JTAG 软件调试的增强版本），更好地适应了实时系统的开发需要。同时其内核在 ARM9 处理器内核的基础上使用了 Jazelle 增强技术，该技术支持一种新的 Java 操作状态，允许在硬件中执行 Java 字节码。

4）ARM10 系列

ARM10 系列包括 ARM1020E 和 ARM1020E 微处理器核。其核心在于使用向量浮点（vector floating point，VFP）单元 VFP10 提供高性能的浮点解决方案，从而极大提高了处理器的整型和浮点运算性能，为用户界面的 2D 和 3D 图形引擎应用夯实基础，如视频游戏机和高性能打印机等。

5）SecurCore 系列

SecurCore 系列涵盖了 SC100、SC110、SC200 和 SC210 处理核。该系列处理器主要针对新兴的安全市场，以一种全新的安全处理器设计为智能卡和其他安全集成电路（integrated circuit，IC）开发提供独特的 32 位系统设计，并具有特定的反伪造方法，从而有助于防止对硬件和软件的盗版。

6）StrongARM 和 Xscale 系列

StrongARM 处理器将 Intel 处理器技术和 ARM 体系结构融为一体，致力于为手提式通信和消费电子类设备提供理想的解决方案。Intel Xscale 微体系结构则提供全性能、高性价比、低功耗的解决方案，支持 16 位 Thumb 指令和集成 DSP 指令。

　　7）Cortex 系列

　　ARM 公司将经典处理器 ARM11 以后的产品改用 Cortex 命名，并分成 A、R 和 M 三类，旨在为各种不同的市场提供服务。Cortex 系列属于 ARM7 架构，这是到 2010 年为止，ARM 公司最新的指令集架构。（2011 年，ARM8 架构在 TechCon 上推出）ARM7 架构定义了三大分工明确的系列：A 系列面向尖端的基于虚拟内存的操作系统和用户应用；R 系列针对实时系统；M 系列针对微控制器。

　　ARM Cortex A 系列应用型处理器可向托管丰富操作系统平台和用户应用程序的设备提供全方位的解决方案，从超低成本手机、智能手机、移动计算平台、数字电视和机顶盒到企业网络、打印机和服务器解决方案。高性能的 Cortex-A15、可伸缩的 Cortex-A9、经过市场验证的 Cortex-A8 处理器和高效的 Cortex-A7 和 Cortex-A5 处理器均共享同一架构，因此它们具有完全的应用兼容性，支持传统的 ARM、Thumb 指令集和新增的高性能紧凑型 Thumb-2 指令集[3]。

　　ARM Cortex-R 实时处理器为要求可靠性、高可用性、容错功能、可维护性和实时响应的嵌入式系统提供高性能计算解决方案。Cortex-R 系列处理器通过已经在数以亿计的产品中得到验证的成熟技术获得极快的上市速度，并利用广泛的 ARM 生态系统、全球和本地语言及全天候的支持服务，保证快速、低风险的产品开发。

　　ARM Cortex-M 处理器系列是一系列可向上兼容的高能效、易于使用的处理器，这些处理器旨在帮助开发人员满足将来的嵌入式应用的需要。这些需要包括以更低的成本提供更多功能、不断增加连接、改善代码重用和提高能效。

　　Cortex-M 系列针对成本和功耗敏感的 MCU 与终端应用（如智能测量、人机接口设备、汽车和工业控制系统、大型家用电器、消费性产品和医疗器械）的混合信号设备进行优化。

2.6　数字信号处理器

　　数字信号处理是一门涉及多门学科并广泛应用于很多科学和工程领域的新兴学科。20 世纪 60 年代以来，随着计算机和信息技术的飞速发展，有力地推动和促进了 DSP 技术的发展进程。在过去的 20 多年时间里，DSP 技术已经在通信等领域得到了极为广泛的应用。

　　数字信号处理是利用计算机或专用处理设备，以数字的形式对信号进行分析、采集、合成、变换、滤波、估算、压缩、识别等加工处理，以便提取有用的信息并进行有效的传输与应用。与模拟信号处理相比，数字信号处理具有精确、灵活、抗干扰能力强、可靠性高、体积小、易于大规模集成等优点。

　　步入 21 世纪以后，信息社会已经进入了数字化时代，DSP 技术已成为数字化社会最重要的技术之一。DSP 可以代表数字信号处理技术，也可以代表数字信号处理器，其实两者是不可分割的。前者是理论和计算方法上的技术，后者是指实现这些技术的通用或专用可编程微处理器芯片。随着 DSP 芯片的快速发展及其应用越来越广泛，DSP 这一英文缩写已被大家公认为数字信号处理器的代名词。

1. DSP 芯片的发展概况

DSP 芯片诞生于 20 世纪 70 年代末，至今已经得到了突飞猛进的发展，并经历了以下三个阶段。

第一阶段，DSP 的雏形阶段（1980 年前后）。在 DSP 芯片出现之前，数字信号处理只能依靠通用微处理器（micro processor unit，MPU）来完成。由于 MPU 处理速度较低，难以满足高速实时处理的要求。

1965 年，库利（Cooley）和图基（Tukey）发表了著名的 FFT 算法，极大地降低了傅里叶变换的计算量，从而为数字信号的实时处理奠定了算法的基础。与此同时，伴随着集成电路技术的发展，各大集成电路厂商都为生产通用 DSP 芯片做了大量的工作。1978 年，AMI 公司生产出第一片 DSP 芯片 S2811。1979 年，美国 Intel 公司发布了商用可编程 DSP 器件 Intel2920，由于其内部没有单周期的硬件乘法器，芯片的运算速度、数据处理能力和运算精度受到了很大的限制，运算速度为单指令周期 200~250ns，应用仅局限于军事或航空航天领域。这个时期的代表性器件主要有 Intel2920（Intel）、μPD7720（NEC）、TMS32010（TI）、DSP16（AT&T）、S2811（AMI）、ADSp-21（AD）等。值得一提的是，TI 公司的第一代 DSP 芯片——TMS32010，它采用了改进的哈佛结构，允许数据在程序存储空间与数据存储空间之间传输，大大提高了运行速度和编程灵活性，在语音合成和编码解码器中得到了广泛的应用。

第二阶段，DSP 的成熟阶段（1990 年前后）。这个时期许多国际上著名的集成电路厂家都相继推出了自己的 DSP 产品。如 TI 公司的 TMS320C20、TMS320C30、TMS320C40、TMS320C50 系列，Motorola 公司的 DSP5600、DSP9600 系列，AT&T 公司的 DSP32 等。这个时期的 DSP 器件在硬件结构上更适合于数字信号处理的要求，能进行硬件乘法、硬件 FFT 和单指令滤波处理，其单指令周期为 80~100ns。例如，TI 公司的 TMS320C20，它是该公司的第二代 DSP 器件，采用了 CMOS 制造工艺，其存储容量和运算速度成倍提高，为语音处理、图像硬件处理技术的发展奠定了基础。20 世纪 80 年代后期，以 TI 公司的 TMS320C30 为代表的第三代 DSP 芯片问世，伴随着运算速度的进一步提高，其应用范围逐步扩大到通信、计算机领域。

第三阶段，DSP 的完善阶段（2000 年以后）。这一时期各 DSP 制造商不仅使信号处理能力更加完善，而且使系统开发更加方便、程序编辑调试更加灵活、功耗进一步降低、成本不断下降。尤其是各种通用外设集成到片上，大大地提高了数字信号处理能力。这一时期的 DSP 运算速度可达到单指令周期 10ns 左右，可在 Windows 环境下直接用 C 语言编程，使用方便灵活，DSP 芯片不仅在通信、计算机领域得到了广泛的应用，而且逐渐渗透到人们的日常消费领域。

目前，DSP 芯片的发展非常迅速。硬件结构方面主要是向多处理器的并行处理结构、便于外部数据交换的串行总线传输、大容量片上 RAM 和 ROM、程序加密、增加 I/O 驱动能力、外围电路内装化、低功耗等方面发展。软件方面主要是综合开发平台的完善，使 DSP 的应用开发更加灵活方便。

2. DSP 芯片的特点

数字信号处理不同于普通的科学计算与分析，它强调运算的实时性。因此，DSP 除了各普通微处理器所强调的高速运算和控制能力外，针对实时数字信号处理的特点，在处理器的结构、指令系统、指令流程上做了很大的改进，其主要特点如下。

1）采用哈佛结构

DSP 芯片普遍采用数据总线和地址总线分离的哈佛结构或改进的哈佛结构，比传统处理器的冯·诺依曼结构有更快的指令执行速度。改进的哈佛结构是采用双存储空间和数条总线，即一条程序总线和多条数据总线。其特点如下。

（1）允许在程序空间和数据空间之间相互传送数据，使这些数据可以由算术运算指令直接调用，增强了芯片的灵活性。

（2）提供了存储指令的高速缓存（cache）和相应的指令，当重复执行这些指令时，只需读入一次就可连续使用，不需要再次从程序存储器中读出，从而缩短了指令执行所需要的时间。例如，TMS320C6200 系列的 DSP，整个片内程序存储器都可以配制成高速缓冲结构。

2）采用多总线结构

DSP 芯片都采用多总线结构，可同时进行取指令和多个数据存取操作，并由辅助寄存器自动增减地址进行寻址，使 CPU 在一个机器周期内可多次对程序空间和数据空间进行访问，大大提高了 DSP 的运行速度。例如，TMS320C54X 系列内部有 P、C、D、E 等 4 组总线，每组总线中都有地址总线和数据总线，这样在一个机器周期内可以完成如下操作：①程序存储器中取一条指令；②从数据存储器中读两个操作数；③向数据存储器写一个操作数。

对于 DSP 芯片，内部总线是十分重要的资源，总线越多，可以完成的功能就越复杂。

3）采用流水线技术

每条指令可通过片内多功能单元完成取指、译码、取操作数和执行等多个步骤，实现多条指令的并行执行，从而在不提高系统时钟频率的条件下缩短每条指令的执行时间。

4）配有专用的硬件乘法-累加器

为了适应数字信号处理的需要，当前的 DSP 芯片都配有专用的硬件乘法-累加器，可在一个周期内完成一次乘法和一次累加操作，从而可实现数据的乘法-累加操作，如矩阵运算、有限冲激响应（finite impulse response，FIR）和无限冲激响应（infinite impulse response，IIR）滤波、FFT 等专用信号的处理。

5）具有特殊的 DSP 指令

为了满足数字信号处理的需要，在 DSP 的指令系统中，设计了一些完成特殊功能的指令，如 TMS320C54X 中的 FIRS 和 LMS 指令，专门用于完成系数对称的 FIR 滤波器和 LMS 算法。为了实现 FFT、卷积等运算，当前的 DSP 大多在指令系统中设置了"循环寻址"（circular addressing）及"位码倒置"（bit-reversed）指令和其他特殊指令，在进行这些运算时，其寻址、排序及计算速度大大地提高了。

6）快速的指令周期

由于采用哈佛结构、流水线操作、专用的硬件乘法-累加器、特殊的指令及集成电路的优化设计，单指令周期可在 20ns 以下。例如，TMS320C54X 的运算速度为 100MIPS，即 100 百万条/秒；TMS320C6203 的时钟频率为 300MHz，运算速度为 2400MIPS。

7）硬件配置强

新一代的 DSP 芯片具有较强的接口功能，除了具有串行接口、定时器、主机接口、DMA 控制器、软件可编程等待状态发生器等片内外设外，还配有中断处理器、锁相环（phase locked loop，PLL）、片内存储器、测试接口等单元电路，可以方便地构成一个嵌入式自封闭控制的处理系统。

高速数据传输能力是 DSP 进行高速实时处理的关键之一。新型的 DSP 大多设置了单独的 DMA 总线及控制器，在不影响或基本不影响 DSP 处理速度的情况下，进行并行的数据传送，传送速率可以达到每秒数百兆字（16 位），但受片外存储器速度的限制。

8）支持多处理器结构

尽管当前的 DSP 芯片已达到较高的水平，但在一些实时性要求很高的场合，单片 DSP 的处理能力还不能满足要求，如在图像压缩、雷达定位等应用中，若采用单处理器将无法胜任。因此，支持多处理器系统就成为提高 DSP 应用性能的重要途径之一。为了满足多处理器系统的设计，许多 DSP 芯片都采用支持多处理器的结构。例如，TMS320C40 提供了 6 个用于处理器间高速通信的 32 位专用通信接口，使处理器之间可直接对通，应用灵活、使用方便。

TMS320C80 是一个多处理器芯片，其内部有 5 个微处理器，通过共享数据存储空间来交换信息。它支持多处理器结构，可以实现大运算量的多处理器系统，即将算法划分给多个处理器，借助高速通信接口来实现计算任务并行处理的多处理器列阵。

9）省电管理和低功耗

DSP 功耗一般为 0.5～4W，若采用低功耗技术可使功耗降到 0.25W，可用电池供电，适用于便携式数字终端设备。

参 考 文 献

[4]　王培进. 微机原理及应用[M]. 东营：中国石油大学出版社，2009.

[5]　王维新. 微机原理及单片机应用技术[M]. 西安：西安电子科技大学出版社，2014.

[6]　邵鸿余. 微机原理与接口技术[M]. 北京：北京航空航天大学出版社，1999.

第3章 系统输入/输出通道

3.1 模拟输入通道

3.1.1 模拟输入通道的基本类型与组成结构

模拟输入通道是微机化测控系统中被测对象与微机之间的联系通道，因为微机只能接收数字电信号，而被测对象常常是一些非电量，所以输入通道的前一环节是感受被测对象并把被测非电量转换为可用电信号的传感器，后一环节是将模拟信号转换为数字电信号的数据采集电路。除数字传感器外，大多数传感器都是将模拟非电量转换为模拟电量，而且这些模拟电量通常不宜直接用数据采集电路进行数字转换，还需进行适当的信号调理，因此，一般说来，模拟输入通道应由传感器、调理电路、采集电路三部分组成，如图 3-1-1 所示。

图 3-1-1 模拟输入通道的基本组成

实际的微机化测控系统往往需要同时测量多种物理量（多参数测量）或同一种物理量的多个测量点（多点巡回测量）。因此，多路模拟输入通道更具有普遍性。按照系统中是各路共用一个还是每路各用一个数据采集电路，多路模拟输入通道可分为集中采集式（简称集中式）和分散采集式（简称分布式）两大类。

1. 集中采集式（集中式）

集中采集式多路模拟输入通道的典型结构有分时采集型和同步采集型两种，分别如图 3-1-2（a）和（b）所示。

由图 3-1-2（a）可见，多路被测信号分别由各自的传感器和调理电路组成的通道经多路转换开关切换，进入公用的采样/保持器（sample/hold，S/H）和 A/D 转换器进行数据采集。它的特点是多路信号共同使用一个 S/H 和 A/D 转换器，简化了电路结构，降低了成本。但是它对信号的采集是由模拟多路切换器（multiplexer，MUX）即多路转换开关分时切换、轮流选通的，因而相邻两路信号在时间上是依次被采集的，不能获得同一时刻的数据，这样就产生了时间偏斜误差。尽管这种时间偏斜很短，但对于要求多路信号严格同步采集测试的系统是不适用的，然而对于多数中速和低速测试系统，这仍是一种应用广泛的结构。

由图 3-1-2（b）可见，同步采集型的特点是在多路转换开关之前，给每路信号通路各加一个 S/H，使多路信号的采样在同一时刻进行，即同步采样。然后由各自的保持器保

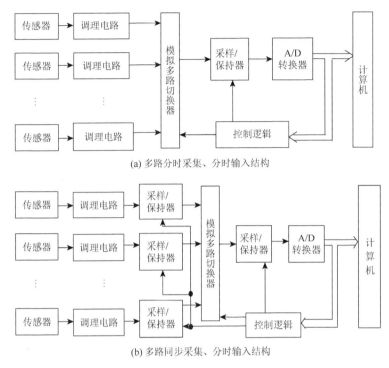

(a) 多路分时采集、分时输入结构

(b) 多路同步采集、分时输入结构

图 3-1-2　集中采集式模拟输入通道典型结构

持着采样信号幅值，等待多路转换开关分时切换进入公用的 S/H 和 A/D 转换器将保持的采样幅值转换成数据并输入计算机。这样可以消除分时采集型结构的时间偏斜误差，这种结构既能满足同步采集的要求，又比较简单。但是它仍有不足之处，特别是在被测信号路数较多的情况下，同步采得的信号在保持器中保持的时间会加长，而保持器总会有一些泄漏，使信号有所衰减，由于各路信号保持时间不同，各个保持信号的衰减量不同，因此，严格地说，这种结构还是不能获得真正的同步输入。

2. 分散采集式（分布式）

分散采集式的特点是每一路信号都有一个 S/H 和 A/D 转换器，因而也不再需要模拟多路切换器。每一个 S/H 和 A/D 转换器只对本路模拟信号进行数字转换，即数据采集，采集的数据按一定顺序或随机地输入计算机，如图 3-1-3 所示。

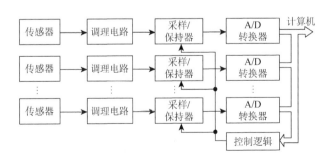

图 3-1-3　分散采集式模拟输入通道结构

图 3-1-2 与图 3-1-3 中的模拟多路切换器、S/H、A/D 转换器都是为实现模拟信号数字化而设置的，它们共同组成"采集电路"，因此，图 3-1-2 和图 3-1-3 所示的多路模拟输入通道与图 3-1-1 所示的单路模拟输入通道一样，都可认为是由传感器、调理电路、采集电路三部分组成。下面分别研究这三部分的选择和设计原则。

3.1.2　传感器的选用

传感器是信号输入通道的第一道环节，也是决定整个测试系统性能的关键环节之一。由于传感器技术的发展非常迅速，各种各样的传感器应运而生，所以大多数测试系统设计者只需从现有传感器产品中正确地选用而不必自己另行研制传感器。要正确选用传感器，首先要明确所设计的测试系统需要什么样的传感器——系统对传感器的技术要求；其次是要了解现有传感器厂家有哪些可供选择的传感器，把同类产品的指标和价格进行对比，从中挑选合乎要求的性能价格比最高的传感器[1]。

1. 对传感器的主要技术要求

（1）具有将被测量转换为后续电路可用电量的功能，转换范围与被测量实际变化范围（变化幅度范围、变化频率范围）相一致。

（2）转换精度符合整个测试系统根据总精度要求而分配给传感器的精度指标（一般应优于系统精度的十倍左右），转换速度应符合整机要求。

（3）能满足被测介质和使用环境的特殊要求，如耐高温、耐高压、防腐、抗震、防爆、抗电磁干扰、体积小、重量轻和不耗电或耗电少等。

（4）能满足用户对可靠性和可维护性的要求。

以上要求是正确选用传感器的主要依据。

2. 可供选用的传感器类型

对于一种被测量，常常有多种传感器可供选择，例如，测量温度的传感器就有热电偶、热电阻、热敏电阻、半导体 PN 结、IC 温度传感器、光纤温度传感器等多种。可用于同一被测量的不同类型的传感器具有不同的特点和不同的价格。在都能满足测量范围、精度、速度、使用条件等情况下，应侧重考虑成本低、相配电路是否简单等因素进行取舍，尽可能选择性能价格比高的传感器。

近年来，传感器有了较大发展，对微机化测控系统有较大影响的有以下几种。

（1）大信号输出传感器。为了与 A/D 输入要求相适应，传感器厂家开始设计、制造一些专门与 A/D 相配套的大信号输出传感器。通常是把放大电路与传感器做成一体，使传感器能直接输出 0～5V、0～10V 或 0～2.5V 要求的信号电压，把传感器与相应的变送器电路做成一体，构成能输出 4～20mA 直流标准信号的变送器（我国还有不少变送器仍然以直流电流 0～10mA 为输出信号）。信号输入通道中应尽可能选用大信号传感器或变送器，这样可以省去小信号放大环节，如图 3-1-4 所示。

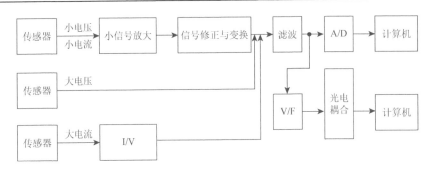

图 3-1-4　大信号输出传感器的使用

对于大电流输出，只要经过简单 I/V 转换即可变为大信号电压输出。对于大信号电压可以经 A/D 转换，也可以经 V/F 转换送入微机，但后者响应速度较慢。

（2）数字式传感器。该传感器一般是采用频率敏感效应器件构成的，也可以是由敏感参数 R、L、C 构成的振荡器，或模拟电压输入经 V/F 转换等，因此，数字量传感器一般都是输出频率参量，具有测量精度高、抗干扰能力强、便于远距离传送等优点。此外，采用数字量传感器时，传感器输出如果满足晶体管-晶体管逻辑（transistor-transistor logic，TTL）电平标准，则可直接接入计算机的 I/O 口或中断入口。如果传感器输出不是 TTL 电平，则须经电平转换或放大整形。一般进入单片机的 I/O 口或扩展 I/O 口时还要通过光电隔离，如图 3-1-5 所示。

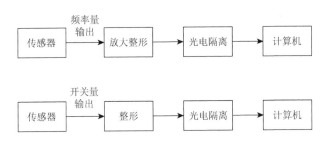

图 3-1-5　频率量及开关量输出传感器的使用

由图 3-1-5 可见，频率量及开关量输出的传感器还具有信号调理较为简单的优点。因此，在一些非快速测量中应尽可能选用频率量输出传感器（频率测量时，响应速度不如 A/D 转换快，故不适于快速测量）。

（3）集成传感器。该传感器是将传感器与信号调理电路做成一体。例如，将应变片、应变电桥、线性化处理、电桥放大等做成一体，构成集成传感器。采用集成传感器可以减轻输入通道的信号调理任务，简化通道结构。

（4）光纤传感器。这种传感器的信号拾取、变换、传输都是通过光导纤维实现的，避免了电路系统的电磁干扰。在信号输入通道中采用光纤传感器可以从根本上解决由现场通过传感器引入的干扰。

除此之外，目前市售的各种测量仪表的内部传感器及其测量电路配置较完善，一般都有大信号输出端，有的还有 BCD 码输出。但其售价远高于一个传感器的价格，故在小型测试系统中较少采用，在较大型的系统中使用较多。

对于一些特殊的测量需要或特殊的工作环境，目前还没有现成的传感器可供选用。一种解决办法是提出用户要求，找传感器厂家定做，但是批量小的价格一般都很昂贵。另一种办法是从现有传感器定型产品中选择一种作为基础，在该传感器前面设计一种敏感器或（和）在该传感器后面设计一种转换器，从而组合成满足特定测量需要的特制传感器。

3.1.3　调理电路的参数设计和选择

在一般测量系统中，信号调理的任务较复杂，除了小信号放大、滤波外，还有如零点校正、线性化处理、温度补偿、误差修正和量程切换等，这些操作统称为信号调理（signal conditioning），相应的执行电路统称为信号调理电路。

在微机化测试系统中，许多原来依靠硬件实现的信号调理任务都可通过软件来实现，这样就大大简化了微机化测试系统中信号输入通道的结构。信号输入通道中的信号调理重点为小信号放大、信号滤波以及对频率信号的放大整形等。典型调理电路的组成框图如图 3-1-6 所示。

图 3-1-6　典型调理电路的组成框图

1. 前置放大器

由图 3-1-4 可见，采用大信号输出传感器，可以省掉小信号放大器环节。但是多数传感器输出信号都比较小，必须选用前置放大器进行放大。那么判断传感器信号"大"还是"小"和要不要进行放大的依据又是什么呢？放大器为什么要"前置"，即设置在调理电路的最前端？能不能接在滤波器的后面呢？前置放大器的放大倍数应该多大为好呢？这些问题都是测控仪器或系统总体设计需要考虑的问题。

由于电路内部有这样或那样的噪声源存在，电路在没有信号输入时，输出端仍存在一定幅度的波动电压，这就是电路的输出噪声。把电路输出端测得的噪声有效值 V_{ON} 折算到该电路的输入端即除以该电路的增益 K，得到的电平值称为该电路的等效输入噪声 V_{IN}，即

$$V_{IN} = V_{ON} / K \tag{3-1-1}$$

如果加在该电路输入端的信号幅度 V_{IS} 小到比该电路的等效输入噪声还要低，那么这个信号就会被电路的噪声所"淹没"。为了不使小信号被电路噪声所淹没，就必须在该电路前面加一级放大器，如图 3-1-7 所示。图中前置放大器的增益为 K_0，本身的等效输入噪声为 V_{IN0}。由于前置放大器的噪声与后级电路的噪声是互不相关的随机噪声，因此图 3-1-7 所示电路总输出噪声，即

$$V'_{ON} = \sqrt{(V_{IN0} K_0 K)^2 + (V_{IN} K)^2} \tag{3-1-2}$$

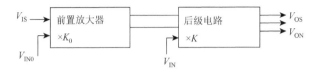

图 3-1-7　前置放大器的作用

总输出噪声折算到前置放大器输入端，即总的等效输入噪声为

$$V'_{\text{IN}} = \frac{V'_{\text{ON}}}{K_0 K} = \sqrt{V_{\text{IN0}}^2 + \left(\frac{V_{\text{IN}}}{K_0}\right)^2} \tag{3-1-3}$$

假定不设前置放大器时，输入信号刚好被电路噪声淹没，即 $V_{\text{IS}} = V_{\text{IN}}$，加入前置放大器后，为使输入信号 V_{IS} 不再被电路噪声所淹没，即 $V_{\text{IS}} > V'_{\text{IN}}$，就必须使 $V'_{\text{IN}} < V_{\text{IN}}$，即

$$V_{\text{IN}} > \sqrt{V_{\text{IN0}}^2 + \left(\frac{V_{\text{IN}}}{K_0}\right)^2}$$

解上列不等式可得

$$V_{\text{IN0}} < V_{\text{IN}} \sqrt{1 - \frac{1}{K_0^2}} \tag{3-1-4}$$

由式（3-1-4）可见，为使小信号不被电路噪声所淹没，在电路前端加入的电路必须是放大器，即 $K_0 > 1$，而且必须是低噪声的，即该放大器本身的等效输入噪声必须比其后级电路的等效输入噪声低。因此，调理电路前端电路必须是低噪声前置放大器。

为了减小体积，调理电路中的滤波器大多采用 RC 有源滤波器。由于电阻元件是电路噪声的主要根源，因此，RC 滤波器产生的电路噪声比较大。如果把放大器放在滤波器后面，滤波器的噪声将会被放大器放大，使电路输出信噪比降低。可以用图 3-1-8（a）和（b）两种情况进行对比来说明这一点。图中放大器和滤波器的放大倍数分别为 K 和 1（即不放大），其等效输入噪声分别为 V_{IN0} 和 V_{IN1}。图 3-1-8（a）所示调理电路的等效输入噪声为

$$V_{\text{IN}} = \frac{\sqrt{(V_{\text{IN0}} K)^2 + (V_{\text{IN1}} \times 1)^2}}{K} = \sqrt{V_{\text{IN0}}^2 + \left(\frac{V_{\text{IN1}}}{K}\right)^2}$$

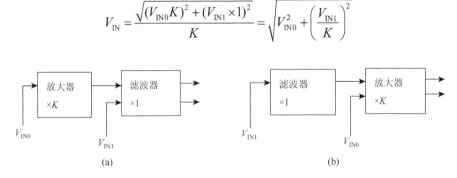

| (a) | (b) |

图 3-1-8　两种调理电路的对比

图 3-1-8（b）所示调理电路的等效输入噪声为

$$V'_{\text{IN}} = \frac{\sqrt{(V_{\text{IN1}} K)^2 + (V_{\text{IN0}} \times K)^2}}{K} = \sqrt{V_{\text{IN0}}^2 + V_{\text{IN1}}^2}$$

对比上两式可见，由于 $K>1$，所以 $V_{IN}<V'_{IN}$，这就是说，调理电路中放大器设置在滤波器前面有利于减少电路的等效输入噪声。由于电路的等效输入噪声决定了电路所能输入的最小信号电平，因此减少电路的等效输入噪声实质上就是提高了电路接收弱信号的能力。

2. 滤波器

为了使调理电路的零漂电压不随被测信号一起送到采集电路，通常在调理电路与采集电路之间接入隔直电容 C 和电压跟随器，如图 3-1-9 所示。

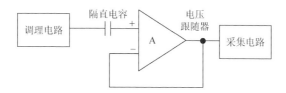

图 3-1-9 隔直电容的作用

隔直电容 C 与电压跟随器输入电阻 R_i 形成一个 RC 高通滤波器，其截止频率为

$$f_L = \frac{1}{2\pi R_i C} \qquad (3\text{-}1\text{-}5)$$

由于 C 和 R_i 很大，所以 f_L 很低，甚至不到 1Hz，对一般的低频干扰并不起作用。有些仪器如地震记录仪，需要滤除低频干扰，在调理电路中设置了专门的高通滤波器。其截止频率应高于需要滤除的干扰频率，一般比式（3-1-5）的计算值高得多。在这种情况下，调理电路通频带的下限频率就由该高通滤波器决定，而不由式（3-1-5）决定。

图 3-1-6 中陷波器是为抑制交流电干扰而设置的，陷波频率应等于交流电干扰的频率。如果不存在交流电干扰，就不应设置陷波器，这不仅是为了节省电路，更重要的是避免信号频率分量的损失。当被测信号频率远低于交流电频率时，也可用低通滤波器滤除交流电干扰。

测量通道中一般都设置有去混淆低通滤波器。为什么要设置去混淆低通滤波器？滤波器的频率和陡度应怎样选择呢？下面就重点讨论这个理论问题。

1）采样的折叠失真及消除条件

如果将连续信号 $x(t)$ 接到采样开关的一端，让采样开关每周期 T_s 闭合一次，闭合时间 τ 极短，即 $\tau<T_s$，那么在开关的另一端便得到取样脉冲信号 $x_s(t)$。这样一个采样过程可以看作连续信号 $x(t)$ 对单位冲激脉冲序列 $\delta_T(t)$ 的脉冲调制过程，采样开关就起脉冲调制器作用，即

$$x_s(t) = x(t)\delta_T(t) \qquad (3\text{-}1\text{-}6)$$

式中，

$$\delta_T(t) = \sum_{n=-\infty}^{+\infty} \delta(t-nT_s) \qquad (3\text{-}1\text{-}7)$$

$x(t)$ 在采样时刻 $t=nT_s$ 的瞬时值为 $x(nT_s)$，故式（3-1-6）可改写为

$$x_s(t) = \sum_{n=-\infty}^{+\infty} x(nT_s)\delta(t - nT_s) \tag{3-1-8}$$

若 $x(t)$ 的频谱用 $X(\omega)$ 表示，$x_s(t)$ 的频谱用 $X_s(\omega)$ 表示，则由式（3-1-8）可得

$$X_s(\omega) = \frac{1}{T_s} \sum_{n=-\infty}^{+\infty} X(\omega - n\omega_s) \tag{3-1-9}$$

式中，$\omega_s = \dfrac{2\pi}{T_s}$ 为采样角频率。

若让采样信号 $x_s(t)$ 通过一个截止频率为 $\dfrac{\omega_s}{2}$ 的理想低通滤波器，其传输函数为

$$H(\omega) = \begin{cases} T_s, & |\omega| \leqslant \dfrac{\omega_s}{2} \\ 0, & |\omega| > \dfrac{\omega_s}{2} \end{cases} \tag{3-1-10}$$

则得到的恢复信号 $x_0(t)$ 的频谱 $X_0(\omega)$ 为

$$X_0(\omega) = X_s(\omega) \cdot H(\omega) = \begin{cases} 0, & |\omega| > \dfrac{\omega_s}{2} \\ \sum_{n=-\infty}^{+\infty} X(\omega - n\omega_s), & |\omega| \leqslant \dfrac{\omega_s}{2} \end{cases} \tag{3-1-11}$$

在 $0 \sim \dfrac{\omega_s}{2}$ 范围内有

$$X_0(\omega) = X(\omega) + \sum_{\substack{n=-\infty \\ n \neq 0}}^{+\infty} X(\omega - n\omega_s) \tag{3-1-12}$$

由式（3-1-12）可见，由采样信号 $x_s(t)$ 恢复出的信号 $x_0(t)$ 与原来的被采样信号 $x(t)$ 在频谱上的差别为

$$X_0(\omega) - X(\omega) = \sum_{\substack{n=-\infty \\ n \neq 0}}^{+\infty} X(\omega - n\omega_s) \tag{3-1-13}$$

这种差别称为折叠失真。由式（3-1-12）可得对应的时域表达式为

$$x_0(t) = x(t) + N(t) \tag{3-1-14}$$

该误差项 $N(t)$ 称为折叠噪声或折叠失真。

怎样才能消除折叠失真和折叠噪声呢？现在用频谱图来讨论这个问题。

如果被采样信号 $x(t)$ 是一个严格的带限信号，即它有一个最高频率 f，当 $|\omega| \geqslant \omega_c$ 时，$X(\omega) = 0$。由式（3-1-12）可知：

$$X_0(\omega) = X(\omega) + X(\omega - \omega_s) + \cdots$$

由图 3-1-10 可见，$X(\omega - \omega_s)$ 可看作 $X(\omega)$ 以 $\omega = \dfrac{\omega_s}{2}$ 为对称轴折叠的结果，因此奈奎斯特频率 $\dfrac{f_s}{2} = \dfrac{1}{2T_s}$ 又称为折叠频率。如果 $\omega_c > \dfrac{\omega_s}{2}$，被采样信号频谱中高于 $\dfrac{\omega_s}{2}$ 的部分 $\dfrac{\omega_s}{2} \sim \omega_c$ 采样后沿 $\dfrac{\omega_s}{2}$ 折叠回来便在 $\omega_s - \omega_c \sim \dfrac{\omega_s}{2}$ 范围内形成干扰或噪声，如图 3-1-10（a）

所示。在这种情况下经理想低通滤波恢复出来的信号频谱 $X_0(\omega)$ 与原被采样信号频谱 $X(\omega)$ 便出现如下差别：$X(\omega)$ 在 $\dfrac{\omega_s}{2} \sim \omega_c$ 部分被切掉，而在 $\omega_s - \omega_c \sim \dfrac{\omega_s}{2}$ 范围却多出一块，这多出的一块就是 $X(\omega - \omega_s)$ 在 $\omega_s - \omega_c \sim \dfrac{\omega_s}{2}$ 范围的频谱，也就是 $X(\omega)$ 中高于 $\dfrac{\omega_s}{2}$ 的部分沿 $\dfrac{\omega_s}{2}$ 折叠形成的。

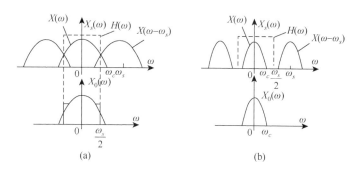

图 3-1-10　折叠失真的产生与消除

如果 $\omega_c < \dfrac{\omega_s}{2}$ 即 $\omega_s - \omega_c > \dfrac{\omega_s}{2}$，则 $X(\omega)$ 与 $X(\omega - \omega_s)$ 就会相互隔开而不会彼此交叠，如图 3-1-10（b）所示。由图可见，在这种情况下，经理想低通滤波恢复出来的信号频谱 $X_0(\omega)$ 与原被采样信号频谱 $X(\omega)$ 相同，相应的时域信号 $x_0(t)$ 与 $x(t)$ 也相同。因此，要消除采样引起的折叠失真，必须满足以下条件。

第一，必须使被采样信号为带限信号，即它的最高频率为有限值，$f_c \ne \infty$。

第二，必须使采样频率大于被采样信号最高频率的两倍，即采样周期 T_s 满足条件：

$$T_s < \frac{1}{2f_c} \tag{3-1-15}$$

只要在满足上述两个条件的情况下进行采样，理论上就可从采样信号 $x_s(t)$ 中无失真地恢复出原被采样信号 $x(t)$。这个结论就是著名的奈奎斯特采样定理。

2）去混淆滤波

由前面的讨论可以看出：采样产生折叠失真是由于被采样频谱中含有高于折叠频率 $f_s/2$ 的频率分量，若设该频率分量的幅值为 A_a，频率为 $f_a > f_s/2$，则采样后，该频率分量就会变成幅值为 A_b、频率为 $f_b < f_s/2$ 的频率分量，如图 3-1-11 所示，两者以 $f = f_s/2$ 为轴对称，即

$$\begin{cases} A_a = A_b \\ f_b = f_s - f_a \end{cases} \tag{3-1-16}$$

这种现象又常称为频率混淆或假频干扰。被采样频谱一般都包含有用信号（简称信号）和干扰噪声（简称干扰或噪声）两部分，因此大多存在高于 $f_s/2$ 的频率分量。由于被采样频谱中高于 $f_s/2$ 的频率分量采样后会出现在低于 $f_s/2$ 的信号频段上，这样就无

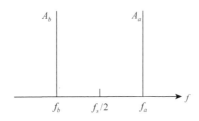

图 3-1-11　频率混淆示意图

法用频率滤波的方法将它们与信号分离。为了消除这种频率混淆或假频干扰，就只有在采样之前先用一个截频 $f_h < f_s/2$ 的低通滤波器把高于 $f_s/2$ 的频率分量滤除，以保证采样时被采样的频谱只包含低于 $f_s/2$ 的频率分量，即满足采样定理。在采样开关之前设置的这种用途的低通滤波器常称作去混淆滤波器或去假频滤波器。当然，如果被采样频谱中不包含高于 $f_s/2$ 的频率分量，或者虽然有但也很微弱，那就不必增加去混淆滤波这个环节。

去混淆滤波器的任务是滤除被采样频谱中高于 $f_s/2$ 的频率分量，如果去混淆滤波器是一个陡度为无限大，即矩形幅频特性的低通滤波器，那么去混淆滤波器截止频率 $f_h = f_s/2$。但是陡度无限大的滤波器实际上是无法实现的，实际的低通滤波器的陡度只能是有限值。因而只能把高频干扰衰减到很小的幅值，但不可能完全衰减到零。那么实际的去混淆滤波器的截止频率 f_h 与陡度 S 应怎样来设计和选择呢？

首先，去混淆滤波器截止频率 f_h 应该与采样周期 T_s 保持固定的关系，即

$$f_h = \frac{1}{CT_s} = \frac{f_s}{C} \qquad (3\text{-}1\text{-}17)$$

式中，C 为选定的截频系数，$C>2$。

其次，由于去混淆滤波器是低通滤波器，因此其截止频率 f_h 应该等于被测试信号的最高频率 f_{max}，即

$$f_h = f_{max} \qquad (3\text{-}1\text{-}18)$$

去混淆滤波器陡度 S 应该能保证把高于 $f_s/2$ 的干扰衰减到 A/D 转换器的最小量化电平 q 以下。下面以常见的巴特沃思低通滤波器为例来讨论这个问题。图 3-1-12 是巴特沃思低通滤波器的波特图。

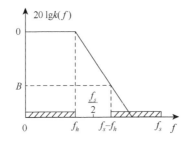

图 3-1-12　巴特沃思低通滤波器波特图

图 3-1-12 中，$0\sim f_h$ 是被测有用信号的频率范围，与信号频率范围以 $f=f_s/2$ 为轴对称的频率范围是 $f_s-f_h\sim f_s$，由图 3-1-12 可见，如果在这个频段上存在高频干扰，采样后它们就会以同样的幅度"折叠"到 $0\sim f_h$ 的信号频段上形成"假频干扰"。为了把这些"假频干扰"的幅度减小到 A/D 转换器的最小量化电平之下，就得把 $f_s-f_h\sim f_s$ 频段上的干扰减小到最小量化电平以下。从最坏情况考虑，假设有用信号中幅度最大（为 V_s）的频率分量的频率 $f=f_h$，干扰噪声中幅度最大（为 V_n）的频率分量的频率 $f=f_s-f_h$。去混淆低通滤波器幅频特性为 $k(f)$，并设：

$$当 f=f_h 时，\quad k(f)=k_s=1$$
$$当 f=f_s-f_h 时，\quad k(f)=k_n$$

为了使经去混淆滤波后信号最大频率分量不超出 A/D 转换器的最大量化电平 E，干扰最大频率分量应低于 A/D 转换器的最小量化电平 q，要求：

$$V_s k_s=V_s=E$$
$$V_n k_n=q$$

由以上两式可得

$$-20\lg k_n=20\lg\frac{E}{q}-20\lg\frac{V_s}{V_n} \tag{3-1-19}$$

对 m 位 A/D 转换器有 $E=2^m q$，代入式（3-1-19），并令 $B=-20\lg k_n$，然后得

$$B=6m-20\lg\frac{V_s}{V_n} \tag{3-1-20}$$

设 f_h 与 f_s-f_h 之间为 G 个倍频程，即 $\frac{f_s-f_h}{f_h}=2^G$。

将式（3-1-17）代入上式得

$$G=\frac{\lg(C-1)}{\lg 2} \tag{3-1-21}$$

因此，去混淆滤波器陡度 S 应为

$$S=\frac{B}{G}=\frac{B\lg 2}{\lg(C-1)} \text{(dB/倍频程)} \tag{3-1-22}$$

去混淆滤波器通常采用 n 阶巴特沃思低通滤波器，其幅频特性为

$$k(f)=\frac{1}{\sqrt{1+\left(\frac{f}{f_0}\right)^{2n}}} \tag{3-1-23}$$

其截止频率为 $f_h=f_0$，陡度 S 为

$$S=6n \text{ dB/倍频程} \tag{3-1-24}$$

综合式（3-1-20）、式（3-1-22）和式（3-1-24）可得，去混淆巴特沃思低通滤波器的阶数 n 应为

$$n=\frac{1}{6}\left(6m-20\lg\frac{V_s}{V_n}\right)\frac{\lg 2}{\lg(C-1)} \tag{3-1-25}$$

由式（3-1-20）和式（3-1-22）可见，去混淆滤波器的陡度应考虑信号和干扰的幅度比 V_s / V_n，若干扰较强，去混淆低通滤波器陡度 S 就应取大些，如果干扰较弱，满足条件：

$$20\lg \frac{V_s}{V_n} \geqslant 6m \ (\text{dB}) \tag{3-1-26}$$

则可以不用设置去混淆低通滤波器。此外，由式（3-1-22）可见，去混淆低通滤波器陡度 S 也与截频系数 C 有关，C 取小些，S 就要取大些。陡度越高的滤波器，阶数就越高。

滤波器阶数 n 越高，幅频特性陡度越大，对减少混淆误差越有利。但是应看到，滤波器阶数越高，不仅滤波器节数越多，成本也越高，而且信号通过滤波器时产生的延时也越长。在闭环系统中，这种延时受到系统稳定性的限制，因而滤波器的阶数不宜太高。由式（3-1-25）可见，减少阶数 n 必须相应增大截频系数 C。

例如，对于一个 $m = 12$ 位 A/D 转换器，采用 $n = 6$ 阶巴特沃思低通滤波器，则由式（3-1-26）可知，采样频率应选择为低通滤波器截止频率 C 的 5 倍。如果被测信号最高频率为 100Hz，则由式（3-1-17）和式（3-1-18）可知，去混淆低通滤波器截止频率也应为 100Hz，而采样周期应取 2ms。

对于像数字地震仪这样要求以数字形式记录信号波形的"数据采集系统"，去混淆滤波器的截止频率 f_h 和采样周期 T_s 的乘积必须保持为常数（$1/C$）。如果缩短采样周期 T_s 时，不相应提高 f_h，那就达不到通过缩短 T_s 来增大 $f_{\max}$ 的效果，相反，如果延长采样周期 T_s，不相应降低 f_h，那就会使假频干扰增大[2]。

3.1.4　采集电路的参数设计和选择

采集电路是实现模拟信号数字化的电路，A/D 转换器是采集电路的核心。在集中采集式测量通道中，A/D 转换器前面都设置模拟多路切换器 MUX，以便从多路模拟信号中选取一路进行 A/D 转换。若被测模拟信号为动态信号，那就必须在 MUX 与 A/D 之间设置 S/H，如图 3-1-13（a）所示。

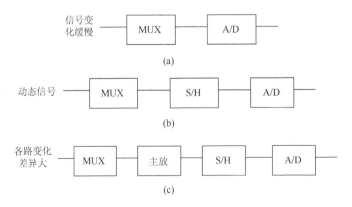

图 3-1-13　采集电路的基本组成

S/H 在 MUX 的闭合期间采样，A/D 在 S/H 保持期间进行 A/D 转换。如果各路模拟信号幅度互不相同或者模拟信号幅度随时间变化很大，就必须在 S/H 与 MUX 之间设置程控增益放大器（programable gain amplifier，PGA）或瞬时浮点（instantaneous floating point，IFP）放大器作为主放大器。

1. A/D 转换器的选择要点

A/D 转换器是数据采集电路的核心部件，正确选用 A/D 转换器是提高数据采集电路性能价格比的关键，以下几点应着重考虑。

1）A/D 转换位数的确定

A/D 转换器的位数不仅决定采集电路所能转换的模拟电压动态范围，也在很大程度上影响了采集电路的转换精度。因此，应根据对采集电路转换范围与转换精度两方面的要求选择 A/D 转换器的位数。

若需要转换成有效数码（除 0 以外）的模拟输入电压最大值和最小值分别为 $V_{\mathrm{I,max}}$ 和 $V_{\mathrm{I,min}}$，A/D 转换器前放大器增益为 k_g，m 位 A/D 转换器满量程为 E，则应使

$$V_{\mathrm{I,min}}k_g \geqslant q = \frac{E}{2^m}\ \text{（小信号不被量化噪声淹没）}$$
$$V_{\mathrm{I,max}}k_g \leqslant E\ \text{（大信号不使A/D转换器溢出）} \tag{3-1-27}$$

所以，须满足：

$$\frac{V_{\mathrm{I,max}}}{V_{\mathrm{I,min}}} \leqslant 2^m \tag{3-1-28}$$

通常称量程范围上限与下限之比的分贝数为动态范围，即

$$L_1 = 20\lg\frac{V_{\mathrm{I,max}}}{V_{\mathrm{I,min}}} \tag{3-1-29}$$

若已知检测模拟电压动态范围为 L_1，则可按式（3-1-30）确定 A/D 转换器的位数 m，即

$$m \geqslant \frac{L_1}{6} \tag{3-1-30}$$

由于 MUX、S/H、A/D 转换器组成的数据采集电路的总误差是这三个组成部分的分项误差的综合值，则选择元件精度的一般规则是：每个元件的精度指标应优于系统精度的十倍左右。例如，要构成一个误差为 0.1% 的数据采集系统，所用的 A/D 转换器、S/H 和 MUX 组件的线性误差都应小于 0.01%。A/D 转换器的量化误差也应小于 0.01%，A/D 转换器量化误差为 $\pm\frac{1}{2}$LSB[①]，即满度值的 $\frac{1}{2^{m+1}}$，因此可根据系统精度指标 δ，按式（3-1-31）估算所需 A/D 转换器的位数 m。

$$\frac{10}{2^{m+1}} \leqslant \delta \tag{3-1-31}$$

例如，要求系统误差不大于 0.1% 满度值（即 $\delta = 0.1\%$），则需采用 m 为 12 位的 A/D 转换器。

---

① LSB：least significant bit，最低有效位。

2）A/D 转换速度的确定

A/D 转换器从转换启动到转换结束输出稳定的数字量，需要一定的时间，这就是 A/D 转换器的转换时间，用不同原理实现的 A/D 转换器转换时间是大不相同的。总的来说，积分型、电荷平衡型和跟踪比较型 A/D 转换器转换速度较慢，转换时间从几毫秒到几十毫秒不等。这种形式只能构成低速 A/D 转换器，一般适用于对温度、压力、流量等缓变参量的检测和控制。逐次比较型 A/D 转换器的转换时间为几微秒到 100μs，属于中速 A/D 转换器，常用于工业多通道单片机检测系统和声频数字转换系统等。转换时间最短的高速 A/D 转换器是用双极型或 CMOS 式工艺制成的全并行型、串并行型和电压转移函数型的 A/D 转换器。转换时间仅 20～100ns。高速 A/D 转换器适用于雷达、数字通信、实时光谱分析、实时瞬态记录、视频数字转换系统。

A/D 转换器不仅从启动转换到转换结束需要一段时间——转换时间（记为 t_c），而从转换结束到下一次转换再启动也需要一段时间——休止时间（或称复位时间、恢复时间、准备时间等，记为 t_0），这段时间除了使 A/D 转换器内部电路复原到转换前的状态外，最主要的是等待 CPU 读取 A/D 转换结果和再次发出启动转换的指令。对于一般微处理器而言，通常需要几毫秒到几十毫秒时间才能完成 A/D 转换器转换以外的工作，如读数据、再启动、存数据、循环计数等。因此，A/D 转换器的转换速率（单位时间内所能完成的转换次数）应由转换时间 t_c 和休止时间 t_0 二者共同决定：

$$转换速率 = \frac{1}{t_c + t_0} \tag{3-1-32}$$

转换速率的倒数称为转换周期，记为 $T_{A/D}$，即

$$T_{A/D} = t_c + t_0 \tag{3-1-33}$$

若 A/D 转换器在一个采样周期 T_s 内依次完成 N 路模拟信号采样值的 A/D 转换，则

$$T_s = NT_{A/D} \tag{3-1-34}$$

对于集中采集式测试系统，N 即为模拟输入通道数；对于单路测试系统或分散采集测试系统，则 $N=1$。

若需要测量的模拟信号的最高频率为 f_{max}，则去混淆低通滤波器截止频率 f_h 应选取为

$$f_h = f_{max} \tag{3-1-35}$$

将式（3-1-35）代入式（3-1-17）得

$$T_s = \frac{1}{Cf_{max}} = \frac{1}{Cf_h} \tag{3-1-36}$$

将式（3-1-34）代入式（3-1-36）得

$$T_{A/D} = \frac{1}{NCf_{max}} = t_c + t_0 \tag{3-1-37}$$

由式（3-1-37）可见，对 f_{max} 大的高频（或高速）测试系统，应该采取以下措施。

（1）减少通道数 N，最好采用分散采集方式，即 $N=1$。

（2）减小截频系数 C，根据式（3-1-22）应增大去混淆低通滤波器陡度。

（3）选用转换时间 t_c 短的 A/D 转换器芯片。

（4）将由 CPU 读取数据改为直接存储器存取（DMA）技术，以大大缩短休止时间 t_0。

3）根据环境条件选择 A/D 转换器

例如，根据工作温度、功耗、可靠性等级等性能参数选择 A/D 转换器的芯片。

4）选择 A/D 转换器的输出状态

根据计算机接口特征，考虑如何选择 A/D 转换器的输出状态。例如，A/D 转换器是并行输出，还是串行输出（串行输出便于远距离传输）；是二进制码，还是 BCD 码输出（BCD 码输出便于十进制数字显示）；是用外部时钟、内部时钟，还是不用时钟；有无转换结束状态信号；有无三态输出缓冲器；与 TTL、CMOS 及发射极耦合逻辑（emitter coupled logic，ECL）电路的兼容性等。

2. S/H 的选择

1）S/H 的主要参数

实际的 S/H 的输出-输入特性是非理想的。这主要反映在"采样"与"保持"两个状态之间的过渡过程不能瞬时完成，以及采样和保持过程中存在许多误差因素，如图 3-1-14 所示。

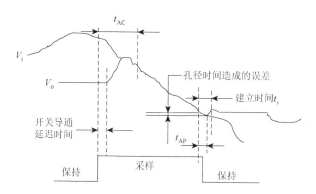

图 3-1-14　S/H 的主要性能参数

当发出采样指令，即控制信号由"保持"电平跳变为"采样"电平之后，S/H 的输出电压 V_o 从原来的保持值过渡到跟踪输入信号 V_i 值（在确定的精度范围内）所需的时间称为捕捉时间 t_{AC}。它包括开关的导通延迟时间和建立跟踪输入信号的稳定过程时间。捕捉时间反映了 S/H 采样的速度，它限定了该电路在给定精度下截取输入信号瞬时值所需要的最短采样时间。为缩短这一时间，应选择导通电阻小、切换速度快的模拟开关，选择频带宽和压摆率高的运放作为 S/H 内部的输入和输出缓冲放大器，输入缓冲还应具有较大的输出电流。

从发出保持指令，即控制信号从"采样"电平跳变为"保持"电平开始到模拟开关完全断开所经历的时间称为孔径时间 t_{AP}，从发出保持指令开始到 S/H 输出达到保持终值（在确定的精度范围内）所需时间称为建立时间 t_s，显然建立时间包括孔径时间，即 t_s 包括 t_{AP}。

由于孔径时间的存在，采样时间被额外地延迟了。当被采样的信号是时变信号时，

孔径时间 t_{AP} 的存在不能代表保持指令来到后，S/H 的输出仍跟踪输入信号的变化。当这一时间结束后，电路的稳定输出已不代表保持指令到达时刻输入信号的瞬时值，而是代表 t_{AP} 结束时刻输入信号的瞬时值。两者之差称为孔径误差，如图 3-1-14 所示。最大孔径误差等于 t_{AP} 时间内输入信号的最大时间变化率与 t_{AP} 的乘积，即

$$\Delta V_{o,max} = \left(\frac{dV_i}{dt}\right)_{max} t_{AP} \tag{3-1-38}$$

S/H 如果具有恒定的孔径时间，可采取措施消除其影响：若把保持指令比预定时刻提前 t_{AP} 时间发出，则电路的实际输出值就是预定时刻输入信号的瞬时值。但完全补偿是十分困难的，由于开关的截止时间在连续多次切换时存在某种涨落现象，以及电路中各种因素的影响，t_{AP} 存在一定的不确定性，这种现象称为孔径抖动或孔径时间不定性。孔径抖动是指多次采样中孔径时间的最大变化量，其值等于最大孔径时间与最小孔径时间之差。孔径抖动的典型数值约比孔径时间小一个数量级。

当 S/H 处在保持状态时，输出电压的跌落速率为

$$\frac{dV_o}{dt} = -\frac{I_D}{C_H} \tag{3-1-39}$$

式中，I_D 为流过保持电容 C_H 的所有漏电流的代数和，包括模拟开关断开时的漏电流、输出缓冲放大器的输入偏置电流、保持电容端点到正负电源和地的漏电流，保持电容本身的介质漏电和介质吸附效应引起的电荷变化等。为降低跌落速率，应尽量减小上述各种电流值。

2）设置 S/H

A/D 转换器把模拟量转换成数字量需要一定的转换时间，在这段转换时间内，被转换的模拟量应基本维持不变，否则转换精度没有保证，甚至根本失去了转换的意义。假设待转换的信号为 $U_i = U_m \cos\omega t$，这一信号的最大变化率为

$$\left.\frac{dU_i}{dt}\right|_{max} = \omega U_m = 2\pi f U_m \tag{3-1-40}$$

又假设信号的正负峰值正好达到 A/D 转换器的正负满量程，而 A/D 转换器的位数（不含符号位）为 m，则 A/D 转换器最低有效位代表的量化电平（量化单位）为

$$q = \frac{U_m}{2^m} \tag{3-1-41}$$

如果 A/D 转换器的转换时间为 t，为保证 ±1LSB 的转换精度，在转换时间 t_c 内，被转换信号的最大变化量不应超过一个量化单位 q，即

$$2\pi f U_m t_c \leqslant q = \frac{U_m}{2^m}$$

因此，图 3-1-13（a）和图 3-1-14 不加 S/H 时，待转换信号允许的最高频率为

$$f_{max} = \frac{1}{t_c \pi 2^{m+1}} \tag{3-1-42}$$

例如，一个 12 位 A/D 转换器，$t_c = 25\mu s$，用它直接转换一个正弦信号并要求精度优

于 1LSB，则信号频率不能超过 1.5Hz。由此可见，除了被转换信号是直流电压或变化极其缓慢，即满足式（3-1-42），可以用 A/D 转换器直接转换，不必在 A/D 转换器前加设 S/H，凡是频率不低于由式（3-1-42）确定的 f_{max} 的被转换信号，都必须设置 S/H 以保持采样幅值，以便 A/D 转换器在 S/H 保持期间把保持的采样幅值转换成相应的数码。

在 A/D 转换器之前加设 S/H 后，虽然不会因 A/D 转换期间被转换信号变化而出现误差，但是 S/H 从采样状态转到保持状态需要一段孔径时间 t_{AP}。S/H 电路实际保持的信号幅值并不是原来预期要保持的信号幅值（即保持指令到达时刻的信号幅值）。两者之差称为孔径误差，将式（3-1-40）代入式（3-1-38），得最大孔径误差为

$$\Delta U_{o,max} = 2\pi f U_m t_{AP}$$

在数据采集系统中，若要求最大孔径误差不超过 q，则此限定的被转换信号的最高频率为

$$f_{max} = \frac{1}{t_{AP}\pi 2^{m+1}} \tag{3-1-43}$$

由于 S/H 的孔径时间 t_{AP} 远远小于 A/D 转换器的转换时间 t_c（典型的 $t_{AP} = 10\text{ns}$），因此由式（3-1-43）限定的频率远远高于由式（3-1-42）限定的频率。这就说明图 3-1-13（b）和（c）在 A/D 转换器前加设 S/H 后大大扩展了被转换信号频率的允许范围。

3. 采集电路的工作时序和最高允许频率

图 3-1-2（a）和图 3-1-13（b）所示由 MUX、S/H 和 A/D 转换器三者构成的采集电路是比较常见的结构，这三部分的工作时序如图 3-1-15（b）所示。

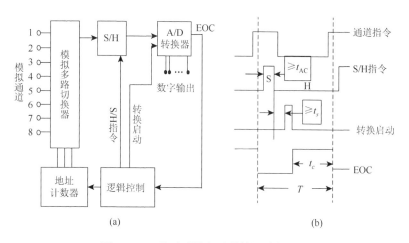

图 3-1-15　分时采样多通道数据采集系统

在图 3-1-15（a）中，模拟多路切换器（也称多路开关）MUX，在一个采样周期 T_s 内，依次接通 N 路模拟信号，图 3-1-15（b）中通道地址信号为高电平表示某通道信号被接通，为低电平表示所有信号被断开，采样指令脉宽稍窄于通道地址指令脉宽，保持指令脉宽要大于 A/D 转换时间 t_c，图 3-1-15（b）中的 EOC 为 A/D 状态信号，高电平表示正在转换，低电平表示转换结束，可读取转换数据。由于采样指令脉宽应大于 S/H 的捕捉时间 t_{AC}，

而 A/D 转换启动时间应在 S/H 的保持建立时间 t_s 结束之后，又由于 A/D 转换所需时间为 t_c，因此由图 3-1-15（b）可见，每路转换所需时间，即 S/H 和 A/D 的工作周期 T 为

$$T > t_{AC} + t_c + t_s \tag{3-1-44}$$

若采样周期为 T_s，MUX 的输入通道数为 N，则 $T = T_s/N$，因此图 3-1-15 所示系统的最小采样周期为

$$T_s > n(t_{AC} + t_c + t_s) \tag{3-1-45}$$

根据式（3-1-17）与式（3-1-18），该系统所能转换的模拟信号的最高允许频率为

$$f_{max} = \frac{1}{CT_s} = \frac{1}{CN(t_{AC} + t_c + t_s)} \tag{3-1-46}$$

一般说来，由式（3-1-46）所确定的 f_{max} 远小于由式（3-1-43）所确定的频率，因此，图 3-1-15（a）所示系统的被转换模拟信号的最高允许频率由式（3-1-46）决定。

4. 多路测量通道的串音问题

在多通道数字测试系统中，MUX 常被用作多选开关或多路采样开关。每当某一道开关接通时，其他各道开关全都是关断的。理想情况下，负载上只应出现被接通的那一路信号，其他被关断的各路信号都不应出现在负载上。然而实际情况并非如此，其他被关断的信号也会出现在负载上，对本来是唯一被接通的信号造成干扰，这种干扰称为道间串音干扰，简称串音[3]。

道间串音干扰的产生主要是由于模拟开关的断开电阻 R_{off} 不是无穷大和多路模拟开关中存在寄生电容。图 3-1-16 所示为第一道开关接通，其余 N–1 道开关均关断时的情况。为简化起见，假设各道信号源内阻 R_i 及电压 V_i 均相同，各开关关断电阻 R_{off} 均相同，由图 3-1-16（a）可见，其余 N–1 路被关断的信号因 $R_{off} \neq \infty$ 而在负载 R_L 上产生的泄漏电压总和为

$$V_N = (N-1)V_i \frac{(R_i + R_{on})//R_L//\dfrac{R_i + R_{off}}{N-2}}{R_i + R_{off} + (R_i + R_{on})//R_L//\dfrac{R_i + R_{off}}{N-2}}$$

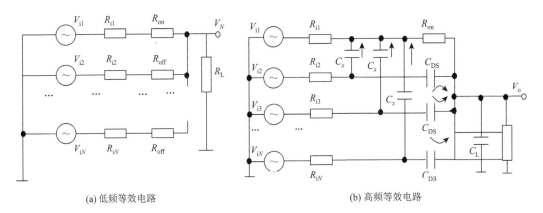

(a) 低频等效电路　　　　　　(b) 高频等效电路

图 3-1-16　多频切换系统的等效电路

一般 $R_i + R_{on} \ll R_L \ll \dfrac{R_i + R_{off}}{N-2}$ ，$2R_i + R_{on} \ll R_{off}$ ，故上式简化为

$$V_N = (N-1)\frac{R_i + R_{off}}{2R_i + R_{on} + R_{off}}V_i \approx (N-1)(R_i + R_{on})\frac{V_i}{R_{off}} \qquad (3\text{-}1\text{-}47)$$

由式（3-1-47）可见，为减小串音干扰，应采取如下措施：

（1）减小 R_i ，为此前级应采用电压跟随器，如图 3-1-9 所示；

（2）选用 R_{on} 极小、R_{off} 极大的开关管；

（3）减少输出端并联的开关数 N 。若 $N=1$ ，则 $V_N = 0$ 。

除 $R_{off} \neq \infty$ 引起串音外，当切换多路高频信号时，截止通道的高频信号还会通过通道之间的寄生电容 C_x 和开关源、漏极之间的寄生电容 C_{DS} 在负载端产生泄漏电压，如图 3-1-16（b）所示。寄生电容 C_x 和 C_{DS} 数值越大，信号频率越高，泄漏电压就越大，串音干扰也就越严重。因此，为减小串音，应选用寄生电容小的 MUX。

5. 主放大器的设置

有些测控系统的采集电路采用图 3-1-13（c）所示的结构，在 MUX 与 S/H 之间设置了 PGA 或瞬时浮点放大器，为与调理电路中的前置放大器相区别，称采集电路中的放大器为主放大器。采集电路的任务是将模拟信号数字化，采集电路中的主放大器也是为此而设置的。

已知，若 A/D 转换器满度输入电压为 E ，满度输出数字为 D_{FS}（例如，m 位二进制码 A/D 转换器满度输出数字为 $2^m - 1 \approx 2^m$ ，$3\frac{1}{2}$ 位 BCD 码 A/D 满度输出数字为 1999 等），则 A/D 转换器的量化绝对误差为 q（截断量化）或 $q/2$（舍入量化），即

$$Q = E / D_{FS} \qquad (3\text{-}1\text{-}48)$$

如果模拟多路切换器输出的第 i 路信号的第 j 次采样电压为 V_{ij} ，那么这个采样电压的量化相对误差为

$$\delta_{ij} = q / V_{ij} \qquad (3\text{-}1\text{-}49)$$

由式（3-1-49）可见，采样电压越小，相对误差越大，转换精度越低。为了避免弱信号采样电压在 A/D 转换时达不到要求的转换精度 δ_0 ，就必须将它放大 K 倍后再进行 A/D 转换，这样量化精度便可提高 K 倍，满足转换精度的要求，即

$$\frac{q}{KV_{ij}} < \delta_0$$

由上式可见，K 越大，放大后 A/D 转换相对误差越小，精度越高，但是 K 也不能太大，以致产生 A/D 溢出。因此，主放大器的增益 K 应满足两个条件：既不能使 A/D 溢出，又要满足转换精度的要求，即

$$\begin{cases} KV_{ij} \leqslant E \\[2mm] \dfrac{q}{KV_{ij}} \leqslant \delta_0 \end{cases}$$

将式（3-1-48）代入以上两式，得所需主放大器增益 K 为

$$\frac{E/D_{\mathrm{FS}}}{\delta_0 V_{ij}} \leqslant K \leqslant \frac{E}{V_{ij}} \tag{3-1-50}$$

如果被测量的多路模拟信号都是恒定或变化缓慢的信号，而且各路信号的幅度也相差不大，也就是 V_{ij} 随 i 和 j 变化都不大，那就没有必要在采集电路中设置主放大器，只要使各路信号调理电路中的前置放大器增益满足式（3-1-50）即可。

如果被测量的多路模拟信号是恒定或变化缓慢的信号，但是各路信号的幅度相差很大，也就是说 V_{ij} 不随 j 变化，但随 i 变化很大，那就应在采集电路中设置 PGA 作为主放大器。PGA 的特点是每当多路开关 MUX 在对第 j 路信号采样时，放大器就采用预先按式（3-1-50）选定的第 i 路信号的增益 K_i 进行放大。

如果被测量的多路模拟信号是随时间变化的信号，那么同一时刻各路信号的幅度也不一样。也就是说，V_{ij} 既随 i 变化，也随 j 变化，那就应在采集电路中设置瞬时浮点放大器作为主放大器。瞬时浮点放大器的特点是在多路开关 MUX 对第 i 路信号进行第 j 次采样期间，及时地为该采样幅值选定一个符合式（3-1-50）的最佳增益 K_{ij}。由于该放大器的增益 K_{ij} 是随采样幅值 V_{ij} 变化而调整的，故称浮点放大器，因为放大器增益调整必须在采样电压 V_{ij} 存在的那一瞬间完成，所以又称为瞬时浮点放大器。瞬时浮点放大器在数字地震记录仪中曾被广泛采用。其增益取 2 的整数次幂，即

$$K_{ij} = 2^{G_{ij}} \tag{3-1-51}$$

采样电压 V_{ij} 经浮点放大 $2^{G_{ij}}$ 倍后，再由满量程 E 的 A/D 转换得到数码 D_{ij}，即

$$2^{G_{ij}} V_{ij} = E D_{ij}$$

故有

$$V_{ij} = E 2^{-G_{ij}} D_{ij} \tag{3-1-52}$$

式（3-1-52）表明，瞬时浮点放大器和 A/D 转换器一起，把采样电压 V_{ij} 转换成一个阶码为 G_{ij}、尾数为 D_{ij} 的浮点二进制数。因此，由浮点放大器和 A/D 转换器构成的电路又称为浮点二进制数转换电路。由于浮点二进制数一般比定点二进制数表示范围大，因此，这种浮点二进制数转换电路比较适合大动态范围的变化信号，如地震信号的测量。但是浮点放大器电路很复杂，一般测控系统大多采用 PGA 作为主放大器。

设计一个模拟输入通道，一般首先给定精度要求、工作温度、通道数目和信号特征等条件，然后根据条件，初步确定通道的结构方案和选择元器件。

在确定通道的结构方案之后，应根据通道的总精度要求，给各个环节分配误差，以便选择元器件。通常传感器和信号放大电路所占的误差比例最大，其他各环节，如采样/保持器和 A/D 转换器等误差，可以按选择元件精度的一般规则和具体情况而定。

选择元件精度的一般规则是：每一个元件的精度指标应该优于系统规定的某一最严格的性能指标的 10 倍左右。

例如，要构成一个要求 0.1% 级精度性能的模拟输入通道，所选择的 A/D 转换器、采样/保持器和模拟多路开关组件的精度都不应大于 0.01%。

初步选定各个元件之后，还要根据各个元件的技术特性和元件之间的相互关系核算实际误差，并且按绝对值和的形式或方根形式综合各类误差，检查总误差是否满足给定

的指标。如果不合格，应该分析误差，重新选择元件及进行误差的综合分析，直至达到要求。下面举例说明。

【例 3-1-1】　设计一个远距离测量室内温度的模拟输入通道。

已知满量程为 100℃、共有 8 路信号，要求模拟输入通道的总误差为±1.0℃（即相对误差为±1%），环境温度为 25℃±15℃，电源波动±1%。试进行误差分配，选择合适的器件，构成满足精度要求的模拟输入通道。

【解】　模拟输入通道的设计可按以下步骤进行。

（1）方案选择。

鉴于温度的变化一般很缓慢，故可以选择如图 3-1-2（a）所示的多通道共享采样/保持器和 A/D 转换器的通道结构方案，温度传感器及信号放大电路如图 3-1-17 所示。

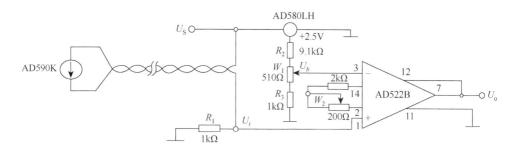

图 3-1-17　温度传感器及信号放大电路

（2）误差分配。

由于传感器和信号放大电路是整个通道总误差的主要部分，故将总误差的 90%（即±0.9℃的误差）分配至该部分。该部分的相对误差为 0.9%，数据采集、转换部分和其他环节的相对误差为 0.1%。

（3）初选元件与误差估算。

①传感器选择与误差估算。由于是远距离测量，且测量范围不大，故选择电流输出型集成温度传感器 AD590K。由技术手册可查出：

a. AD590K 的线性误差为 0.20℃。

b. AD590K 的电源抑制误差：当 +5V<U_S<+15V 时，AD590K 的电源抑制系数为 0.2℃/V。现设供电电压为 10V，U_S 变化为 0.1%，则由此引起的误差为 0.02℃。

c. 电流/电压变换电阻的温度系数引入误差：AD590K 的电流输出传至采集系统的信号放大电路，须先经电阻变为电压信号。电阻值为1kΩ，该电阻误差选为 0.1%，电阻温度系数为$10×10^{-6}$/℃。AD590K 灵敏度为 1μA/℃。在 0℃时输出电流为 273.2μA。所以，当环境温度变化 15℃时，它所产生的最大误差电压（当所测量温度为 100℃时）为

$$(273.2×10^{-6})×(10×10^{-6})×15×10^3 ≈ 4.0×10^{-5}(V) = 0.04mV(相当于 0.04℃)$$

②信号放大电路的误差估算。AD590K 的电流输出经电阻转换成最大量程为 100mV 的电压，而 A/D 的满量程输入电压为 10V，故需加一级放大电路，现选用仪用放大电路 AD522B，放大器输入加一偏置电路。将传感器 AD590K 在 0℃时的输出值 273.2mV 进行

偏移，以使 0℃时输出电压为零。为此，尚需一个偏置电源和一个分压网络，由 AD580LH 以及 R_2、W_1、R_3 构成的电路如图 3-1-17 所示。偏置后，100℃时 AD522B 的输出信号为 100mV，显然，放大器的增益应为 100。

a. 参考电源 AD580LH 的温度系数引起的误差：AD580LH 用来产生 273.2mV 的偏置电压，其电压温度系数为 $25\times10^{-6}/℃$，当温度变化±15℃时，偏置电压出现的误差为

$$(273.2\times10^{-6})\times(25\times10^{-6})\times15\times10^{3}\approx1.0\times10^{-4}(V)=0.1mV(相当于0.1℃)$$

b. 电阻电压引入的误差：电阻 R_2 和 R_3 的温度系数为 $\pm10\times10^{-6}/℃$，±15℃温度变化引起的偏置电压的变化为

$$(273.2\times10^{-6})\times(10\times10^{-6})\times15\times10^{3}\approx4\times10^{-4}(V)=0.04mV(相当于0.04℃)$$

c. 仪用放大器 AD522B 的共模误差：其增益为 100，此时的共模抑制比（common-mode rejection ratio，CMRR）的最小值为 100dB，共模电压为 273.2mV。故产生的共模误差为

$$(273.2\times10^{-3})\times10^{-5}\approx2.7\times10^{-6}(V)=2.7\mu V(该误差可以忽略)$$

d. AD522B 的失调电压温漂引起的误差：它的失调电压温度系数为 $\pm2\mu V/℃$，输出失调电压温度系数为 $\pm25\mu A/℃$，折合到输入端，总的失调电压温度系数为 $\pm2.5\mu V/℃$。温度变化为±15℃时，输入端出现的失调漂移为

$$(2.5\times10^{-6})\times15\approx4\times10^{-5}(V)=0.04mV(相当于0.04℃)$$

e. AD522B 的增益温度系数产生的误差：它的增益为 1000 时的最大温度系数等于 $\pm25\times10^{-6}/℃$，增益为 100 时，温度系数要小于这一数值，如仍取这一数值，且设所用增益电阻温度系数为 $\pm10\times10^{-6}/℃$，则最大温度误差（环境温度变化为±15℃）是

$$(25+10)\times10^{-6}\times15\times100\approx0.05(℃)$$

f. AD522B 线性误差：其非线性在增益为 100 时近似等于 0.002%，输出 10V 摆动范围产生的线性误差为

$$10\times0.002\%=2\times10^{-4}(V)=0.2mV(相当于0.2℃)$$

现按绝对值和的方式进行误差综合，则传感器、信号放大电路的总误差为

$$0.20+0.02+0.04+0.1+0.04+0.04+0.05+0.2=0.69(℃)$$

若用方和根综合方式，这部分的总误差为

$$\sqrt{0.2^2+0.02^2+0.04^2+0.1^2+0.04^2+0.04^2+0.05^2+0.2^2}\approx0.31(℃)$$

估算结果表明，传感器和信号放大电路部分满足误差分配的要求。

③A/D 转换器、S/H 和多路开关的误差估算。因为分配给该部分的总误差不能大于 9.1%，所以 A/D 转换器、S/H、多路开关的线性误差应小于 0.01%。为了能正确地作出误差估算，需要了解这部分器件的技术特性。

a. 技术特性：设初选的 A/D 转换器、S/H、多路开关的技术特性如下。

A/D 转换器为 AD5420BD，其有关技术特性如下。

线性误差：0.012%（FSR）[①]。

---

① FSR：full scale range，满量程。

微分线性误差：$\pm\dfrac{1}{2}$LSB。

增益温度系数（max）：$\pm25\times10^{-6}/℃$。

失调温度系数（max）：$\pm7\times10^{-6}/℃$。

电压灵敏度：±15V 为 $\pm0.004\%$；±5V 为 $\pm0.001\%$。

输入模拟电压范围：±10V。

转换时间：5μs。

S/H 为 ADSHC-85，其技术特性如下。

增益非线性：$\pm0.01\%$。

增益误差：$\pm0.01\%$。

增益温度系数：$\pm10\times10^{-6}/℃$。

输入失调温度系数：±100μV/℃。

输入电阻：$10^{11}\Omega$。

电源抑制：200μA/V。

输入偏置电流：0.5nA。

捕获时间（10V 阶跃输入、输出为输入值的 0.01%）：4.5μs。

保持状态稳定时间：0.5μs。

衰变速率（max）：0.5mV/ms。

衰变速率随温度的变化：温度每升高 10℃，衰变数值加倍。

多路开关为 AD7501 或 AD7503，其主要技术特性如下。

导通电阻：300Ω。

输出截止漏电流：10nA（在整个工作温度范围内不超过 250nA）。

b. 常温（25℃）下误差估算：常温下误差估算包括多路开关误差、采集器误差和 A/D 转换器误差的估算。

多路开关误差估算：设信号源内阻为 10Ω，则 8 个开关截止漏电流在信号源内阻上的压降为

$$10\times10^{-9}\times8=8\times10^{-8}=0.08(\mu V)\text{（可以忽略）}$$

开关导通电阻和 S/H 输入电阻的比值，决定了开关导通电阻上输入信号压降的占比，即

$$\frac{300}{10^{11}}=3\times10^{-9}\text{（可以忽略）}$$

S/H 的误差估算如下。

线性误差：$\pm0.01\%$。

输入偏置电流在开关导通电阻和信号源内阻上所产生的电压为

$$(300+10)\times0.5\times10^{-9}=1.55\times10^{-7}(V)\approx0.16\mu V\text{（可以忽略）}$$

A/D 转换器的误差估算如下。

线性误差：$\pm0.012\%$。

量化误差：$\pm0.012\%$。

滤波器的混叠误差取为 0.01%。S/H 和 A/D 转换器的增益和失调误差通过零点和增益调整来消除。

按绝对值和的方式进行误差综合，系统总误差为混叠误差、S/H 的线性误差及 A/D 转换器的线性误差与量化误差之和，即

$$\pm(0.01 + 0.01 + 0.012 + 0.012)\% = \pm 0.044\%$$

按方和根式综合，总误差为 $\pm\sqrt{(0.01^2 + 0.01^2 + 0.012^2 + 0.012^2)}\% \approx \pm 0.022\%$ 。

c. 工作温度范围（25℃±15℃）内误差估算如下。

S/H 的漂移误差如下。

失调漂移误差：$\pm 100 \times 10^{-6} \times 15 = \pm 1.5 \times 10^{-3}(\text{V})$。

相对误差：$\pm\dfrac{1.5 \times 10^{-3}}{10} = \pm 0.015\%$ 。

增益漂移误差：$\pm 10 \times 10^{-6} \times 15 = \pm 0.015\%$ 。

±15V 电源电压变化所产生的失调误差（设电源电压变化为 1%）为

$$200 \times 10^{-6} \times 15 \times 1\% \times 2 = 6 \times 10^{-5}(\text{V}) = 60(\mu\text{V}) \quad (\text{可以忽略})$$

A/D 转换器的漂移误差如下。

增益漂移误差：$(\pm 25 \times 10^{-6}) \times 15 \times 100\% \approx \pm 0.037\%$ 。

失调漂移误差：$(\pm 7 \times 10^{-6}) \times 15 \times 100\% \approx \pm 0.010\%$ 。

电源电压变化的失调误差（包括±15V 和 +5V 的影响）：

$$\pm(0.004 \times 2 + 0.001)\% = \pm 0.009\%$$

按绝对值和的方式综合，工作温度范围内系统总误差为

$$\pm(0.015 + 0.015 + 0.037 + 0.010 + 0.009)\% = \pm 0.086\%$$

按方和根方式综合，系统总误差则为

$$\pm(\sqrt{0.015^2 + 0.015^2 + 0.037^2 + 0.010^2 + 0.009^2})\% \approx \pm 0.045\%$$

计算表明，总误差满足要求。因此，各个器件的选择在精度和速度两方面都满足系统总指标的要求。器件的选择工作到此可以结束。

3.2　模拟输出通道

微机化测试系统的信号输出通道有数字信号输出通道和模拟信号输出通道两种。数字信号输出通道又可分为测试结果的数字显示[LED、LCD 显示、阴极射线管（cathode ray tube，CRT）显示]、测试结果的数字记录（数字磁记录或光记录、打印纸记录等）和测试结果的数据传输等三种形式。在微机化测试系统中，模拟信号输出通道是将测试数据转换成模拟信号并经过必要的信号调理后送到模拟显示器或模拟记录装置形成测试信号的模拟显示或模拟记录。在微机化测试系统中，模拟输出通道的输出模拟信号主要用于对连续变量的执行机构进行控制[4]。

3.2.1　模拟输出通道的基本理论

1. 零阶保持与平滑滤波

从理论上讲，模拟信号数字化包括采样、量化和编码。其中，采样这道环节是采样

开关或多路开关完成的，而量化和编码则是由 A/D 转换器完成的。因此，可认为模拟信号数字化，实际上只包括采样和 A/D 转换两道环节。反之，要从数字信号恢复出模拟信号也必须经过两个相反的环节：D/A 转换和保持。对于 D/A 转换和 A/D 转换，已讨论过。下面着重讨论保持是什么含义，怎样实现？

模拟信号数字化得到的数据是模拟信号在各个采样时刻瞬时幅值的 A/D 转换结果。很显然，把这些 A/D 转换结果再经过 D/A 转换，也只能得到模拟信号各个采样时刻的近似幅值（与原来的幅值存在一定的量化误差），也就是说只能得到模拟信号波形上的一个个断续的采样点，而不能得到在时间上连续存在的波形。为了得到在时间上连续存在的波形就要想办法填补相邻采样点之间的空白。从理论上讲，可以有两种简单的填补采样点之间空白的办法：一种是把相邻采样点之间用直线连接起来，如图 3-2-1（a）所示，这种方式称为"一阶保持"方式；另一种是把每个采样点的幅值保持到下一个采样点，如图 3-2-1（b）所示，这种方式称为"零阶保持"方式（因为相邻采样点间水平直线的方程阶次为零）。"零阶保持"方式很容易用电路来实现，如图 3-2-2 所示。其中，图 3-2-2（a）为数字保持方式，即在 D/A 转换器之前加设一个寄存器，让每个采样点的数据在该寄存器中一直寄存到本路信号的下一个采样点数据到来时为止，这样 D/A 转换器的输出波形就不是离散的脉冲电压而是连续的台阶电压。图 3-2-2（b）为模拟保持方式，即在公用的 D/A 转换器之后每路加一个 S/H，保持器将 D/A 转换器输出采样电压保持到本路信号的下一个采样电压产生时为止。这样，S/H 输出波形也是连续的台阶电压。图 3-2-2（a）中的数据寄存器和图 3-2-2（b）中的 S/H 都起到零阶保持的作用，只不过图 3-2-2（a）是数字保持方式，而图 3-2-2（b）为模拟保持方式。由于 S/H 在保持期间，保持电压会因保持电容漏电而跌落，但数据寄存器在寄存期间数据不会变化，因此，数字保持方式优于模拟保持方式，而模拟保持方式却比数字保持方式简单，成本较低。

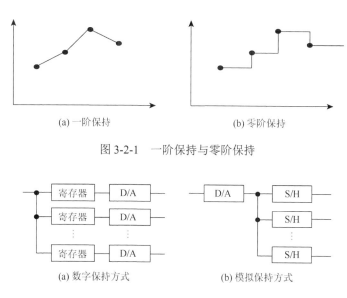

(a) 一阶保持　　　　　　　　　　(b) 零阶保持

图 3-2-1　一阶保持与零阶保持

(a) 数字保持方式　　　　　　　　(b) 模拟保持方式

图 3-2-2　零阶保持器的两种形式

零阶保持器输出波形将呈现如图 3-2-3 实线所示阶梯形状。现在研究如何将图 3-2-3 中实线所示的阶梯波形 $f_1(t)$ 变成虚线所示的光滑波形 $f(t)$。

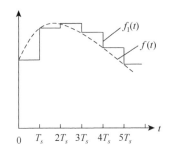

图 3-2-3　零阶保持器的输出波形

假如给零阶保持器输入一个单位冲激脉冲 $\delta(t)$，显然它的输出 $g(t)$ 便是图 3-2-4（a）所示的矩形脉冲（宽度为 T_s，高度为 1）。一个网络的单位冲激响应的傅里叶变换也就是这个网络的复变频率特性，即频率响应 $H(\omega)$：

$$H(\omega) = \int_{-\infty}^{\infty} g(t) e^{-j\omega t} dt = \int_{0}^{T_s} e^{-j\omega t} dt = \left. \frac{e^{-j\omega t}}{-j\omega} \right|_{0}^{T_s} = \frac{1 - e^{-j\omega T_s}}{j\omega} = T_s \frac{\sin\left(\dfrac{\omega T_s}{2}\right)}{\dfrac{\omega T_s}{2}} e^{-j\left(\frac{\omega T_s}{2}\right)}$$

所以

$$|H(\omega)| = T_s \frac{\sin\left(\dfrac{\omega T_s}{2}\right)}{\dfrac{\omega T_s}{2}} \tag{3-2-1}$$

$$\varphi(\omega) = -\frac{\omega T_s}{2} \tag{3-2-2}$$

因此，零阶保持器的幅频特性 $|H(\omega)|$ 和相频特性 $\varphi(\omega)$ 如图 3-2-4（b）所示。由图可见，保持器是一个 $\dfrac{\sin x}{x}$ 型的滤波器。

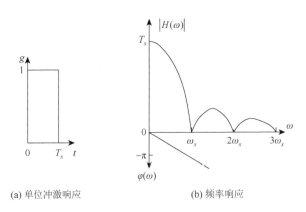

(a) 单位冲激响应　　　　　　　　　(b) 频率响应

图 3-2-4　零阶保持器的单位冲激响应和频率响应

　　由图 3-2-3 可见，在理论上可以认为零阶保持器输入的是一个幅度为 $f(nT_s)$ 的冲激脉冲序列或称为子脉冲串，即 $f_s(t)$ 为

$$f_s(t) = \sum_{n=-\infty}^{+\infty} f(nT_s)\delta(t - nT_s) \tag{3-2-3}$$

这一冲激脉冲序列输入零阶保持器，便在其输出端形成了如图 3-2-3 中实线所示的阶梯波形 $f_1(t)$，该阶梯波形的台阶宽度也就是零阶保持器的保持周期 T_s。若令 $f_1(t)$ 的频谱为 $F_1(\omega)$，$f_s(t)$ 的频谱为 $F_s(\omega)$，则有

$$F_1(\omega) = F_s(\omega)H(\omega) \tag{3-2-4}$$

　　若令 $f(t)$ 的频谱为 $F(\omega)$，则根据式（3-1-9）有

$$F_s(\omega) = \frac{1}{T_s} \sum_{-\infty}^{\infty} F(\omega - n\omega_s) \tag{3-2-5}$$

式中，$\omega_s = \dfrac{2\pi}{T_s}$。

　　将式（3-2-5）代入式（3-2-4）可得

$$F_1(\omega) = \frac{H(\omega)}{T_s}\big[F(\omega) + F'(\omega)\big] \tag{3-2-6}$$

式中，

$$\begin{aligned}
F'(\omega) = &\big[F(\omega - \omega_s) + F(\omega - 2\omega_s) + F(\omega - 3\omega_s) + \cdots\big] \\
&+ \big[F(\omega + \omega_s) + F(\omega + 2\omega_s) + F(\omega + 3\omega_s) + \cdots\big]
\end{aligned} \tag{3-2-7}$$

　　把 $F(\omega)$ 称为基带频谱，$F'(\omega)$ 称为调制频谱。由图 3-2-5 可见，保持器的频率响应 $H(\omega)$ 有突出基带频谱的作用，而且能完全阻止保持频率 $f_s = \dfrac{1}{T_s}$ 及其谐波通过。但调制频谱中大部分频率分量还是能通过零阶保持器，从而使零阶保持器的输出波形呈现阶梯状。为了使这些阶梯变平滑，就需要一个低通滤波器将调制频谱 $F'(\omega)$ 滤掉，而将基带频谱 $F(\omega)$ 保留下来。具有这种功能的低通滤波器称为平滑滤波器。由图 3-2-5 可见，理想的平滑滤波器应为

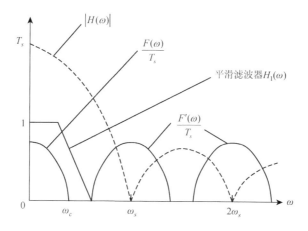

图 3-2-5　零阶保持和平滑滤波器的作用

$$H(\omega) = \begin{cases} 1, & \omega \leqslant \omega_c \\ 0, & \omega > \omega_c \end{cases} \tag{3-2-8}$$

由式（3-2-8）可见，理想的平滑滤波器的频率响应应能使基带频谱 $1:1$ 通过，而使调制频谱衰减到零。

由式（3-2-3）表达的子脉冲串通过零阶保持器后，如果再通过这样理想的平滑滤波器，其输出频谱 $F_o(\omega)$ 将为

$$F_o(\omega) = F_s(\omega)H(\omega)H_1(\omega) = \frac{F(\omega)H(\omega)}{T_s} \tag{3-2-9}$$

通常取平滑滤波器的截止频率 f_h 等于信号最高频率 f_c 且等于保持频率的 $1/4$，即

$$f_c = f_h = f_s / 4 = 1 / 4T_s \tag{3-2-10}$$

根据式（3-2-1），在 $0 \sim \dfrac{\omega_s}{4}$ 的频带内，$H(\omega)$ 的值为 $T_s \sim 0.9T_s$，因此可近似认为

$$F_o(\omega) \approx F(\omega) \quad \text{或} \quad f_o(t) \approx f(t)$$

可见，在零阶保持器后接平滑滤波器，基本上可以从子脉冲串 $f_s(t)$ 恢复出光滑的信号波形 $f(t)$。这就是模拟输出通道中要设置零阶保持器和平滑滤波器的理论依据。

2. 保持周期的确定

模拟信号输出通道将微机处理后的测试数据恢复成模拟信号，假设共有 m 路信号的采样数据，每路信号共有 n 个采样点，第 i 路信号的第 j 次采样的数据为 $D_{ij}(i = 1, 2, \cdots, m; j = 1, 2, \cdots, n)$。微机每隔时间 t_0 送出一个采样数据到输出通道，即输出通道的数据输出字速率为 $1/t_0$。如果采样数据的顺序为 $D_{11}, D_{12}, \cdots, D_{1m}, \cdots, D_{2m}, \cdots, D_{nm}$。那么，在图 3-2-2（a）中，每路 D/A 转换器的数据刷新周期则为 mt_0，而图 3-2-2（b）中公用 D/A 转换器的数据刷新周期则为 t_0，这两种形式的零阶保持器的保持周期 T_s 都为

$$T_s = mt_0 \tag{3-2-11}$$

图 3-2-4（a）中零阶保持器的保持时间 T_s 即图 3-2-3 中阶梯波 $f_1(t)$ 的台阶宽度 T_s。

由图 3-2-3 可见，如果模拟信号输出通道中设定的保持周期 T_s，与模拟信号输入通道中设定的采样周期 T 相等，即

$$T_s = T \tag{3-2-12}$$

那么经零阶保持和平滑滤波后恢复出来的模拟信号波形 $f_o(t)$，从理论上与输入通道中被采样的插入模拟信号波形 $f(t)$ 是相同的，即 $f_o(t) = f(t)$。但是如果不满足式（3-2-12）的条件，而只是保持固定的比例关系，即

$$T_s / T = a \quad \text{（常数）} \tag{3-2-13}$$

那么恢复出来的模拟信号 $f_o(t)$ 应为

$$f_o(t) = f\left(\frac{t}{a}\right) \tag{3-2-14}$$

如果在示波器上观察，则 $f_o(t) = f\left(\dfrac{t}{a}\right)$ 与 $f(t)$ 的形状是相似的，只不过时间轴刻度不

同罢了。因此，$T_s \neq T$ 对波形显示并无影响。但是如果是语音回放，则应要求 $a=1$，否则将产生声音的音调变化，即 $a>1$ 会使音调变低，$a<1$ 会使音调变高。

3. 数字自动增益控制

由微机传送给输出通道的采样数据的字长一般是由模拟显示器或模拟执行机构的需要决定的，如果为了在输出通道中不失真地显示模拟输入信号，那么输出通道中设置的 D/A 转换器的位数就应该与输入通道中设置的 A/D 转换器的位数相同。

但是有些野外数据采集测试系统的主要任务是把模拟信号不失真地以数字形式记录在磁带或光盘上，因此，信号输入通道中大多采用高位 A/D 转换器，甚至采用浮点数据采集电路（模拟浮点数转换电路）。为了监视信号记录质量和了解模拟输入通道工作是否正常，野外数据采集测试系统常常也设置了模拟信号输出通道，其目的是把记录信号波形在监视示波器上显示出来供操作人员观察。由于人眼视觉所能观测的动态范围只有 20dB 左右，所以监视示波器 L 显示模拟波形的幅度范围也只需 20dB 左右，在这种情况下，输出通道一船只需采用低位 D/A 转换器就够了。但是为了使强信号和弱信号都能在监视示波器上显示出来，输入通道采集的动态范围很大的信号数据在送到输出通道中内动态范围很小的 D/A 转换器转换之前不能简单地把低位数据舍去，必须进行数字自动增益控制（automatic gain control，AGC）处理；假设输出通道送去记录的第 i 道第 j 次采样数据为 d_{ij}，在送到输出通道进行 D/A 转换之前先给它赋以 $2^{G_{ij}}$ 倍增益，即把该数据左移 G_{ij} 位，变为定点二进制数 D_{ij}，即

$$D_{ij} = d_{ij} \times 2^{G_{ij}} \tag{3-2-15}$$

G_{ij} 的大小由 d_{ij} 的大小决定，若 d_{ij} 大，则选用小的 G_{ij}，若 d_{ij} 小，则选用大的 G_{ij}。这样就能把大动态范围的 d_{ij} 压缩成小动态范围的 G_{ij}，再将定点二进制数 G_{ij} 的高位数码（低位数码舍去）送去 D/A 转换器进行 D/A 转换。D/A 转换器输出电压经零阶保持和平滑滤波，就可在监视示波器上显示被动态压缩了的模拟信号波形。

3.2.2　模拟输出通道的基本结构

模拟输出通道主要由数据寄存器、D/A 转换器和调理电路三部分组成，其输出信号送到模拟显示器、模拟记录器或模拟执行机构等模拟终端，如图 3-2-6 所示。

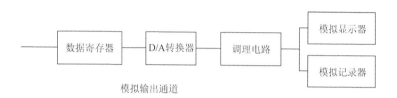

图 3-2-6　模拟输出通道的基本组成

微机化测控系统的模拟信号输出通道的基本结构按信号输出路数来分，有单通道输

出和多通道输出两大类。单通道输出结构如图 3-2-6 所示。

多通道的输出结构则是在单通道输出结构的基础上演变而成的，主要有以下三种。

1. 数据分配分时转换结构

这种结构如图 3-2-7 所示。它的特点是每个通道配置一套数据寄存器和 D/A 转换器，经微型计算机处理后的数据通过数据总线分时地选通至各通道数据寄存器。当数据 D_{ij} 选通至第 i 路数据寄存器的同时，第 i 路 D/A 转换器即实现数字 D_{ij} 到模拟信号幅值的转换。各通道在 D/A 转换器之后，一般都设有信号调理电路，使输出模拟信号满足模拟仪表或控制元件的要求。这种分时输出结构由于各通道输出的模拟信号存在时间偏斜，不适合于要求多参量同步控制执行机构的系统。

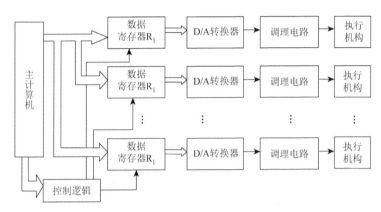

图 3-2-7　数据分配分时转换电路

2. 数据分配同步转换结构

这种结构如图 3-2-8 所示。它的特点是多路输出通道中 D/A 转换器的操作是同步进行的，因此，各信号可以同时到达记录器或执行机构。为了实现这个功能，在各路数据寄存器 R_1 与 D/A 转换器之间增设了一个数据寄存器 R_2。这样，数据总线分时选通主机的输出数据先后被各路数据寄存器 R_1 接收，然后在同一命令控制下将数据由 R_1 传送到 R_2，同时进行 D/A 转换并输出模拟量。显然，各通道输出的模拟信号不存在时间偏斜，主机分时送出的各信号之间的时间差，由第二个数据寄存器的同步作用所消除。

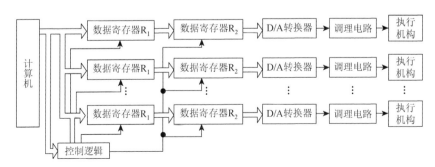

图 3-2-8　数据分配同步转换结构

3. 模拟分配分时转换结构

这种结构如图 3-2-9（a）所示，这种结构的特点是各通道共用一个 D/A 转换器和一个数据寄存器。微型计算机（简称微机）处理后的数据通过数据总线依通道顺序分时传送至数据寄存器并进行 D/A 转换，产生相应通道的模拟输出值。微机输出在将第 i 道数据传输给 D/A 转换器进行转换的同时，也命令第 i 道的 S/H 进入采样状态，当该道 D/A 转换完成准备接收下一道数据时，微机让该通道的 S/H 进入保持状态。显然，只有正在进行 D/A 转换的那一通道的 S/H 是采样状态，而其他通道的 S/H 都处于保持状态。

图 3-2-9（a）中输入端并联的多路 S/H 也可以简单地用一个模拟多路切换器 MUX 和多个存储电容及电压跟随器或跟随保持放大器来代替，如图 3-2-9（b）所示。

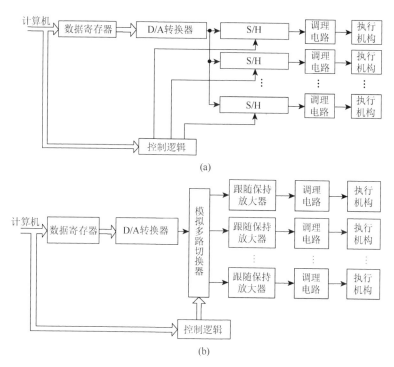

图 3-2-9　　分时转换多通道模拟分配结构

以上三种结构可归纳为两种分配方案。图 3-2-7 和图 3-2-8 称为数据分配方案，实质上也就是图 3-2-2（a）所示的"数字保持"方案；图 3-2-9 称为模拟分配方案，实质上也就是图 3-2-2（b）所示的"模拟保持"方案。

4. 比较和选择

图 3-2-9 所示的模拟分配方案，因受存储电容漏电因素的影响，通道输出的稳定性不易做得很好，但是由于存储电容的积分平滑作用，通道的输出不会出现大幅度的突跳现象。同时，由于只使用一个高质量的 D/A 转换器，因此整个通道的成本较低。相比之下，图 3-2-7 和图 3-2-8 的数字分配方案因其电路比较复杂，所以成本较高，而且通道的输出

存在突跳现象。但是这种通道的输出十分稳定，输出电压（或电流）的精度和平滑程度仅由 D/A 转换器的线性误差和分辨力决定。

在选择方案时，除性能上的考虑之外，成本是另一个主要因素，由于单片集成 D/A 转换器的价格很低，而且还在不断下降，对于中等分辨力（8～10 位）的输出通道，采用图 3-2-8 的方案（例如，可选用具有双缓冲输入寄存器的 10 位 D/A 转换器，即 AD7522）能获得较好的性能，而成本与模拟分配方案不相上下。对 10～12 位的通道，使用图 3-2-9 所示的模拟分配方案在目前看来还占有成本比较低的优势。高于 12 位的输出通道由于当前存储电容的介质吸附效应，指标不够理想，要使 S/H 满足高分辨力和高速度的要求还比较困难，因此虽然成本较高，仍然必须采用图 3-2-8 的方案。此外，当负载位置非常分散时，也不宜采用图 3-2-8 的方案。因并行传输所用电线数目多，成本高。为了减少数据传输线的数目，微机最好采用串行传输把数据传送到图 3-2-8 中各路缓冲寄存器 R_1，在地址指令控制下把串行数据变换为并行数据，接着刷新指令控制该通道的输入寄存器 R_2 从缓冲寄存器 R_1 中并行取入数据进行 D/A 转换。

3.2.3　模拟输出通道组成电路的选用

1. D/A 转换器

D/A 转换器是模拟信号输出通道的第一道环节，也是必不可少的核心环节。

1）D/A 转换器位数的确定

模拟信号输出通道中所用 D/A 转换器的位数取决于输出模拟信号所需要的动态范围。如前所述，如果输出通道可以不失真地再现模拟输入信号（如语音回放），那么输出通道所用 D/A 转换器的位数应与输入通道中所用 A/D 转换器的位数相同。如果输出通道只是为了形成动态范围在 20dB 左右的监视波形，那么选 5～7 位 D/A 转换器就够了，但在 D/A 转换之前须进行数字 AGC 控制。如果输出通道只是驱动指针式仪表，那么仪表精度 δ 应与 D/A 转换器的位数 n 相匹配，即

$$\delta = 2^{-n} \tag{3-2-16}$$

在微机化开环控制系统中，若模拟执行元件的分辨力为 V_{TH}，它所需要的控制信号的最大摆幅为 V_{max}，则用来提供这一模拟信号的 D/A 转换器的位数应该满足：

$$2^n \geqslant \frac{V_{max}}{V_{TH}} \tag{3-2-17}$$

在微机化闭环控制系统中，在任一时刻，D/A 转换器输出的是误差信号，因此，对其分辨力的要求比开环系统低，其位数主要根据系统要求的线性范围来确定。根据经验，一般比所用的 A/D 转换器位数少两位就能满足要求。

如果负载并没有明确要求，通常取 D/A 转换器位数等于系统输出数字的位数。

2）主要结构特性和应用特性的选择

（1）数字输入特性。数字输入特性包括接收数码的码制、数据格式以及逻辑电平等。目前批量生产的 D/A 转换器芯片一般都只能接收自然二进制数字代码。因此，当输

入数字代码为偏移二进制码或 2 的补码等双极性数码时，应外接适当的偏置电路后才能实现双极性 D/A 转换。

输入数据格式一般为并行码，对于芯片内部配置有移位寄存器的 D/A 转换器，可以接收串行码输入。

对于不同的 D/A 芯片，输入逻辑电平的要求不同。对于固定阈值电平的 D/A 转换器，一般只能和 TTL 或低压 CMOS 电路相连，而有些逻辑电平可以改变的 D/A 转换器满足与 TTL、高低压 CMOS、PMOS 等各种器件直接连接的要求。不过应当注意，这些器件往往为此设置了"逻辑电平控制"或者"阈值电平控制端"，用户要按手册规定，通过外电路给这一端以合适的电平才能工作。

（2）模拟输出特性。目前多数 D/A 转换器均为电流输出器件。手册上通常给出在规定的输入参考电压及参考电阻之下的满码（全 1）输出电流 I_0。另外，还给出最大输出短路电流以及输出电压允许范围。

对于输出特性具有电流源性质的 D/A 转换器（如 DAC-08），用输出电压允许范围来表示由输出电路（包括简单电阻负载或者运算放大器电路）造成输出端电压的可变动范围。只要输出端的电压小于输出电压允许范围，输出电流和输入数字之间就会保持正确的转换关系，而与输出端的电压大小无关。对于输出特性为非电流源特性的 D/A 转换器，如 AD7520、DAC1020 等，无输出电压允许范围指标，电流输出端应保持公共端电位或虚地，否则将破坏其转换关系。

（3）锁存特性及转换控制。D/A 转换器对输入数字量是否具有锁存功能将直接影响与 CPU 的接口设计。如果 D/A 转换器没有输入锁存器，通过 CPU 数据总线传送数字量时，必须外加锁存器，否则只能通过具有输出锁存功能的 I/O 口给 D/A 送入数字量。

有些 D/A 转换器并不是对锁存的输入数字量立即进行 D/A 转换，而是只有在外部施加了转换控制信号后才开始转换和输出。具有这种输入锁存及转换控制功能的 D/A 转换器，在 CPU 分时控制多路 D/A 输入时，可以得到多路 D/A 转换的同步输出，如图 3-2-8 所示。

（4）参考源。D/A 转换器中，参考电压源是唯一影响输出结果的模拟参量，是 D/A 转换接口中的重要电路，对接口电路的工作性能、电路的结构有很大影响。使用内部带有低漂移精密参考电压源的 D/A 转换器（如 AD563/565A），不仅能保持较好的转换精度，而且可以简化接口电路。

2. 反多路开关和采样/保持器

在图 3-2-9（b）的模拟多路切换器 MUX 与图 3-1-2 中的模拟多路切换器 MUX 功能是相反的。图 3-1-2 中的 MUX 是把各个开关的输出端并在一起，通常称为多路开关。其功能是把多路并行输入的连续模拟信号变为单路串行输出的离散脉冲信号。而图 3-2-9（b）中的 MUX 则是把多个开关的输入端并在一起，其功能是把单路串行输出的 D/A 转换电压按通道分离开，变为多路并行输出的模拟电压。由于它的功能与多路开关相反，故称为反多路开关。

图 3-2-9（a）输出通道中的 S/H 与图 3-1-2 输入通道的 S/H 的功能也是不一样的，前

者是保持 D/A 转换后的模拟电压，后者是保持供 A/D 转换的模拟电压。在图 3-2-9 中，每当 D/A 转换第 i 道采样数据时，第 i 道 S/H 便处于采样状态，其他时间均处于保持状态。因此，每路 S/H 的保持时间均为

$$t_H = mt_0 \tag{3-2-18}$$

式中，m 为输出通道数；t_0 为微机输出采样数据的时间间隔。保持期间，因保持电压跌落速率 $\dfrac{dV_0}{dt}$ 造成的跌落误差为

$$\Delta V_0 = \frac{dV_0}{dt} t_H = \frac{dV_0}{dt} mt_0$$

将式（3-2-18）代入上式得

$$\Delta V_0 = \frac{I_D}{C_H} mt_0 \tag{3-2-19}$$

由式（3-2-19）可见，在某些精度要求较高的应用中，为减少跌落误差，应减少存储电容的漏电电流 I_D，增大存储电容 C_H，减少通道数 m，缩短微机输出采样数据的时间间隔 t_0。

如果各路模拟通道负载具有惯性储能性质，则可省去 S/H，让反多路开关直接驱动惯性元件或仪表。例如，配电板上的指针式仪表由于具有较大的惯量，只要数据刷新速率足够高，仪表指针就不会出现抖动，其平均指示值取决于脉冲模拟输入值的占空比（即每个刷新周期中开关闭合时间与刷新周期的比值）。

3. 调理电路

模拟信号输出通路中的调理电路有滤波、电压/电流转换和放大等几种形式，但并不是必不可少的，这取决于输出通道负载的要求。

1）滤波器

如果输出通道负载要求较为平滑的电压输出，例如，要显示连续光滑的信号波形，则 D/A 转换器输出端不仅要接 S/H，而且 S/H 之后还要接平滑滤波器。由式（3-2-10）可知，平滑滤波器应为低通滤波器，其截止频率 f_h 应满足：

$$f_h = f_c = \frac{1}{4T_s} \tag{3-2-20}$$

有些野外数据采集系统（如数字地震仪）的主要任务是把地震信号不失真地以数字形式记录下来，为了尽可能多地保留地震信息，其模拟输入通道中设置的滤波器通频带是很宽的，这样就难免混入各种干扰。但是在把记录信号回放出来形成监视波形时，为了突出有效信号并且抑制干扰信号，通常在模拟输出通道中设置通频带很窄的滤波器，以滤除低频干扰和高频干扰。

有些微机化测试系统因模拟输入通道中已有高、低通滤波器滤除干扰，所以模拟输出通道中只有平滑滤波器而无其他滤波器，有些并不要求平滑电压输出的场合，平滑滤波也可以不要。

2）电压/电流转换和频率/电压转换

微机化测控系统常常要以电流方式输出，因为电流输出有利于长距离传输，且不易引入干扰。工业上的许多仪表也是以电流配接的，如电动单元组合仪表 DDZ-Ⅱ型就是以 0～10mA 的直流作为标准统一信号，DDZ-Ⅲ型采用 4～20mA 直流作为标准统一信号，而大多数 D/A 电路的输出为电压信号，因此在微机化测控系统的输出通道中通常设置了电压/电流（V/I）转换电路，以便将 D/A 电路输出的电压信号转换成电流信号。

由于频率信号输出占用总线数量少，易于远距离传送，抗干扰能力强，因此，在有些微机化测控系统中，采用频率量输入通道和频率量输出通道。频率量输入通道中使用 V/F 转换器，频率量输出通道中使用 F/V 转换器。通常没有专门用于 F/V 转换的集成器件，而是使 V/F 转换器在特定的外接电路下构成 P/V 转换电路。一般的集成 V/F 转换器都具有 F/V 转换的功能。

3）线性功率放大器

模拟信号输出通道中为了驱动模拟显示或记录装置，有时还需要使用电压放大器，在用于模拟量控制的输出通道（如直流伺服控制）中经常要用到线性功率放大器，在用于开关量控制的输出通道中大量使用开关型功率放大器[5]。

线性功率放大器通常由分立元件或集成功率运放构成。在输出通道的直流伺服控制系统中，采用集成功率运算放大器可大大简化电路，并提高系统的可靠性。

美国 B-B 公司推出的大功率运算放大器有 OPA501、OPA511/512、OPA541，输出电流可达 10～15A。图 3-2-10 是 OPA501 的电路结构和引脚图。

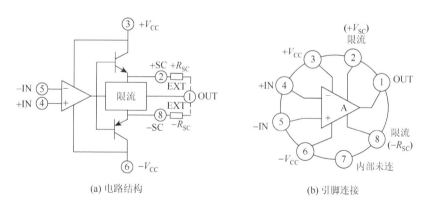

(a) 电路结构　　　　　　　　　　(b) 引脚连接

图 3-2-10　OPA501 的电路结构与引脚图

设计 OPA501 功率放大电路时，应分别外接电阻 $+R_{SC}$ 和 $-R_{SC}$，其计算公式如下：

$$R_{SC} = \frac{0.65}{I_{LIMIT}} - 0.0434(\Omega)$$

式中，I_{LIMIT} 为所要求的最大电流（A）。限流电阻功耗为

$$P_{max} = R_{SC}(I_{LIMIT})^2(W)$$

由于大的输出电流能产生显著的接地回路误差，因此，对于功率运算放大器的接地

方法要特别加以注意。连接电源时不应使负载电流流过连接信号接地点和电源公共地的连线；电源和负载线应与放大器输入和信号线分开走线。

3.3　开关量输入/输出通道

测控系统中常应用各种按键、继电器和大触点开关（晶体管、可控硅等）来处理大量的开关量信号，这种信号只有开和关，或者高电平和低电平两个状态，相当于二进制数码的 1 和 0，处理较为方便。微机化测控系统通过开关量输入通道引入系统的开关量信息（包括脉冲信号），进行必要的处理和操作；同时，通过开关量输出通道发出两种状态的驱动信号去接通发光二极管、控制继电器或无触点开关的通断动作，以实现诸如超限声光报警、双位式阀门的开启或关闭以及电动机的启动或停车等。

微机化测控系统中常采用通用并行 I/O 芯片（如 8155、8255、8279）来输入/输出开关量信息。若系统不复杂，也可用三态门缓冲器和锁存器作为 I/O 接口电路。对单片微机而言，因其内部已具有并行 I/O 口，故可直接与外界交换开关量信息。但应注意开关量输入信号的电平幅度必须与 I/O 芯片的要求相符，若不相符，则应经过电平转换后，方能输入微机。对于功率较大的开关设备，在输出通道中应设置功率放大电路，以使输出信号能驱动这些设备。

由于在工业现场存在电场、磁场、噪声等各种干扰，在输入/输出通道中往往需要设置隔离器件，以抑制干扰的影响。开关量输入/输出通道的主要技术指标是抗干扰能力和可靠性，而不是精度，这一点必须在设计时予以注意。

3.3.1　开关量输入通道的结构

开关量输入通道主要包括输入缓冲器、输入调理电路和地址译码器，如图 3-3-1 所示。

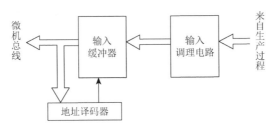

图 3-3-1　开关量输入通道结构

1. 输入调理电路

开关量输入通道的基本功能就是接收外部装置或生产过程的状态信号。这些状态信号的形式可能是电压、电流和开关的触点，因此引起瞬时高压、过电压、接触抖动等现象。为了将外部开关量信号输入计算机，必须将现场输入的状态信号经转换、保护、滤波、隔离措施转换成计算机能够接收的逻辑信号，这些功能称为信号调理。下面针对不同情况分别介绍相应的信号调理技术。

1）小功率输入的调理电路

图 3-3-2 所示为从开关、继电器等接点输入信号的电路。它将接点的接通和断开动作，转换成 TTL 电平信号与计算机相连。为了清除由于接点的机械抖动而产生的振荡信号，一般都应加入有较大时间常数的积分电路来消除这种振荡。图 3-3-2（a）为一种简单的、采用积分电路消除开关抖动的方法。图 3-3-2（b）为 R-S 触发器消除开关两次反跳的方法。

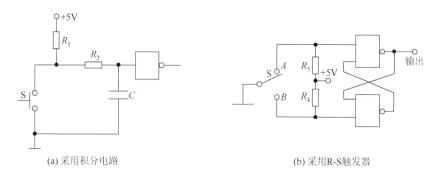

(a) 采用积分电路　　　　　　　　　(b) 采用R-S触发器

图 3-3-2　小功率输入调理电路

2）大功率输入调理电路

在大功率系统中，需要从电磁离合等大功率器件的接点输入信号。在这种情况下，为了使接点工作可靠，接点两端要加 24V 以上的直流电压。因为直流电平响应快，不易产生干扰，电路又简单，所以它被广泛采用。但是这种电路，由于所带电压高，所以高压与低压之间用光电耦合器进行隔离，如图 3-3-3 所示。

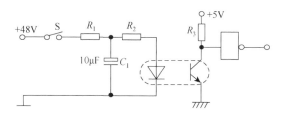

图 3-3-3　大功率输入调理电路

2. 输入缓冲器

输入缓冲器通常采用三态门缓冲器 74LS244，被测状态信息通过三态门缓冲器送到 CPU 数据总线（74LS244 有 8 个通道，可输入 8 个开关状态）。

在测控系统中，对被控设备的驱动常采用模拟量输出驱动和数字量（开关量）输出驱动两种方式。其中，模拟量输出是指其输出信号（电压、电流）可变，根据控制算法，设备在零到满负荷之间运行，在一定的时间 T 内输出所需的能量 P；开关量输出则是通过控制设备处于"开"或"关"状态的时间来达到运行控制目的。若根据控制算法，同

样要在时间 T 内输出能量 P，则可控制设备满负荷工作时间 t，即采用脉宽调制的方法同样可达到要求。

以前的控制方法常采用模拟量输出的方法，由于其输出受模拟器件的漂移等影响，很难达到较高的控制精度。随着电子技术的迅速发展，特别是计算机进入测控领域后，数字量输出控制已越来越广泛地被应用；由于采用数字电路和计算机技术，对时间控制可以达到很高精度。因此，在许多场合，开关量输出控制精度比一般的模拟量输出控制精度高，而且利用开关量输出控制往往无须改动硬件，而只需要改变程序就可用于不同的控制场合。例如，在直接数字控制（direct digital control，DDC）系统中，利用微机代替模拟调节器，实现多路过程辨识（process identification，PID）调节，只需在软件中每一路使用不同的参数运算输出即可。

由于开关量输出控制的上述特点，目前，除某些特殊场合外，这种控制方式已逐渐取代了传统的模拟量输出的控制方式。

3.3.2 开关量输出通道的结构

开关量输出通道主要由输出锁存器、输出驱动器、地址译码器等组成，如图 3-3-4 所示。

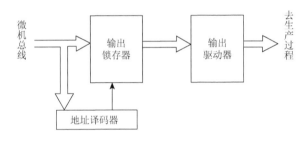

图 3-3-4 开关量输出通道结构

当对生产过程进行控制时，一般控制状态需进行保持，直到下次给出新的值为止。因此通常采用 74LS273 等锁存器对开关量输出信号进行锁存（74LS273 有 8 个通道、可输出锁存 8 个开关状态）。

由于驱动被控制的执行装置不但需要一定的电压，而且需要一定的电流，而主机的I/O 口或图 3-3-4 中的锁存器驱动能力很有限，因此，开关量输出通道末端必须配接能提供足够驱动功率的输出驱动电路，可根据不同需要加以选择。

1. 直流负载驱动电路

如图 3-3-5 所示为常见的直流负载驱动电路。

图 3-3-5（a）是功率晶体管驱动电路，适合于负载所需的电流不太大（几百毫安）的场合。图中开关晶体管的驱动电流必须足够大，否则晶体管会增加其管压降来限制其负载电流，从而有可能使晶体管超过允许功耗而损坏，图 3-3-5（a）中晶体管驱动电流采用 TTL 集电极开路门来提供。

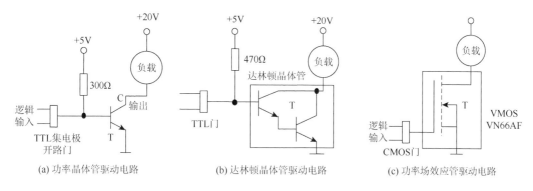

(a) 功率晶体管驱动电路　　(b) 达林顿晶体管驱动电路　　(c) 功率场效应管驱动电路

图 3-3-5　直流负载驱动电路

图 3-3-5（b）是达林顿晶体管驱动电路。图中方框内的两个晶体管接成复合型，做成一个晶体管，称为达林顿晶体管。达林顿晶体管的特点是具有高输入阻抗和极高的增益。由于达林顿驱动器要求的输入驱动电流很小，可直接用单片机的 I/O 口驱动。I/O 口低电平有效，外电路加上拉电阻，使用时应加散热板。

图 3-3-5（c）是功率场效应管驱动电路。功率场效应管在制造中多采用 V 沟槽工艺，简称 VMOS 场效应晶体管。出现 VMOS 器件以后，中功率、大功率场效应管就成为可能，因它构成功率开关驱动电路，只要求微安级输入电流，控制的输出电流却可以很大。

2. 晶闸管负载交流驱动电路

交流负载的功率驱动电路通常采用晶闸管来构成。晶闸管有单向晶闸管（也称单向可控硅）和双向晶闸管（也称双向可控硅）两种类型。

晶闸管只工作在导通或截止状态，使晶闸管导通只需要极小的驱动电流，一般输出负载电流与输入驱动电流之比大于 1000，是较为理想的大功率开关器件，通常用来控制交流大电压开关负载。由于交流电属强电，为了防止交流电干扰，晶闸管驱动电路不宜直接与数字逻辑电路相连，通常采用光电耦合器进行隔离，如图 3-3-6 所示，图中 P1.0 输出锁存开关量，三态缓冲门 74LS244 接成直通式。

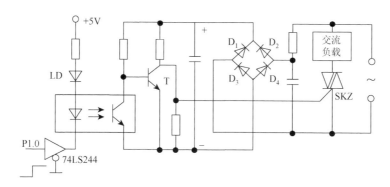

图 3-3-6　交流负载驱动电路

当 P1.0 ＝ 0 时，光电耦合器中的发光二极管导通，外接三极管 T 截止，双向晶闸管导通，交流电源给负载加电。反之，当 P1.0 ＝ 1 时，负载断电。外接发光二极管用作开关指示。如果将图中双向晶闸管换成单向晶闸管，则在 P1.0 ＝ 0 期间负载得到的不再是双向交流电压而是单向脉动电压。

3. 继电器驱动电路

开关量输出电路常常控制着动力设备的启停。如果设备的启停负荷不太大，而且启停操作的响应速度也要求不高，则适合于采用继电器隔离的外关量输出电路。由于继电器线圈需要一定的电流才能动作，所以必须在微机的输出 I/O 口（或外接输出锁存器 74LS273）与继电器线圈之间接 7406 或 75452P 等驱动器。继电器线圈是电感性负载。当电路开断时，会出现电感性浪涌电压，所以，在继电器两端要并联一个泄流二极管以保护驱动器不被浪涌电压所损坏。

图 3-3-7 为一个典型的继电器驱动电路，P1 口的每一位经一个反相驱动器 7406 控制一个继电器线圈。当 P1 口某一位输出"1"时，继电器线圈上有电流流过，则继电器动作；反之，输出"0"时，继电器线圈上无电流流过，开关恢复到原始状态。

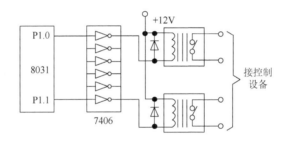

图 3-3-7　典型继电器驱动电路

对需用直流电源励磁的继电器，也可用前述的直流负载驱动电路，对需用交流电源励磁的继电器，可以用前述的交流负载驱动电路。在没有特殊要求时，为了便利和简化电路，可通过直流继电器来间接控制交流继电器。

4. 固态继电器驱动电路

固态继电器（solid state relay，SSR）是采用固体元件组装而成的一种新型无触点开关器件，它有两个插入端用以引入控制电流，有两个输出端用以接通或切断负载电流。器件内部有一个光电耦合器将输入与输出隔离。输入端（1、2 脚）与光电耦合器的发光二极管相连，因此，需要的控制电流很小，用 TTL、高阈逻辑（high threshold logic，HTL）、CMOS 等集成电路或晶体管就可直接驱动。输出端用功率晶体管做开关元件的 SSR 称为直流固态继电器（direct current-SSR，DC-SSR），如图 3-3-8（a）所示，它主要用于直流大功率控制场合。输出端用双向可控硅做开关元件的 SSR 称为交流固态继电器（alternating current-SSR，AC-SSR），如图 3-3-8（b）所示，主要用于交流大功率驱动场合。

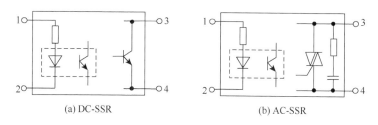

(a) DC-SSR　　　　　　　　　(b) AC-SSR

图 3-3-8　DC-SSR 与 AC-SSR

基本的 SSR 驱动电路如图 3-3-9 所示。因为 SSR 的输入电压为 4～32V，DC-SSR 的输入电流小于 15mA，AC-SSR 的输入电流小于 500mA，所以要选用适当的电压 V_{CC} 和限流电阻 R。DC-SSR 可用 OC（open collector）门或晶体管直接驱动，AC-SSR 可加接一晶体管驱动。DC-SSR 的输出断态电流一般小于 5mA，输出工作电压为 30～180V。图 3-3-9（a）所接为感性负载，对一般电阻性负载可直接加负载设备。AC-SSR 可用于 220V、380V 等常用市电场合，输出断态电流一般小于 10mA，一般应让 AC-SSR 的开关电流至少为断态电流的 10 倍，负载电流若低于该值，则应并联电阻 R_P，以提高开关电流，如图 3-3-9（b）所示。

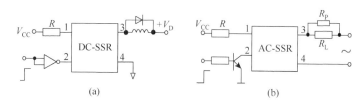

图 3-3-9　基本的 SSR 驱动电路

3.3.3　开关量输入/输出通道设计实例

1. 步进电机正反转控制

控制步进电机正反转的开关量输入/输出电路，如图 3-3-10 所示。步进电机是自控系统中常用的执行部件，它的品种较多，现以三相电机为例加以说明。这种步进电机有三个绕组，当按不同的顺序向绕组通以电脉冲时，步进电机以不同的方向转动，它的转速取决于通电脉冲的频率。通电脉冲的不同组合方式决定了步进电机的不同步相控制方式。

（1）单三拍控制方式：通电顺序为 A—B—C—A（正转）或 A—C—B—A（反转）。

（2）六拍控制方式：通电顺序为 A—AB—B—BC—C—CA—A（正转）或 A—AC—C—CB—B—BA（反转）。

（3）双三拍控制方式：通电顺序为 AB—BC—CA—AB（正转）或 AB—CA—BC—AB（反转）。

若要求在现场开关 S_1 闭合时，电机正转；S_2 闭合时，电机反转；S_1、S_2 断开时，电机停转；则可得出 8031 的 P1 口输入开关的通、断状态，经软件处理后，再由该端口输出控制信号。

图 3-3-10 中，A、B、C 是三相电机的三个绕组，分别由功放电路 1～功放电路 3 通以驱动脉冲。现采用六拍控制方式，端口输出位的代码和相应的通电绕组如表 3-3-1 所列。

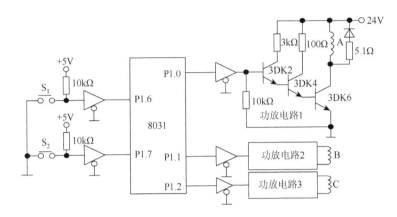

图 3-3-10　控制步进电机正反转的开关量输入/输出电路

表 3-3-1　输出代码和相应的通电绕组

输出代码	通电绕组
××××001（1H）	A
××××011（3H）	AB
××××010（2H）	B
××××110（6H）	BC
××××100（4H）	C
××××101（5H）	CA

由表 3-3-1 可知，若电路按一定的节拍依次送出×1H、×3H、×2H、×6H、×4H 和×5H 输出代码，则步进电机正转；若电路依次送出×1H、×5H、×4H、×6H、×2H 和×3H，则步进电机反转。采用查表法可方便地编制出三相电机的控制程序。以下是与单片机 8031 接口的控制程序。

```
STEP:   MOV R7,#06H
LOOP:   JNB P1.6,POS
        JNB P1.7,NEG
        AJMP  LOOP
POS:    MOV DPTR,#TABLE1
LOOP1:  MOVX  A,@DPTR
```

```
        MOV  P1,A
        INC  DPTR
        CALL  DELAY
        DJNZ  R7,LOOP1
        AJMP  STEP
NEG:   MOV  DPTR,#TABLE2
LOOP2: MOVX  A,@DPTR
        MOV  P1,A
        INC  DPTR
        CALL  DELAY
        DJNZ  R7,LOOP2
        AJMP  STEP
TABLE1: DB  0F1H,0F3H,0F2H,0F6H,0F4H,0F5H
TABLE2: DB  0F1H,0F5H,0F4H,0F6H,0F2H,0F3H
```

2. 直流电机的转速控制

小功率直流电机的转速控制方法是先将电机启动一段时间，然后切断电源，由于电机转动具有惯性，所以电机将继续转动一段时间。在电机尚未停止转动之前，再次接通电源，于是电机再次加速。改变电机通断时间的比例即可达到调速的目的。

图 3-3-11 是直流电机控制曲线。这种调速方法称为脉冲宽度为 t，调速脉冲周期为 T，电机的平均转速 V_d 为

$$V_d = V_{max} D$$

式中，$D = t/T$ 称为占空比。占空比越大，转速越高，反之，转速就越低。

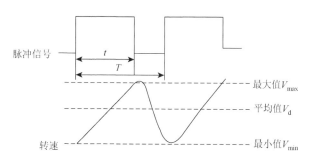

图 3-3-11　直流电机控制曲线

平均转速 V_d 与占空比 D 之间的关系如图 3-3-12 所示。由图可知，平均转速与占空比的关系并非完全线性关系，但可以近似地看成线性（如虚线所示）。对于特定的电机，其最大速度 V_{max} 是确定的，因此，控制平均速度就是控制占空比。

图 3-3-13 是单片机实现的脉冲宽度调速控制系统。在这里，EPROM 2732 占用的地址空间为 0000H～0FFFH，片选控制端接地处于常选通状态。芯片 2732 用于固化控制程

序，芯片 8031 的四个 I/O 端口：P0 和 P2 作为地址、数据线；P1 作为输入口，读设定的开关数 N；P3.4 用作控制位，用于输出控制脉冲，经驱动器和晶体管开关加到电机上。当 P3.4 输出"1"时，晶体管开关接通，电机通电；当 P3.4 输出为 0 时，晶体管开关关断，电机断电。

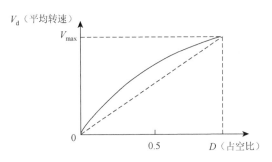

图 3-3-12　平均转速与占空比的关系

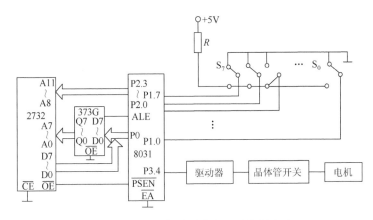

图 3-3-13　单片机脉冲宽度调速控制电路

8 个单刀双掷开关用于设定占空比的给定值，当开关拨到上方时，该位为"0"；当开关拨到下方时，该位为"1"。改变 $S_7 \sim S_0$ 中的 8 位二进制数的值，就能改变脉冲占空比。此时电机的平均转速 V_d 为

$$V_d = V_{max} D = \frac{N}{256} V_{max}$$

式中，N 为开关的给定值。当 $N = 0$ 时，电机的平均转速 $V_d = 0$，当 $N = 255$（即 FFH）时，$D = \frac{255}{256} \approx 1$，$V_d = V_{max}$。因此，只要根据所期望的平均转速求出开关 S 的给定值，然后由人工设定各开关的状态即可。

产生电机控制脉冲可采用如下两种方法。

（1）程序延时的方法。使通电时间为 N 个单位时间，断电时间为 $N_补$（N 的补码）个单位时间，其流程图如图 3-3-14（a）所示。

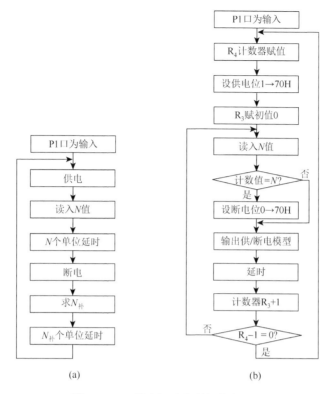

图 3-3-14　脉宽调速控制程序流程图

根据图 3-3-14（a）编写程序如下：

```
        MOV  P1,#FFH
CONT:   SETB P3.4
        MOV  R3,P1
LOOP:   ACALL DELAY
        DJNZ R3,LOOP
        CLR  P3.4
        MOV  A,P1
        CPL  A
        INC  A
        XCH  A,R3
LOOP1:  ACALL DELAY
        DJNZ R3,LOOP1
        AJMP CONT
DELAY:  MOV  R5,#M
LOOP2:  MOV  A,#M1
LOOP3:  DEC  A
        JNZ  LOOP3
```

```
        DJNZ R5，LOOP2
        RET
```

（2）计数方法。以寄存器 R_n 作为计数器，系统启动后，首先读入 N 值，然后把 N 值与计数值比较，当计数值小于 N 值时，电机通电；当计数值等于或大于 N 值时，电机断电，图 3-3-14（b）为程序流程图。

程序清单如下：

```
        MOV  P1,#FFH
LOOP2:  MOV   R4，#FFH
        STEB  70H
        MOV   R3，#00H
LOOP1:  MOV   A,P1
        CLR   C
        SUBB  A,R3
        JNZ   THL
        CLR   70H
THL:    MOV   C,70H
        MOV   P3.4,C
        ACALL  DELAY
        INC   R3
        DJNZ  R4,LOOP1
        AJMP  LOOP2
DELAY:  MOV   R5，#M
LOOP2:  MOV   A,#M1
LOOP3:  DEC   A
        JNZ   LOOP3
        DJNZ  R5，LOOP2
        RET
```

3.4　通道接口级联设计问题

组成测控系统的各单元电路选定以后，就要把它们相互连接起来，为了保证各单元电路连接起来后仍能正常工作，并彼此配合地实现预期的功能，就必须认真仔细地考虑各单元电路之间的级联问题，如电气特性的相互匹配、信号耦合方式和时序配合等。

3.4.1　电气性能的相互匹配

1. 阻抗匹配

测量信息的传输是靠能量流进行的。因此，设计测控系统时的一条重要原则是要保

证信息能量流最有效地传递。这个原则是由四端网络理论导出的，即信息传输通道中两个环节之间的输入阻抗与输出阻抗相匹配的原则。如果把信息传输通道中的前一个环节视为信号源，下一个环节视为负载，则可以用负载阻抗 Z_L 对信号源的输入阻抗 Z_i 之比，即 $a_g = |Z_L|/|Z_i|$ 来说明这两个环节之间的匹配程度。

匹配程度 a_g 取决于测控系统中两个环节之间的匹配方式。若要求信号源馈送给负载的电压最大，即实现电压匹配，则应取 $a_g \gg 1$；若要求信号源馈送给负载的电流最大，即实现电流匹配，则应取 $a_g \ll 1$；若要求信号源馈送给负载的功率最大，即实现功率匹配，则应取 $a_g = 1$。

2. 负载能力匹配

负载能力匹配实际上是前一级单元电路能否正常驱动后一级的问题。这个问题存在于各级之间，但特别突出的是在最后一级单元电路中，因为末级电路往往需要驱动执行机构。如果驱动能力不够，则应增加一级功率驱动单元。在模拟电路里，如果对驱动能力要求不高，可采用由运放构成的电压跟随器，否则需采用功率集成电路，或互补对称输出电路。在数字电路里，则采用达林顿驱动器、单管射极跟随器或单管反相器。当然，并非一定要增加一级驱动电路，在负载不是很大的场合，往往改变电路参数，就可满足要求。总之，应视负载大小而定。

3. 电平匹配

在数字电路中经常遇到电平匹配问题。若高低电平不匹配，则不能保证正常的逻辑功能，为此，必须增加电平转换电路。尤其是 CMOS 集成电路与 TTL 集成电路之间的连接，当两者的工作电压不同时（如 CMOS 为 +15V，TTL 为 +5V），两者之间必须加电平转换电路，详见 3.4.3 节。

3.4.2　信号耦合与时序配合

1. 信号耦合方式

常见的单元电路之间的信号耦合方式有 4 种：直接耦合、阻容耦合、变压器耦合和光电耦合。

1）直接耦合方式

它是上一级单元电路的输出直接（或通过电阻）与下一级单元电路的输入相连接。这种耦合方式最简单，它可把上一级输出的任何波形的信号（正弦信号和非正弦信号）送到下一级单元电路，但是，这种耦合方式在静态情况下存在两个单元电路的相互影响。在电路分析与计算时，必须加以考虑。

2）阻容耦合方式

它是通过电容 C 和电阻 R 把上一级的输出信号耦合到下一级，电阻 R 的另一端可以接电源 V_{CC}，也可接地，这要视下一级单元电路的要求而定。有时电阻 R 即为下一级的输入电阻，如图 3-4-1 所示。

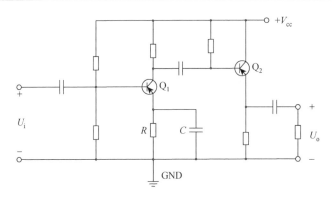

图 3-4-1　阻容耦合电路

这种耦合方式的特点是"隔直传变",即阻止上一级输出中的直流成分送到下一级,仅把交变成分送到下一级去。因此,两级之间在静态情况下不存在相互影响,彼此可视为独立的。

这种耦合方式用于传送脉冲信号时,应视阻容时间常数 $\tau = RC$ 与脉冲宽度 b 之间的相对大小来决定是传送脉冲的跳变沿,还是不失真地传送整个脉冲信号。当 $\tau \ll b$ 时,称为微分电路,它只传送跳变沿;当 $\tau \gg b$ 时,称为耦合电路,它传送整个脉冲。

3）变压器耦合方式

它是通过变压器的原副绕组,把上一级信号耦合到下一级,由于变压器副边电压中只反映变化的信号,故它的作用也是"隔直传变"。变压器耦合的最大优点是可以通过改变匝比与同名端实现阻抗匹配,以及改变传送到下一级信号的大小与极性实现级间的电气隔离。它的最大缺点是制造困难、不能集成化、频率特性差、体积大、效率低。因此,这种耦合已很少采用。

4）光电耦合方式

它是通过光耦器件把信号传送到下一级,上一级输出信号通过光电耦合器件中的发光二极管,使其产生光,光作用于达林顿光敏三极管基极,使该三极管导通,从而把上一级信号传送到下一级。它既可传送模拟信号,也可传送数字信号。但目前传送模拟信号的线性光电耦合器件比较贵,故多数场合中用来传送数字信号[6]。

光电耦合方式的最大特点是实现上、下级之间的电气隔离,加之光电耦合器件体积小、质量小、开关速度快,因此,在数字电子电路的输入、输出接口中,常常采用光电耦合器件进行电气隔离,以防止干扰侵入。

在以上四种耦合方式中,变压器耦合方式应尽量少用;光耦合方式通常只在需要电气隔离的场合中采用;直接耦合和阻容耦合是最常用的耦合方式,至于两者之间如何选择,主要取决于下一级单元电路对上一级输出信号的要求。若只要求传送上一级输出信号的交变成分,不传送直流成分,则采用阻容耦合,否则采用直接耦合。

2. 时序配合

单元电路之间信号作用的时序在数字系统中是非常重要的。哪个信号作用在前,哪个信号作用在后，以及作用时间长短等，都是根据系统正常工作的要求而决定的。换句话说，一个数字系统有一个固定的时序。时序配合错乱，将导致系统工作失常。

时序配合是一个十分复杂的问题，为确定每个系统所需的时序，必须对该系统中各单元电路的信号关系进行仔细的分析，画出各信号的波形关系图——时序图，确定出保证系统正常工作下的信号时序，然后提出实现该时序的措施。

单纯的模拟电路不存在时序问题，但在模拟与数字混合组成的系统中，则存在时序问题。例如，图 3-1-15（b）就是图 3-1-15（a）的工作时序图。

3.4.3　电平转换接口

TTL 电路即晶体管-晶体管逻辑电路，它具有比较快的开关速度、比较强的抗干扰能力以及足够大的输出幅度，并且带负载能力也比较强，所以得到了最为广泛的应用。

然而，TTL 电路毕竟不能满足生产实际中不断提出来的各种特殊要求，如高速、高抗干扰、低功耗等，因而又出现了 HTL、ECL、CMOS 等各种数字集成电路。在微机化测控系统中，习惯于用 TTL 电路作为基本电路元件，根据需要可能采用 HTL、ECL、CMOS 等芯片，因此，存在 TTL 电路与这些数字电路的接口问题，下面将分别进行介绍。

1. TTL 与 HTL 电平转换接口

HTL 电路即高阈逻辑集成电路，因为它的阈值电压比较高（一般在 7~8V），所以噪声容限比较大，抗干扰能力较强。但是，由于它的输入部分是二极管结构，所以速度比较低。因此，这种数字集成电路适宜用在对速度要求不高但要求具有高可靠性的各种工业控制设备中。

HTL 电路的输出高电平 V_{OH} 一般大于 11.5V，输出低电平 $V_{OL} \leqslant 1.5V$，输入短路电流 $I_{IS} \leqslant 1.5mA$，输入漏电流 $I_{IH} \leqslant 6\mu A$，空载导通电流 $I_{EI} \leqslant 6mA$。

1）TTL → HTL 电平转换

利用电平转换器 CH2017 可完成 TTL → HTL 电平转换。该电路输出能驱动 8~10 个 HTL 标准门负载，工作电源电压为 15(1±10%)V，其逻辑为反相器，$Y = \overline{A}$。CH2017 内共有六个反相器，完成 TTL → HTL 电平转换。其输出高电平 $V_{OH} \geqslant 11.5V$，低电平 $V_{OL} \leqslant 1.5V$。

2）HTL → TTL 电平转换

CHW2016 具有 HTL → TTL 电平转换功能，其逻辑为反相器，$Y = \overline{A}$。该芯片使用两种电源，$V_{CC1} = 15(1±10\%)V$，$V_{CC2} = 15(1±10\%)V$，电路输出高电平 $V_{OH} \geqslant 3V$，低电平 $V_{OL} \leqslant 0.4V$，能驱动 8~10 个标准 TTL 门负载。

在 HTL 与 TTL 逻辑电平接口时，最简单的方法是采用电平转换器，如图 3-4-2 所示。当然，也可以采用其他办法实现这两种电平之间的转换，如集电极开路的 HTL 门可直接驱动 TTL 电路，如果要求 HTL 电路驱动大量的 TTL 电路，则必须使用晶体管电路，如图 3-4-3 所示，图中的功率开关晶体管 T_2 可驱动 100 个 TTL 门。

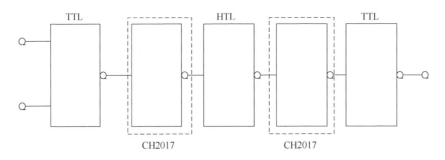

图 3-4-2 HTL 与 TTL 接口

同样，从 TTL 到 HTL 的转换，可直接采用耐压高于 15V 的集电极开路 TTL 门（OC 门）来驱动 HTL 电路，对于多个 HTL 门的驱动情况，也可用晶体管驱动方式，如图 3-4-4 所示。

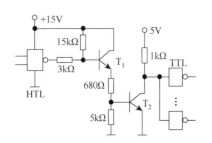

图 3-4-3 用晶体管的 HTL→TTL 电平转换

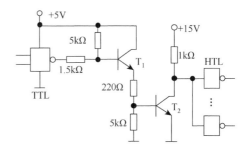

图 3-4-4 用晶体管的 TTL→HTL 电平转换

2. TTL 与 ECL 电平转换接口

ECL 集成电路即发射极耦合逻辑集成电路，是一种非饱和型数字逻辑电路，消除了影响速度提高的晶体管存储时间，因此速度很快。由于 ECL 电路具有速度快、逻辑功能强、扇出能力强、噪声小、引线串扰小和自带参考源等优点，已被广泛应用于数字通信、高精度测试设备和频率合成等各个方面。

1）TTL→ECL 电平转换

利用集成芯片 CE1024 即可完成 TTL 到 ECL 的电平转换。

2）ECL→TTL 电平转换

CE10125 为四个 ECL→TTL 电平转换器，它的输入与 ECL 电平兼容，具有差分输入和抑制±1V 共态干扰输入能力，输出是 TTL 电平。如果有某路不用时，须将其一个输入接到 VM 端上，以保证电路的工作稳定性。

在小型系统中，ECL 和 TTL 可能均使用 +5V 电源，此时需用分立元件来实现接口。图 3-4-5（a）为 ECL 到 TTL 电平转换电路，图 3-4-5（b）为 TTL 到 ECL 的电平转换电路。

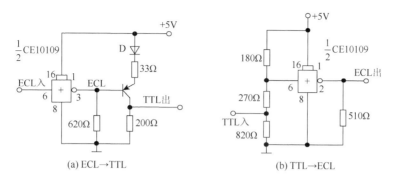

(a) ECL→TTL　　　(b) TTL→ECL

图 3-4-5　单 5V 电源供电转换电路

3. TTL 与 CMOS 电平转换接口

CMOS 电路即互补对称金属氧化物半导体集成电路，具有功耗低、工作电源电压范围宽、抗干扰能力强、逻辑摆幅大，以及输入阻抗高、扇出能力强等特点，目前在许多地方，特别是要求低功耗的场合得到了极为广泛的应用。

当 CMOS 反相器使用的电源电压为 5V 时，输出低电平电压最大值为 0.05V，高电平最小值为 4.95V，输出低电平电流最小为 0.5mA，高电平电流最小为–0.5mA；对于带缓冲门的 CMOS 电路，当供电电源电压为 5V 时，$V_{IL} \leqslant 1.5V$，$V_{IH} \geqslant 3.5V$。而对于不带缓冲门的 CMOS 门电路，$V_{IL} \leqslant 1V$，$V_{IH} \geqslant 4V$。

1）TTL→CMOS 电平转换

由于 TTL 电路输出高电平的规范值为 2.4V，在电源电压为 5V 时，CMOS 电路输入高电平 $V_{IH} \leqslant 3.5V$。这样就造成了 TTL 与 CMOS 电路接口上的困难，解决的办法是在 TTL 电路输出端与电源之间接一个上拉电阻 R，如图 3-4-6 所示。电阻 R 的取值由 TTL 的高电平输出漏电流 I_{OH} 来决定，不同系列的 TTL 应选用不同的 R 值，一般有：

（1）74 系列，$4.7k\Omega \geqslant R \geqslant 390\Omega$。

（2）74H 系列，$4.7k\Omega \geqslant R \geqslant 270\Omega$。

（3）74L 系列，$27k\Omega \geqslant R \geqslant 1.5k\Omega$。

（4）74S 系列，$4.7k\Omega \geqslant R \geqslant 270\Omega$。

（5）74LS 系列，$12k\Omega \geqslant R \geqslant 820\Omega$。

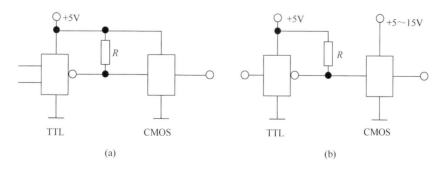

(a)　　　(b)

图 3-4-6　TTL 与 CMOS 接口

如果 CMOS 电路的电源电压高于 TTL 电路的电源电压,可采用图 3-4-5(b)的接法,同时图中的 CMOS 电路应使用具有电平移位功能的电路,如 CC4504、CC40109 及 BH017 等,至于 CMOS 电路的电源电压可在+5～15V 范围内任意选定。

2)CMOS→TTL 电平转换

关于 CMOS 到 TTL 的接口,由于 TTL 电路输入短路电流较大,就要求 CMOS 电路在 V_{OL} 为 0.5V 时能给出足够的驱动电流,因此,需使用 CC4049、CC4050 等作为接口器件,如图 3-4-7 所示。

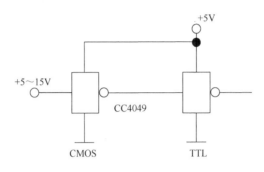

图 3-4-7 CMOS 与 TTL 接口

4. HTL 与 CMOS 电平转换接口

1)HTL→CMOS 电平转换

CMOS 电路的工作电源电压可从 3V 变到 18V,工作电源电压为 15V 的 CMOS 电路的输入高电平电压为 9～15V,输入低电平电压为 0～6V,因此,可用 HTL 门。电路直接驱动 CMOS 电路。但当 CMOS 工作电压与 HTL 电路不同时,可采用集电极开路的 HTL 电路来驱动 CMOS 电路,如图 3-4-8(a)所示,其中电阻 R 以 5～10kΩ 为宜,也可用一般的 HTL 与非门来驱动 CMOS 电路,如图 3-4-8(b)所示,其中二极管 D 起到钳位作用,使 HTL 输出高电平适合于 CMOS 输入电平的要求。

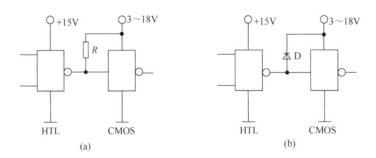

图 3-4-8 HTL→CMOS 电平转换

对于一般的 HTL 电路需用晶体管来驱动 CMOS 电路,如图 3-4-9 所示,其中 R_2 为基极泄放电阻,其值宜取 5～10kΩ。

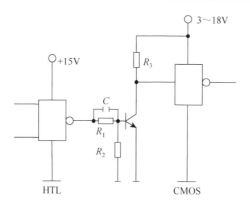

图 3-4-9　HTL → CMOS 晶体管转换电路

当 HTL 长线驱动 CMOS 电路时，必须在 CMOS 输入端中接限流电阻，以防 CMOS 电阻损坏。

2）CMOS → HTL 电平转换

工作电源为 15V 的 CMOS 缓冲器可直接驱动 HTL 电路，一般 CMOS 电路需要通过晶体管来驱动，如图 3-4-10 所示，R_1 的取值应在 10～50kΩ，该电路能驱动 10 个 HTL 电路。

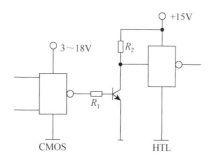

图 3-4-10　CMOS → HTL 电平转换

当 HTL 电路同各种 MOS 电路互连时，必须遵照 MOS 电路的使用方法和注意事项，除此以外，系统开始工作时一般必须先接通 MOS 电路电源电压，然后接上 HTL 工作电源电压，断电则按相反顺序，否则可能导致 MOS 电路损坏。

5. CMOS 与晶体管和运放的接口

1）CMOS 与晶体管的接口

利用 CMOS 驱动晶体管，可以达到驱动较大负载的目的。如图 3-4-11 所示，由 R_1、R_2 提供晶体管 T_1 的导通电平，利用 T_2 实现电流放大，从而驱动负载 R_L 工作，R_L 可以是继电器、显示灯等器件。

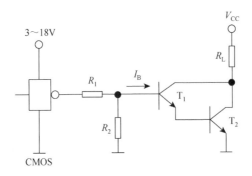

图 3-4-11　CMOS 与晶体管接口

图 3-4-11 中 R_1 的取值为

$$R_1 = \frac{V_{\text{OH}} - (V_{\text{BE1}} + V_{\text{BE2}})}{I_{\text{B}} + (V_{\text{BE1}} + V_{\text{BE2}})/R_2}$$

式中，V_{OH} 为 CMOS 输出高电平；V_{BE1}、V_{BE2} 为晶体管 T_1、T_2 的 BE 极之间的正向压降，其值通常可取 0.7V；R_2 是为改善电路开关性能而引入的，其值一般取 4～10kΩ。

2）CMOS 与运放的接口

图 3-4-12 为 CMOS 与运放的接口电路，其中图 3-4-12（a）为运放与 CMOS 电路电源独立时的接口；图 3-4-12（b）为 CMOS 与运放使用同一电源时的接口电路。

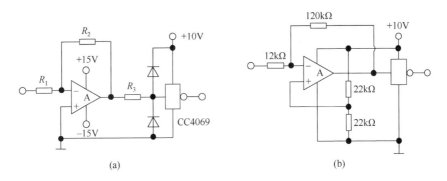

图 3-4-12　CMOS 与运放接口

3.5　通道接口驱动与应用问题

这一节扼要地介绍三种常用的功能较简单的输入/输出接口芯片的功能及应用。

3.5.1　芯片功能简介

在外设接口电路中，经常需要对传输过程中的信息进行放大、隔离以及锁存，能实现上述功能的接口芯片最简单的就是缓冲器、数据收发器和锁存器。

1. 74 系列器件

74 系列器件是 TI 公司生产的中小规模 TTL 集成电路芯片，这是一种低成本的工业和民用产品，工作温度为 0~70℃，从功能和速度分类有如下几类：

（1）74XXX——标准 TTL；

（2）74LXXX——低功耗 TTL；

（3）74SXXX——肖特基型 TTL；

（4）74LSXXX——低功耗肖特基型 TTL；

（5）74ALSXXX——高性能型 TTL；

（6）74FXXX——高速性 TTL。

对于相同编号（XXX），不同类型的芯片，其逻辑功能完全一样。

2. 锁存器 74LS373

74LS373 是一种 8D 锁存器，具有三态驱动输出，其引脚图如图 3-5-1 所示，由图可见，该锁存器由 8 个 D 触发器组成，有 8 个输入端 1D~8D，8 个输出端 1Q~8Q，2 个控制端——G 和 $\overline{OE}$，使能端 G 有效时，将 D 端数据打入锁存器中 D 触发器，当输出允许端 $\overline{OE}$ 有效时，将锁存器中锁存的数据送到输出端 Q。

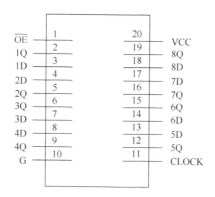

图 3-5-1　74LS373 引脚图

74LS373 的锁存功能如表 3-5-1 所示。

表 3-5-1　74LS373 的真值表

使能 G	输出允许 $\overline{OE}$	输入	输出
H	L	L	L
H	L	H	H
L	L	X	Q_0
X	H	X	Z

　　表 3-5-1 中，H 为高电平，L 为低电平，Q_0 为原状态，Z 为高阻抗，X 为任意值（即不论为"H"还是为"L"都一样）。

　　从表 3-5-1 中可见 74LS373 的功能如下。

　　（1）当使能端 G 为高电平时，同时输出允许端 $\overline{OE}$ 为低电平，则输出 Q = 输入 D。

　　（2）当使能端 G 从高电平跳变到低电平，而输出允许端 $\overline{OE}$ 也为低电平时，输出 Q = Q_0（原状态，即使能端 G 由高电平变为低电平前，输出端 Q 的状态，这就是"锁存"的意义）。

　　（3）当输出允许端 $\overline{OE}$ 为高电平时，不论使能端 G 为何值，输出端 Q 总为高阻态。

　　74LS373 锁存器主要用于锁存地址信息、数据信息及 DMA 页面地址信息等。

　　常用的锁存器还有 74LS273、74LS573、Intel 8282 和 8283 等。

3. 缓冲器 74LS244

　　74LS244 是一种三态输出的八缓冲器和线驱动器，该芯片的引脚图如图 3-5-2 所示。

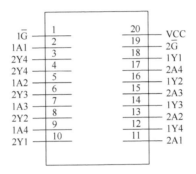

图 3-5-2　74LS244 引脚图

　　由图 3-5-2 可见，该缓冲器有 8 个输入端，分为 2 路——1A1～1A4、2A1～2A4，同时控制 8 个输出端，也分为 2 路——1Y1～1Y4、2Y1～2Y4，分别由 2 个门控信号 $1\overline{G}$ 和 $2\overline{G}$ 控制，当 $1\overline{G}$ 为低电平时，1Y1～1Y4 的电平与 1A1～1A4 的电平相同，即输出反映输入电平的高低；同样，当 $2\overline{G}$ 为低电平时，2Y1～2Y4 的电平与 2A1～2A4 的电平相同。而当 $1\overline{G}$（或 $2\overline{G}$）为高电平时，输出 1Y1～1Y4（或 2Y1～2Y4）为高阻态。经 74LS244 缓冲后，输入信号被驱动，输出信号的驱动能力加强了。

　　74LS244 缓冲器主要用于三态输出的存储地址驱动器、时钟驱动器、总线定向接收器和定向发送器等。

　　常用的缓冲器还有 74LS240、74LS241 等。

4. 数据收发器 74LS245

　　74LS245 是一种三态输出的 8 总线收发器，其引脚图如图 3-5-3 所示。

　　由图 3-5-3 可见，该收发器有 16 个双向传送的数据端，即 A1～A8、B1～B8，另有两个控制端——使能端 $\overline{G}$ 和方向控制端 DIR，该芯片的功能见表 3-5-2。

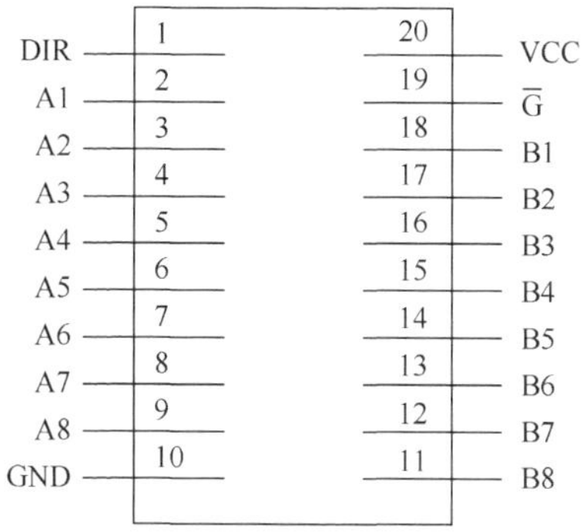

图 3-5-3　74LS245 引脚图

表 3-5-2　74LS245 的真值表

使能 $\overline{G}$	方向控制 DIR	传送方向
L	L	B→A
L	H	A→B
H	X	隔开

74LS245 通常用于数据的双向传送、缓冲和驱动。

常用的数据收发器还有 74LS243、Intel 8286、Intel 8287 等。

3.5.2　应用

下面用两个应用实例来说明上述 I/O 接口芯片在微型计算机系统中的作用。

1. 74LS373、74LS245、74LS244 在 PC/XT 中的应用

图 3-5-4 是 PC/XT 的控制核心，由图可见，8088 发出的地址总线、数据总线和控制总线要经过一些总线接口器件变成系统总线中的对应信号，其中 8288 总线控制器是控制总线的接口器件，而地址总线和数据总线的接口部件如下。

1）地址锁存器 74LS373

8088 的地址/数据线 AD7～AD0 经 U_5（74LS373）锁存其 T_1 时刻的地址信号 A7～A0，形成系统总线的 A7～A0，U_5 的使能端 G 由 8288（总线控制器）的 ALE（地址锁存允许）控制，而输出允许信号 $\overline{OE}$ 由 DMA 应答电路中的 AENBRD 控制。

8088 的地址/状态信号线 A16/S3～A19/S6 经 U_7（74LS373）锁存后形成系统总线的地址总线 A19～A12。

2）地址缓冲器 74LS244

8088 的地址总线 A11～A8 经 U_6（74LS244）缓冲驱动后形成系统总线的 A11～A8，U_6 的门控信号 $1\overline{G}$ 也由 DMA 应答电路中的 AENBRD 控制。

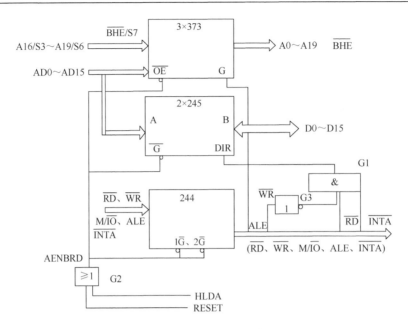

图 3-5-4　总线驱动电路

3）数据收发器 74LS245

8088 的地址/数据线 AD7～AD0 经 U_2（74LS245）驱动缓冲后与系统数据总线相连，其传送方向信号 DIR 接 8288 的数据收发端 DT/$\overline{R}$（数据发送/接收）。

在 PC/XT 中，当 8088 控制总线时，AENBRD=L（无效），ALE=H，所以 74LS373、74LS244、74LS245 都能正常工作，由 8088 输出的地址和数据信号经上述三种总线接口器件后形成系统总线中的地址和数据总线。当 DMAC（DMA 控制器）控制总线时，AENBRD=H（有效），ALE=L，所以 74LS373、74LS244、74LS245 都处于高阻状态，8088 同系统总线隔开，由 DMAC 来控制系统总线，8088 处于保持（HOLD）状态。

2. 用于一般的总线驱动电路

在 8086 系统中，由于存储器和 I/O 接口较多，必须在 CPU 总线和系统总线之间加接总线驱动电路，要求在加接驱动电路后 CPU 仍能进行常规的存储器读/写、I/O 读/写、中断的响应、总线请求响应（即 HLDA 有效）以及在 RESET 有效时的相应操作。试设计一个总线驱动器电路，要求被驱动的总线信号包括 20 位地址总线、16 位数据总线，以及控制总线中的 $\overline{RD}$、$\overline{WR}$、M/$\overline{IO}$、ALE、$\overline{INTA}$ 和 $\overline{BHE}$。

解题分析：

（1）按题意，根据 8086 总线信号的特点，CPU 总线中的双重总线信号 A16/S3～A19/S6、AD0～AD15 以及 $\overline{BHE}$/S7 必须使用锁存器来锁存和驱动，可以利用已学过的 3 片锁存器 74LS373 来实现，而 AD0～AD15 同时通过数据收发器 74LS245（2 片）来驱动双向数据信号；而单向的控制信号 $\overline{RD}$、$\overline{WR}$、M/$\overline{IO}$、ALE 和 $\overline{INTA}$ 等只需要采用缓冲器 74LS244 即可。

（2）确定了采用的主要器件后，连接中的关键问题是这三种器件中的控制信号如何连接。按题意，CPU 进行存储器读/写和 I/O 读/写时，74LS373、74LS245 和 74LS244 必须正常工作，向系统总线提供正常工作所要求的地址信号、数据信号和控制信号。而在总线请求响应（HLDA 有效）和复位信号 RESET 有效时，要求驱动电路输出处于高阻状态。根据三种驱动（锁存）器的工作特性，74LS373 输出为高阻态的条件是 $\overline{OE}$ 端接高电平；74LS245 输出为高阻态的条件是 $\overline{G}$ 端接高电平；74LS244 输出为高阻态的条件是 $1\overline{G}$、$2\overline{G}$ 接高电平。据此可将 74LS373 的 $\overline{OE}$、74LS245 的 $\overline{G}$ 和 74LS244 的 $1\overline{G}$、$2\overline{G}$ 连接在一起，同一个或门（G2）输出端相连，或门的输入为 8086CPU 的输出信号 RESET 和 HLDA，如图 3-5-4 所示。当执行总线响应周期时，HLDA 有效，为高电平；当复位信号有效时，RESET 为高电平。RESET 和 HLDA 只要一个有效（高电平），或门 2 输出即为高电平，使 74LS373、74LS245 和 74LS244 三组器件输出呈现高阻抗，此即总线响应（保持响应）周期和 RESET 操作所要求的总线环境。

对数据收发器 74LS245 而言，数据传送方向由控制端 DIR 控制，当 DIR 为低电平时，传输方向为从 B 到 A；当 DIR 为高电平时，传输方向为由 A 到 B。CPU 在进行读操作时（不论是存储器读，还是 I/O 读）以及中断响应时，要求数据从 B 到 A 传输。为此可以将经驱动后的控制信号线 $\overline{RD}$（读）和 $\overline{INTA}$（中断响应）送到一个与门 G1，与门 G1 输出同 74LS245 的 DIR 端相连。这样，在 CPU 进行读操作时（$\overline{RD}$ 为低电平）或 CPU 进入中断响应周期时（$\overline{INTA}$ 为低电平），与门 G1 输出为低电平，控制 74LS245 的传输方向为从 B 到 A，即从系统总线传输到 CPU。

地址锁存器 74LS373 的锁存作用由使能端 G 保证，G 为高电平时，把输入地址信号送入 74LS373，G 从高电平变为低电平时，将地址锁存，G 端同 CPU 经驱动后的地址锁存允许信号 ALE 相连，刚好满足锁存要求。

参 考 文 献

[1]　徐春辉. 单片微机原理及应用[M]. 北京：电子工业出版社，2013.

[2]　焦健，白延丽，卫耀军. 微机原理及应用[M]. 北京：中国电力出版社，2011.

[3]　杨杰，王亭岭. 微机原理及应用[M]. 北京：电子工业出版社，2013.

[4]　赵伟. 微机原理及汇编语言[M]. 北京：清华大学出版社，2011.

[5]　周明德. 微机原理与接口技术[M]. 北京：人民邮电出版社，2008.

[6]　宋汉珍. 微型计算机原理[M]. 2 版. 北京：高等教育出版社，2004.

第4章　数据采集接口设计

【自学提示】

将模拟量转换为数字量的过程称为模/数（A/D）转换，完成这一转换的器件称为模/数转换器（ADC）；将数字量转换为模拟量的过程称为数/模（D/A）转换，完成这一转换的器件称为数/模转换器（DAC）[1]。

D/A 转换和 A/D 转换是计算机与外部世界联系的重要接口。在实际的系统中，有模拟和数字两种最基本的量。当用微型计算机构成一个数据采集系统或过程控制系统时，所采集的信号或控制对象往往是外部世界的模拟量，如温度、压力、电压、电量等，由于计算机只能运算和加工数字量，所以首先要经过 A/D 转换，以便计算机接收处理。对于微型计算机监视和控制的各种参数，首先要用传感器把各种物理参数（温度、压力）测量出来，转换为电信号，再经过 A/D 转换，送出计算机。在微机化测控系统中，经 A/D 转换器接口送入微机的数据，是对被测量进行测量得到的原始数据。这些原始测量数据送入微机后通常要先进行一定的处理，然后才能输出，用作显示器的显示数据或控制器的控制数据。

4.1　概　　述

随着计算机技术的发展与普及，数字设备正越来越多地取代模拟设备，在生产过程中，控制和科学研究等广泛的领域中，计算机测控技术正发挥着越来越重要的作用。然而，外部世界的大部分信息是以连续变化的物理量形式出现的，如温度、压力、位移、速度等。要将这些信息送入计算机进行处理，就必须先将这些连续的物理量离散化，并进行量化编码，从而变成数字量，这个过程就是数据采集。它是计算机在监测、管理和控制一个系统的过程中，取得原始数据的主要手段。数据采集就是将被测对象（外部世界、现场）的各种参量（可以是物理量，也可以是化学量、生物量等）通过各种传感元件进行适当转换后，再经信号调理、采集、量化、编码、传输等步骤，最后送到控制器进行数据处理或存储记录的过程。控制器一般均由计算机承担，所以说计算机是数据采集系统的核心，它对整个系统进行控制，并对采集的数据进行加工处理，用于数据采集的成套设备称为数据采集系统（data acquisition system，DAS）。

4.2　测量放大器设计

4.2.1　测量放大器概述

在数据采集中，经常会遇到一些微弱的微伏级信号，这就需要用放大器加以放大。

但通用运算放大器一般具有毫伏级的失调电压和每度数微伏的温漂，不能用来放大微弱信号。这时候就需要用到测量放大器。测量放大器[2]是一种带有精密差动电压增益的器件，具有高输入阻抗、低输出阻抗、强抗共模干扰能力、低温漂、低失调电压和高稳定增益等特点，在检测微弱信号的系统中，被广泛用作前置放大器。它在工程过程自动控制、生物医学工程、环境监测等诸多领域有着广泛的用途。

4.2.2　测量放大器电路原理

从图 4-2-1 中看出，测量放大器电路是由两级运算放大器组成的。第一级是两个同向放大器 A_1、A_2，它们的输入阻抗较高。第二级是由一个普通差动放大器 A_3 构成的[3]。

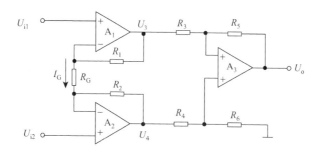

图 4-2-1　测量放大器电路原理图

根据分析，可以得到测量放大器的增益 K：

$$K = \frac{U_o}{U_{i1} - U_{i2}} = -\left(1 + \frac{2R_1}{R_G}\right)\frac{R_5}{R_6} \qquad (4\text{-}2\text{-}1)$$

通过式（4-2-1）可知，通过调节外接电阻可以改变测量放大器的增益。

测量放大器具有强抗共模干扰能力，对直流共模信号而言，其共模抑制比为无穷大；对交流共模信号而言，由于输入信号的传输线存在线阻和分布电容，它们分别对地构成回路。

4.2.3　测量放大器的技术指标

1. 非线性误差或非线性度

它是指放大器实际输入-输出关系曲线与理想直线的偏差。非线性误差是器件内部缺陷造成的，无法通过外部补偿措施予以消除。非线性误差通常用满量程的百分比表示，精密的测量放大器非线性误差典型值为 0.01%。某些特殊放大器的非线性偏差可达到 0.0001%。在数据采集系统中所使用的 A/D 转换器的分辨率为 12bit，LSB 为变频调速器的 1/4096（≈0.024%），而测量放大器应该选用非线性误差小于 0.5LSB（0.012%）的产品。

2. 失调与温漂

对于理想放大器，当输入为零时，对应的输出也为零。但在实际放大器中，当输入为零时，输出不为零。放大器输出为零时，输入端所加的补偿电压称为输入失调电压。由于半导体材料的特性，输入失调电压将随温度变化而改变，这种现象称为温漂。一般测量放大器的温漂典型值为 1μV/℃。当一个温漂为 2μV/℃的测量放大器的增益为 1000 时，测量放大器的输出电压产生约 20mV 的变化。这个数字相当于 12 位 A/D 转换器在满量程为 10V 的 8 个 LSB 值。应尽量选择温漂较小的测量放大器。

3. 建立时间与恢复时间

在单位时间内，测量放大器所允许的输出最大电压变化率称为电压摆率（V/μs）。建立时间是指放大器处于零输入状态时，自放大器的输入端施加了一个阶跃信号，到放大器的输出与最终的温度值的差保持在给定误差范围内时所需要的时间；恢复时间指放大器输入端撤除一个阶跃信号瞬间到放大器由饱和状态恢复到最终值所需要的时间。

测量放大器的建立时间和恢复时间会直接影响数据采集系统的采样速率。

4. 电源电压

按照一般规则，测量放大器的输入级的工作电流越大，放大器的功耗也越大，因此测量放大器需要在 5V 或者更低的单电源环境下工作。电源电压每变化 1%引起放大器的漂移电压值是设计系统稳压电源的主要依据之一。

5. 共模抑制比

共模抑制比（CMRR）用于评价放大器对共模信号的抑制能力，也是测量放大器最重要的指标之一。如果测量系统的两个差分输入端同时输入一个共模信号 U_{ci}，在输出端得到一个输出 U_{co}。因为输入的 U_{ci} 只有转换成差模信号后才能输出，所以假设 U_{ci} 有一部分转换成了差模输入 U_{di}。

$$CMRR = 20\log\frac{U_{ci}}{U_{di}} \tag{4-2-2}$$

4.3　模拟多路切换器

4.3.1　概述

模拟多路切换器又称为模拟多路复用器（analog multiplexer，AMUX），其作用是将多路输入的模拟信号，按照时分多路复用（time division multiplexing，TDM）的原理，分别与输入端连接，以使得多路输入信号可以复用（共用）一套后端的装置。它是用于切换模拟电压信号的关键元件。当有多个输入信号需要检测时，利用多路开关可将各个输入信号依次地或随机地接到公用放大器或 A/D 转换器上，实现各个输入通道的分时控制。输出通道时，由 D/A 转换成的模拟信号按一定顺序输出到多个控制回路，实现一到多的转换。

4.3.2 集成 CMOS 模拟多路开关

在数据采集系统中,使用最多的是 CMOS 型集成模拟多路开关——在一个 CMOS 芯片上集成了多个开关(通道)以及相应的控制逻辑。如果按照芯片中所集成的独立(指有单独的控制逻辑)的单元电路个数以及每个单元所具有的输入通道数量进行分类,集成 MUX 芯片可以统一表示为 $(N:1) \times K$。其中,K 为芯片中独立的单元个数,N 为每个单元的输入通道数。例如,早期的 CD4051、AD7501 等产品就属于 $(8:1) \times 1$;CD4052、AD7502 等产品就属于 $(4:1) \times 2$,即一个芯片上集成了 2 个独立的 4 选 1 多路开关(双 4 选 1)[4]。

从理论上说,开关不能选择电流的方向,也就是说,开关是没有方向性的,但是受制造工艺限制,或者为了防止 CMOS 器件因静电放电而受到损毁,有些 AMUX 不能反向运用,如 AD7501 和 AD7502 等。而有些 AMUX 则对输入、输出没有限制,可以反向运用,如 CD4051。根据集成 MUX 内部各个通道之间的关系,按照传统开关的称呼,又分为单刀单掷开关、双刀双掷开关、单刀双掷开关和双刀单掷开关。

4.3.3 选择集成 MUX 产品

1. 通道数量

集成 MUX 包括多个通道。通道数量对传输信号的精度和开关切换速率有直接影响,通道数越多,泄漏电流就越大。因为当选通一路时,其他阻断的通道并不是完全断开的,而是处于高阻状态,会有泄漏电流对导通通道产生影响。另外,通道越多,杂散电容越大,通道之间的串扰也就越严重。在实际应用中,所选用产品的通道数往往大于实际需要。多余通道应接模拟地,一方面减少干扰,另一方面可用于自动校准。

2. CMOS 开关 RON 的一致性与平坦度

RON 导致精度降低,尤其是开关的负载阻抗较低时,影响更严重,现已有大量 RON$<10\Omega$ 的产品面世。CMOS 开关 RON 随输入电压 V_{in} 的变化有些许波动。

RON 的平坦度 ΔRON 是指在限定的 V_{in} 范围内 RON 的最大起伏值,ΔRON = RON$_{MAX}$−RON$_{MIN}$。ΔRON 一致性表示各通道 RON 的差值。RON 的一致性越好,系统在采集各路信号时由开关引起的误差也就越小。CMOS 开关 RON 的值还与电源电压有直接关系,通常电源电压越大,RON 就越小。注意,RON 与泄漏电流、寄生电容和开关速度是矛盾的。若要求 RON 较小,则应扩大沟道面积,结果造成泄漏电流增大和寄生电容增加,也使得开关速度降低。

3. 开关速度(T_{ON}、T_{OFF})

开关速度反映了开关接通或断开的速度。T_{ON} 表示选通信号 EN 达到 50%这一点时到开关接通的延迟时间；T_{OFF} 表示选通信号 EN 达到 50%这一点时到开关断开时的延迟时间。对于需要传输高速信号的场合，要求模拟开关的切换速度高，同时还应该考虑与后级 S/H 和 A/D 转换器的速度相适应，科学合理地设定和分配技术指标。

4.3.4　多路开关集成芯片

1. 无译码器的多路开关

AD7510 芯片（图 4-3-1）：芯片中无译码器，四个通道开关都有各自的控制端。优点是每一个开关可单独通断，也可以同时通断，使用方式比较灵活；缺点是引脚多，片内所集成的开关较少，当巡回检测点较多时，控制复杂。

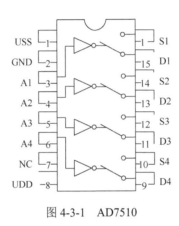

图 4-3-1　AD7510

2. 有译码器的多路开关

AD7501（图 4-3-2）、AD7502、AD7503 芯片都是单向多到一的多路开关，即信号只允许从多个输入端向一个输出端传送。而 CD4502 和 CD4501 一样，都允许双向使用，既可用于多到一的输出切换，也可用于一到多的输出切换。

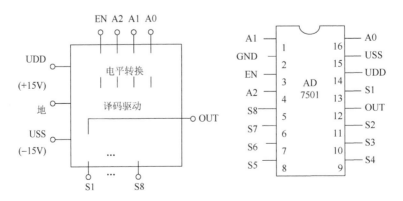

图 4-3-2　AD7501

4.4　模数转换器及接口

A/D 转换器用于将模拟量转换成相应的数字量。在一个实际的系统中，外部的模拟量用传感器把各种物理量参数测量出来，并且转换成电信号，再经过 A/D 转换，传送给微型计算机；微型计算机再对各种信号计算、加工处理后输出，经过 D/A 转换再对各种参数进行控制。实现 A/D 转换的方法很多，通常用到的有计数器式、逐次逼近法。

计数器式 A/D 转换：其原理图如图 4-4-1 所示，它由 D/A 转换器、计数器和比较器组成。其中，V_i 是模拟电压，D7～D0 是数字量输出，它同时又驱动 D/A 转换器。V_o 是 D/A 转换器输出电压（它是一个试探值），C 是计数器控制信号，当 $C=1$ 时，计数器从 0 开始计数；当 $C=0$ 时，计数器停止计数[5]。

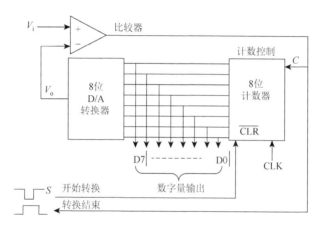

图 4-4-1　计数器式 A/D 转换原理图

工作时，首先启动 S 信号，使高电平变为低电平，计数器清 0，当启动信号 S 恢复为高电平时，计数器准备计数。开始，由于计数器清 0，则 D/A 转换器输出电压为 0，电压比较器在同相端输入模拟电压 V_i（$V_o < V_i$），这时输出为高电平，从而使计数器、控制信号 $C=1$，于是计数器从零开始计数，D/A 转换器输入获得的数字量不断增加，使输出电压 V_o 不断上升。当 $V_o \geqslant V_i$ 时，计数器输出变为低电平，即 $C=0$，计数器停止计数。这时计数值 D7～D0 就是与输入模拟量 V_i 等效的数字量。此时，计数控制信号 C 由高电平变为低电平的跳变也是 A/D 转换的结束信号，可用它来通知 CPU 或其他控制电路，当前已完成一次 A/D 转换，也可以将数字量取走。

计数器式 A/D 转换器结构简单，原理清楚，但是它的转换速度较慢，特别是当输入模拟电压 V_i 幅度较大时，转换速度更慢，因为它是靠递增计数来实现比较的。对于一个 8 位 A/D 转换器而言，计数器从 0 开始计数，当 V_i 为最大值时，则要计数到 255 才能完成一次计数，而且转换器的误差也较大，因此在实际应用中很少使用。

衡量 A/D 转换器的性能参数主要有以下几个。

（1）分辨率：A/D 转换器能测量的最小模拟输入量。一个 n 位 A/D 转换器，分辨率等于最大允许模拟量输入值，即满量程除以 2^n。通常用转换成的数字量位数来表示分辨率，如 8 位、10 位、12 位或 16 位，位数越多，分辨率越高。

（2）转换时间：完成一次 A/D 转换所需要的时间。从输入转换启动信号开始到转换结束并得到稳定的数字量输出所用的时间，转换时间越短，转换速度越快。转换时间与 A/D 转换器的工作频率有关，例如，8 位逐次逼近式 A/D 转换器 ADC0804 的典型工作频率为 640kHz，每个时钟周期为 $1/(640×10^3)$s，则完成一次转换大约需要 64 个时钟周期，转换时间大约为 $64×1/(640×10^3)$s $=100μ$s，如果工作频率为 500kHz，则转换时间为 128μs。

（3）转换精度：A/D 转换器实际输出数字量与理论输出值的接近程度，即二者的差值。精度一般用数字量的最低位（LSB）的几分之几来表示。若数字量最低有效位对应于模拟量 Δ，则 Δ 为数字量最低有效位的增量。如果模拟量在 $±\Delta/2$ 范围内，转换器都能产生对应的唯一的数字量，就称该 A/D 转换器的精度为 $±0$LSB；如果模拟量在 $+3\Delta/4 \sim -3\Delta/4$ 范围内，转换器都能产生对应的唯一数字量，就称该 A/D 转换器的精度为 $±1/4$LSB，因为这时和精度为 $±0$LSB 的 A/D 转换器相比，A/D 转换器的误差范围扩大了 $±1/4\Delta$。同样，如果模拟量在 $+\Delta \sim -\Delta$ 的范围内，转换器都能产生相同的数字量，就称该 A/D 转换器的精度为 $±1/2$LSB。

（4）转换率：即转换速度，用转换时间的倒数来表示，它反映 A/D 转换的转换速度。

（5）量程：所能转换的输入模拟电压的范围。

各种型号的 A/D 转换器芯片均设有数据输出、启动转换、转换结束和控制等引脚。MCS-51 单片机配置 A/D 转换器的硬件逻辑设计，就是要处理好上述引脚与 MCS-51 主机的硬件连接。在 A/D 转换器的某些产品注明能直接和 CPU 配接，这是指 A/D 转换器的输出线可直接接到 CPU 的数据总线上，说明该转换器的输出数据寄存器具有可控的三态输出功能。转换结束，CPU 可用输入指令读入数据。一般 8 位 A/D 转换器均属此类。而 10 位以上的 A/D 转换器，为了能和 8 位字长的 CPU 直接配接，输出数据寄存器增加了读数控制逻辑电路，把 10 位以上的数据分时读出。对于内部不包含读数控制逻辑电路的 A/D 转换器，在和 8 位字长的 CPU 相连接时，应增设三态门对转换后的数据进行锁存，以便控制 10 位以上的数据分两次进行读取。

A/D 转换器需外部控制启动转换信号方能进行转换，这一启动转换信号可由 CPU 提供。不同型号的 A/D 转换器，对启动转换信号的要求也不同，分为脉冲启动和电平控制启动两种。脉冲启动转换，只需给 A/D 转换器的启动控制转换的输入引脚上加一个符合要求的脉冲信号，即启动 A/D 转换器进行转换。例如，ADC0804、ADC0809、ADC1210 等均属此列。电平控制转换的 A/D 转换器，当把符合要求的电平加到控制转换输入引脚上时，立即开始转换。此电平应保持在转换的全过程中，否则将会中止转换的进行。因此，该电平一般需由 D 触发器锁存供给。例如，AD570、AD571、AD574 等均是如此。

转换结束信号的处理方法是，由 A/D 转换器内部转换结束信号触发器复位，并输出转换结束标志电平，以通知主机读取转换结果的数字量。主机从 A/D 转换器读取转换结果数据的联络方式，可以是中断、查询或定时三种方式。这三种方式的选择往往取决于 A/D 转换的速度和应用系统总体设计要求以及程序的安排。

在 A/D 转换器前接有 S/H 时，还要考虑两者的时序配合问题，如图 4-4-2 所示。A/D 转换器的启动脉冲应在 S/H 开关断开后发出，启动脉冲宽度应大于 S/H 的孔径时间，以保证 S/H 的输出达到稳定状态后才进行 A/D 转换[6]。

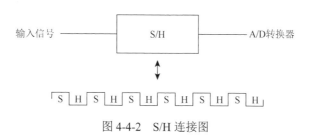

图 4-4-2   S/H 连接图

4.5   逐次逼近式 A/D 转换器及接口

4.5.1   逐次逼近式 A/D 转换原理

逐次逼近式 A/D 转换器由比较器、D/A 转换器、逐次逼近寄存器和控制逻辑电路组成，如图 4-5-1 所示。逐次逼近式 A/D 转换器和计数式 A/D 转换器一样，转换时也要进行比较，然后得到转换的数字量。但是，逐次逼近式 A/D 转换器在进行转换时，是利用一个逐次逼近寄存器来控制 D/A 转换器的，工作时是从最高位到最低位依次试探比较。

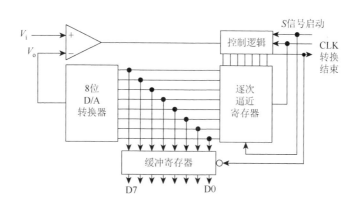

图 4-5-1   逐次逼近式 A/D 转换原理

当启动信号 S 有效，即高电平变为低电平时，逐次逼近寄存器清零，D/A 转换器输出电压 V_o 为 0，当启动信号恢复为高电平时，转换开始，在第一个时钟脉冲时，控制电路将逐次逼近寄存器最高位 D7 置 1，使其输出为 10000000，该数字量送入 D/A 转换器，使 D/A 转换器的输出试探电压 V_o 为满量程的 128/256，该电压在比较器中与输入模拟电压 V_i 进行比较，若 $V_o<V_i$，比较器输出为高电平，逐次逼近寄存器中最高位的"1"被保留，否则被清除。然后，控制电路将逼近寄存器次高位 D6 置 1，使其输出为 11000000，此新数字量送 D/A 转换器，输出的试探电压 V_o 为满量程的 192/255，

将它与输入模拟电压 V_i 比较，若 $V_o<V_i$，比较器输出为高电平，则保留该次高位的"1"，否则比较器输出低电平，清除 D6 位的"1"。依次重复上述过程，直至逐次逼近寄存器的最低位。经过 n 次比较后，最后逐次逼近寄存器中的内容即为输入模拟电压 V_i 转换成的数字量。

综上可知，n 位逐次逼近式 A/D 转换器的转换速度取决于位数和时钟周期，转换精度取决于 D/A 转换器和比较器的精度，一般可以达到 0.01%，转换结果也可以串行输出。综合来看，逐次逼近式 A/D 转换器兼有速度快、分辨率高、价格便宜等优点，适用于多种场合，是广泛应用的一种 A/D 转换器。其缺点是抗干扰能力差，工业现场应该采用抗干扰性能好的 A/D 转换器。

4.5.2 ADC0809

ADC0809 是 NSC 公司生产的 8 位单片型逐次逼近式 A/D 转换器[7]。片内有 8 路模拟开关，可控制选择 8 个模拟量中的一个。A/D 转换器内部带有三态输出锁存缓冲器，采用的是逐次逼近原理，故可以直接连至数据总线。ADC0809 的内部结构如图 4-5-2 所示。

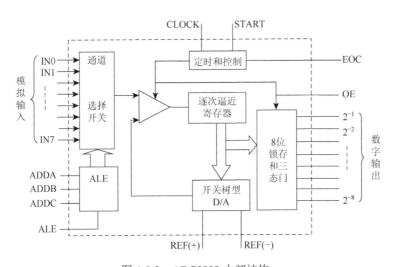

图 4-5-2 ADC0809 内部结构

由图 4-5-2 可知，ADC0809 模拟输入部分有 8 路多路开关，由三位地址输入可锁存的 ADDA、ADDB、ADDC 的不同组合来选择。主体部分是采用逐次逼近式 A/D 转换电路，由 CLK 信号控制内部电路，由 START 信号控制转换开始。转换后的数字信号在内部锁存，通过三态缓冲器接至输出端。

如图 4-5-3 所示为 ADC0809 的引脚图。各引脚功能特性如下。

IN7～IN0：8 路（8 通道）模拟输入端。

D7～D0：8 位数字量输出，其中 D7 为最高位（MSB），D0 为最低位（LSB）。

START：启动转换命令输入端。在该引脚上加一高电平，转换开始。

EOC：转换结束指示端，该信号未工作时为高电平，转换开始和转换中均为低电平。转换结束后又变为高电平。

OE：数据输出允许信号，在此引脚上加高电平，即打开输出缓冲器三态门，读出数据。

ADDA、ADDB、ADDC：通道选择输入端，用来选择 8 路输入中的一路。ADDC 是高位，ADDA 是低位。ADDC、ADDB、ADDA 的 111～000 对应 IN7～IN0。

ALE：通道信号锁存控制端。当 ALE 为高电平时，将 ADDC、ADDB 和 ADDA 三个输入引脚上的通道信号锁存，也就是使相应通道的模拟开关处于闭合状态。在应用中常常将 ALE 与启动信号 START 连在一起，当 START 端加一高电平时，通道信号也将锁存起来。

CLK：时钟脉冲输入端，该时钟主要供 ADC0809 内部工作定时用。一般时钟频率不高于 640kHz。

REF(+)和 REF(−)：参考电压输入引脚，电压一般从 REF(+)端引入，而 REF(−)端与模拟地 A_{GND} 相连。

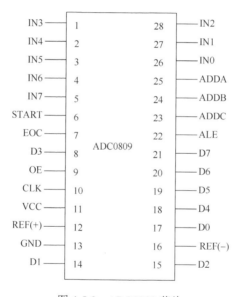

图 4-5-3　ADC0809 芯片

4.5.3　ADC0809 与 8031 的接口

ADC0809 与单片机 8031 的接口如图 4-5-4（等待延时方式）和图 4-5-5（查询方式或中断方式）所示。

ADC0809 的时钟频率范围要求在 10～1280kHz，8031 单片机的 ALE 脚的频率是单片机时钟频率的 1/6。如果单片机时钟频率采用 6MHz，则图 4-5-4 和图 4-5-5 中的 ADC0809 输入时钟频率分别为 500kHz 和 1000kHz，均符合要求。当 CLK = 640kHz 时，ADC0809 的转换时间为 100μs，因此若采取等待延时方式，延时须大于 ADC0809 完成 A/D 转换所需的时间——100μs，即发生启动脉冲后至少延时 100μs 才可读取 A/D 转换数据。

由于 ADC0809 具有输出三态锁存器，故其 8 位数据输出引脚可直接与数据总线相连。地址译码引脚 A、B、C 分别与地址总线的低三位 A0、A1、A2 相连，以选通 IN0～IN7 中的一个通道。将 P2.7（或 P2.3）作为片选信号，在启动 A/D 转换时，由单片机的写信号 $\overline{WR}$ 和 P2.7（或 P2.3）控制 ADC0809 的地址锁存和转换启动。由于 ALE 和 START 连在一起，因此 ADC0809 在锁存通道地址的同时也启动转换。在读取转换结果时，用单片机的读信号 $\overline{RD}$ 和 P2.7（或 P2.3）引脚经一级或非门后产生的正脉冲作为 OE 信号，用以打开三态输出锁存器。

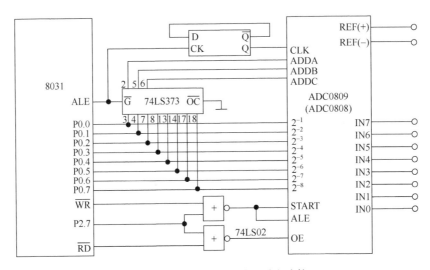

图 4-5-4　ADC0809 的等待延时方式接口

1. 等待延时方式

采用图 4-5-4 的等待延时方式，分别对 8 路模拟信号轮流采样一次，并依次把 A/D 转换结果转存到数据存储区的程序如下：

```
MAIN:    MOV    R1,#data          ;置数据区首地址
         MOV    DPTR,#7FF8H       ;P2.7 = 0,且指向通道 0
         MOV    R7,#08H           ;置通道数
LOOP:    MOVX   @DPTR,A           ;启动 A/D 转换
         MOV    R6,#0AH           ;软件延时
DLAY:    NOP
         NOP
         NOP
         NOP
         NOP
    DJNZ    R6,DLAY
         MOVX   A,@DPTR           ;读取转换结果
```

```
MOV     @R1,A           ;存储数据
INC     DPTR                ;指向下一个通道
NC      R1              ;修改数据区指针
DJNZ    R7,LOOP             ;8 个通道全采样完了吗
......
```

2. 中断方式

假设在某一个控制系统中,采用图 4-5-5 所示电路和中断方式巡回检测一遍 8 路模拟量输入,将转换后的数据依次存放在片内 RAM 的 30H～37H 单元中。

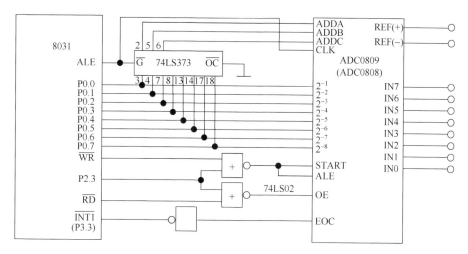

图 4-5-5　中断或查询方式接口

完成上述任务的软件程序由两部分组成,即主程序和外部中断服务程序。

(1) 主程序:对外部中断 1 进行初始化;控制 8 个通道模拟输入量的转换。

(2) 外部中断服务程序(A/D 转换结束后申请中断):完成 A/D 转换结果的读取和存放。

主程序清单如下:

```
        ORG     0000H           ;主程序入口地址
        AJMP    START           ;跳转主程序
        ORG     0013H           ;入口地址
AJMP    INT1                    ;转外部中断服务程序
START:  MOV     DPTR,#F7F8H     ;指向 A/D 启动地址和 IN0 首址
        MOV     R0,#30H     ;存数据区首址
        MOV     R2,#08H     ;8 路计数初值
        SETB    IT1             ;选脉冲触发方式
        SETB    EX1     ;外部中断 1
        SETB    EA      ;开中断
```

```
START1:    MOVX     @DPTR,A    ;启动 A/D 转换(P2.3 = 0 有效)
HE:        SJMP     HE         ;等待中断
           DJNZ     R2,START1  ;巡回未完继续
DONE:      ……                 ;往下执行
中断服务程序:
INT1:      MOVX     A,@DPTR    ;读数据送入 A
           MOVX     @R0,A       ;将数据存入 RAM 单元
           INC      R0         ;数据区地址加 1
           INC      DPTR       ;通道号加 1
           RETI                ;返回
```

3. 查询方式

下面是以图 4-5-5 所示的查询方式对 IN3 通道模拟输入采样 10 次,转换结果转存到从 0000H 单元起的数据存储器中。程序如下:

```
           ORG      0000H
           AJMP     STA1
STA1:      MOV      R1,#00H       ;外部 RAM 单元首址初值
           MOV      R2,#00H
           MOV      R7,#0AH       ;循环计数置初值
STA2:      MOV      DPTR,#F7FBH   ;选 IN3 通道地址
           MOV      @DPTR,A       ;启动 0809
           MOV      R3,#20H       ;延时
STA3:      DJNZ     R3,STA3
STA4:      JB       P3.3,STA4        ;询问转换是否完成
           MOVX     A,@DPTA        ;A/D 转换结果送 A
           MOV      DPH,R1
           MOV      DPH,R2
MOVX       @DPTR,A   ;结果送入外部 RAM 单元中
           INC      R2        ;置下一个单元地址
           DJNZ     R7,STA2      ;是否循环完
HD:        SJMP     HD    ;停止
```

4.6　双积分型 A/D 转换器及接口

4.6.1　双积分型 A/D 转换原理

双积分型 A/D 转换器电路主要由积分器、比较器、计数器和标准电压源组成。其电路图如图 4-6-1 所示。

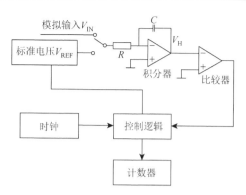

图 4-6-1　双积分型 A/D 转换器电路图

双积分型 A/D 转换器在"转换开始"信号控制下，模拟输入电压在固定时间内向电容充电（正向积分），固定积分时间对应 n 个时钟脉冲充电的速率与输入电压成正比。当固定时间一到，控制逻辑将模拟开关切换到标准电压端，由于标准电压与输入电压极性相反，电容开始放电（反向积分），放电期间计数器计数脉冲的多少反映了放电时间的长短，从而决定了模拟输入电压的大小。输入电压大，则放电时间长。当电容放电完毕时，比较器输出信号使计数器停止计数，并由控制逻辑发出"转换结束"信号，完成一次 A/D 转换。

双积分型 A/D 转换器的工作原理如图 4-6-2 所示。

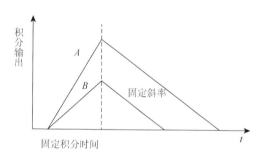

图 4-6-2　双积分型 A/D 转换器的工作原理

从图 4-6-2 中可以看出，对标准电压进行反向积分的时间 t 正比于输入模拟电压，输入模拟电压越大，反向积分所需要的时间越长。因此，只要用标准的高频时钟脉冲测定反向积分所花费的时间，就可以得到输入模拟电压所对应的数字量，即实现了 A/D 转换。

首先，电路对输入的未知模拟量 V_{IN} 进行固定时间 t_0 的积分，积分器输出为

$$V_{\text{H}} = \frac{1}{RC} \int_0^{t_0} V_{\text{IN}} \mathrm{d}t = \left(\frac{1}{RC} \right) t_0 V_{\text{IN}} \tag{4-6-1}$$

V_{H} 与输入模拟电压 V_{IN} 的平均值成正比，然后转换为对标准电压进行反向积分，经过时间 t，积分器输出为 0。

$$V_{\text{H}} - \frac{1}{RC} \int_0^t V_{\text{REF}} \mathrm{d}t = 0 \tag{4-6-2}$$

即

$$V_{\mathrm{H}} = \frac{1}{RC} t V_{\mathrm{REF}}$$

由此得出

$$t = \frac{V_{\mathrm{IN}}}{V_{\mathrm{REF}}} t_0 \tag{4-6-3}$$

若将对 V_{IN} 的积分时间记为 $2000\Delta t$，则有

$$\frac{V_{\mathrm{IN}}}{V_{\mathrm{REF}}} = \frac{t_0}{2000\Delta t} \tag{4-6-4}$$

这种转换方式的优点是消除干扰和电源噪声的能力强、精度高，但是缺点是转换速度慢，通常为 10~50 次/秒。因此，这种变换方式适合于信号变化缓慢，模拟量输入速率要求低，转换精度要求较高且现场干扰较严重的场合。

4.6.2 双积分型 A/D 转换芯片

常用的双积分型 A/D 转换器有 3 位半（相当于二进制 11 位分辨率）精度，典型的产品有 MC14433、ICL7106/ICL7107/ICL7126 系列。ICL7135 为 4 位半（相当于 14 位二进制分辨率）精度，具有自校零、自动极性、单参考电压、动态字位扫描 BCD 码输出、自动量程控制信号输出等功能。AD7550/AD7552/AD7555 系列中，AD7550 为 13 位二进制补码输出，AD7552 为符号位加 12 位二进制码输出，AD7555 为 5 位半（BCD）精度，动态字位扫描 BCD 码输出。尽管双积分型 A/D 转换器的转换速度普遍不高（通常每秒转换几次到几百次），但是双积分 A/D 转换器具有转换精度高、廉价、抗干扰能力强等优点，在速度要求不高的实际工程中应用广泛。下面以具有代表性的 MC14433 为例，介绍它与MCS-51 单片机的接口及编程方法。

MC14433 具有以下特点：

（1）$3\frac{1}{2}$ 位双积分型 A/D 转换器；

（2）外部基准电压输入 = 200mV 或 2V；

（3）自动调零；

（4）量程有 199.9mV 或 1.999V 两种（由外部基准电压 V_{REF} 决定）；

（5）转换速度为 1~10 次/秒，速度较慢。

MC14433 为 DIP24 封装，芯片引脚排列如图 4-6-3 所示，引脚的功能及含义如下。

（1）与电源相关的引脚（共 6 脚）。

VDD：正电源端，典型值 + 5V。

VEE：模拟负电源端，典型值–5V。

VSS：数字地（所有数字信号输入、输出的零电位）。

GND：模拟地（所有模拟信号的零电位）。

Vx：被测电压输入端。

VREF：外接电压基准（2V 或 200mV）输入端。

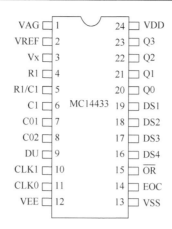

图 4-6-3 MC14433 芯片引脚

（2）与外接电阻、电容相关的引脚（共 7 脚）。

R1：外接积分电阻输入。

C1：外接积分电容输入。

R1/C1：外接电阻 R1 和外接电容 C1 的公共端，电容 C1 常采用聚丙烯电容，典型值为 0.1μF，电阻 R1 有两种选择：一种是量程为 200mV 时，R1 = 470kΩ；另一种是量程为 2V 时，R1 = 27kΩ。

C01、C02：外接失调补偿电容端，典型值为 0.1μF。

CLK0、CLK1：时钟振荡器外接电阻 Rc 接入端，外接电阻 Rc 的典型值为 470kΩ，时钟频率随 Rc 电阻阻值的增加而下降。

（3）与控制信号相关的引脚（共 3 脚）。

DU：更新转换控制信号输入，高电平有效。

EOC：转换结束输出，当 DU 有效后，EOC 变低，16400 个时钟脉冲（CLK）周期后产生一个 0.5 倍时钟周期宽度的正脉冲，表示转换结束。典型地，EOC 与 DU 相连，每次 A/D 转换结束后均自动启动新的转换。

$\overline{\text{OR}}$：过量程状态输出，低电平有效。当|Vx|＞VREF 时，$\overline{\text{OR}}$ 有效（输出低电平）。

（4）与选通和数据相关的引脚（共 8 脚）。

DS4～DS1：分别表示个、十、百、千位的选通脉冲输出，格式为 18 个时钟周期宽度的正脉冲。例如，在 DS2 有效期间，Q0～Q3 上输出的 BCD 码表示转换的百位的数值。

Q0～Q3：某位 BCD 码数字量输出。具体是哪位，由选通脉冲 DS4～DS1 指定，其中，Q3 为高位，Q0 为低位。

MC14433 选通时序图以及与 MCS-51 的接口电路分别如图 4-6-4 和图 4-6-5 所示。EOC 输出 1/2 个 CLK 周期正脉冲表示转换结束，DS1、DS2、DS3、DS4 依次有效。在 DS1 有效期间，从 Q3～Q0 端读出的数据是千位数，在 DS2 有效期间，读出的为百位数，依次类推，周而复始。当 DS1 有效时，Q3～Q0 上输出的数据为千位数，由于千位只能是 0 或 1，故 DS1 有效期间，Q3～Q0 输出的数据被赋予了新的含义：

Q3 表示千位。Q3 = 0，表示千位为 1；Q3 = 1，表示千位为 0。

Q2 表示极性。Q2 = 0，表示极性为负；Q2 = 1，表示极性为正。

Q0 表示是否超量程。Q0 = 1，表示超量程；Q0 = 0，表示未超量程。

Q0 = 1 时，进一步确定是由过量程还是欠量程引起的超量程，由 Q3（千位数据）来确定。当 Q3 = 0 时，表示千位为 1，是由超量程引起的；当 Q3 = 1 时，表示千位为 0，是由欠量程引起的。

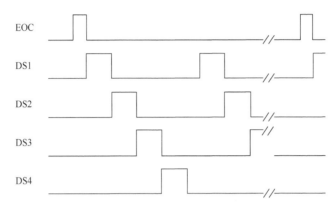

图 4-6-4 MC14433 选通时序

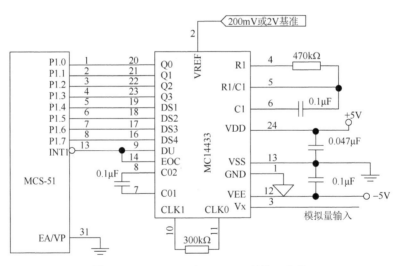

图 4-6-5 MC14433 与 MCS-51 的接口电路

MC14433 千位选通含义如表 4-6-1 所示。

表 4-6-1 MC14433 千位选通含义

BCD 输出				DS1 有效时千位的含义		
Q3	Q2	Q1	Q0	极性	十位	量程
1	1	1	0	+	0	—
1	0	1	0	−	0	—
1	1	1	1	+	0	欠量程

续表

BCD 输出				DS1 有效时千位的含义		
Q3	Q2	Q1	Q0	极性	千位	量程
1	0	1	1	−	0	欠量程
0	1	0	0	+	1	—
0	0	0	0	−	1	—
0	1	1	1	+	1	超量程
0	0	1	1	−	1	超量程

MC14433 的数据存储格式要求如表 4-6-2 所示。

表 4-6-2　MC14433 的数据存储格式要求

存储单元	31H 高 4 位	31H 低 4 位	30H 高 4 位	30H 低 4 位
所存数据	千位	百位	十位	个位

程序清单如下：

```
UNDER: EQU    00H    ;位地址单元存放欠量程(1 真 0 假)
OVER:  EQU    01H    ;位地址单元存放超量程(1 真 0 假)
POLA:  EQU    02H    ;位地址单元存放极性(1 负 0 正)
HIGH:  EQU    31H    ;高位
LOW:   EQU    30H    ;低位
       ORG    0000H
       LJMP   MAIN
       ORG    0013H   ;INT1 中断服务入口地址
       LJMP   INT1F
MAIN:  MOV    LOW,#0
       MOV    HIGH,#0  ;将存放结果的单元清零
       CLR    UNDER
       CLR    OVER     ;将存放欠量程、超量程的位地址单元清零
       CLR    POLA     ;假定结果为正
       SETB   IT1      ;置外部中断为下降沿触发
       SETB   EX1      ;开 INT1 中断允许
       SETB   EA       ;开中断总允许
       LJMP   $        ;等待中断
INT1F: MOV    A,P1     ;进入中断,说明 MC14433 转换结束,读 P1
       JNB    Acc.4,INT1F  ;DS1 无效,等待;
       JB     Acc.2,NEXT   ;Q2 = 1 表示正,已经预处理过,继续
       SETB   POLA          ;为负,需将 02H 置位
```

```
NEXT:  JB   Acc.3,NEXT1  ;千位为 0,已经预处理过,继续
       ORL  HIGH,转 10H ;将千位信息保存在高位单元中
NEXT1: JB   Acc.0,ERROR ;转欠、超量程处理,有千位已能区分
INL1:  MOV A,P1
JNB Acc.5,INL1  ;等待百位选通信号
ANL A,#0FH      ;屏蔽高 4 位
ORL HIGH,A
INL2:  MOV A,P1
JNB Acc.6,INL2  ;等待十位选通信号
ANL A,#0FH      ;屏蔽高 4 位
SWAP A          ;交换到高 4 位
ORL LOW,A
INL3:  MOV A,P1
JNB ACC.7,INLL  ;等待个位选通信号
ANL A,#0FH      ;屏蔽高 4 位
ORL LOW,A
RETI
ERROR:MOV A,HIGH      ;欠、超量程处理
CJNE A,#0,OV     ;有千位表示过量程
SETB UNDER       ;置欠量程标志
RETI
OV:SETB OVER          ;置过量程标志
RETI
```

提示:现在市场上许多常见的 $3\frac{1}{2}$ 位数字万用表就是采用类似转换芯片。

4.7 Σ-Δ 型 A/D 转换器及接口

越来越多的应用,如过程控制、称重等,都需要高分辨率、高集成度和低价格的 A/D 转换器、新型Σ-Δ 转换技术恰好可以满足这些要求。然而,很多设计者对于这种转换技术并不十分了解,因而人们更愿意选用传统的逐次比较型 A/D 转换器。Σ-Δ 转换器中的模拟部分非常简单(类似于一个 1bit A/D 转换器),而数字部分要复杂得多,按照功能可划分为数字滤波和抽取单元。由于更接近一个数字器件,Σ-Δ 型 A/D 转换器的制造成本非常低廉[8]。

4.7.1 Σ-Δ 型 A/D 转换器基本原理

要理解Σ-Δ 型 A/D 转换器的工作原理,首先应对以下概念有所了解:过采样、噪声成形、数字滤波和抽取。

1. 过采样

首先，考虑一个传统 A/D 转换器的频域传输特性。输入一个正弦信号，然后以频率 f_s 采样，按照 Nyquist 定理，采样频率至少为输入信号频率的两倍。从 FFT 分析的结果可以看到一个单音和一系列频率分布于 DC 到 $f_s/2$ 间的随机噪声，这就是量化噪声，主要是由有限的 A/D 转换器分辨率造成的。单音信号的幅度和所有频率噪声的均方根误差（root mean square error，RMSE）幅度之和的比值就是信噪比（signal to noise ratio，SNR）。

对于一个 N bit A/D 转换器，SNR 可表示为

$$\text{SNR} = 6.02N + 1.76(\text{dB}) \tag{4-7-1}$$

为了改善 SNR 和更为精确地再现输入信号，对于传统 A/D 转换器来讲，必须增加位数。

如果将采样频率提高一个过采样系数 k，即采样频率为 kf_s，再来讨论同样的问题。FFT 分析显示噪声基线降低了，SNR 值未变，但噪声能量分散到一个更宽的频率范围。Σ-Δ 型 A/D 转换器正是利用了这一原理，具体方法是紧接着 1bit A/D 转换器之后进行数字滤波。大部分噪声被数字滤波器滤掉，这样，RMSE 噪声就降低了，从而一个低分辨率 A/D 转换器、Σ-Δ 型 A/D 转换器也可获得宽动态范围。那么，简单的过采样和滤波是如何改善 SNR 的呢？一个 1bit A/D 转换器的 SNR 为 7.78（即 6.02 + 1.76）dB，每 4 倍过采样将使 SNR 增加 6dB，SNR 每增加 6dB 等效于分辨率增加 1bit。这样，采用 1bit A/D 转换器进行 64 倍过采样就能获得 4bit 分辨率；而要获得 16bit 分辨率就必须进行 415 倍过采样，这是不切实际的。Σ-Δ 型 A/D 转换器采用噪声成形技术消除了这种局限，每 4 倍过采样系数可增加高于 6dB 的信噪比。

2. 噪声成形

通过图 4-7-1 所示的一阶 Σ-Δ 型 A/D 转换器的工作原理，可以理解噪声成形的工作机制。

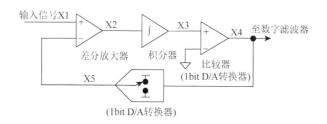

图 4-7-1　一阶 Σ-Δ 型 A/D 转换器

Σ-Δ 型 A/D 转换器包含 1 个差分放大器、1 个积分器、1 个比较器以及 1 个由 1bit D/A 转换器（1 个简单的开关，可以将差分放大器的反相输入接到正或负参考电压）构成的反馈环。反馈 D/A 转换器的作用是使积分器的平均输出电压接近比较器的参考电平。调制器输出中"1"的密度将正比于输入信号，如果输入电压上升，比较器必须产生更多数量的"1"，反之亦然。积分器用来对误差电压求和，对于输入信号表现为一个低通滤波器，

而对于量化噪声则表现为高通滤波。这样，大部分量化噪声就被推向更高的频段。和前面的简单过采样相比，总的噪声功率没有改变，但噪声的分布发生了变化。现在，如果对噪声成形后的Σ-Δ型 A/D 转换器输出进行数字滤波，将有可能滤除比简单过采样中更多的噪声。这种调制器（一阶）在每两倍的过采样率下可使 SNR 改善 9dB。

在Σ-Δ型 A/D 转换器中采用更多的积分与求和环节，可以提供更高阶数的量化噪声成形。例如，一个二阶Σ-Δ型 A/D 转换器在每两倍的过采样率下可改善 SNR 15dB。图 4-7-2 显示了Σ-Δ型 A/D 转换器的阶数、过采样率和能够获得的 SNR 三者之间的关系。

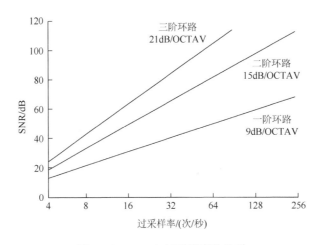

图 4-7-2　SNR 与过采样率的关系

3. 数字滤波和抽取

Σ-Δ型 A/D 转换器以采样速率输出 1bit 数据流，频率可高达 MHz 量级。数字滤波和抽取的目的是从该数据流中提取出有用的信息，并将数据速率降低到可用的水平。Σ-Δ型 A/D 转换器中的数字滤波器对 1bit 数据流求平均，移去带外量化噪声并改善 A/D 转换器的分辨率。数字滤波器决定了信号带宽、建立时间和阻带抑制。

Σ-Δ型 A/D 转换器中广泛采用的滤波器拓扑是 SINC3，一种具有低通特性的滤波器。这种滤波器的一个主要优点是具有陷波特性，可以将陷波点设在和电力线相同的频率，抑制其干扰。陷波点与输出数据速率（转换时间的倒数）直接相关。SINC3 滤波器的建立时间是转换时间的三倍。例如，陷波点设在 50Hz 时（60Hz 数据速率），建立时间为 $3/60$Hz $= 50$ms。有些应用要求更快的建立时间，而对分辨率的要求较低。对于这些应用，新型 A/D 转换器，如 MAX1400 系列允许用户选择滤波器类型 SINC1 或 SINC3。SINC1 滤波器的建立时间只有一个数据周期，对于前面的举例，则为 $1/60$Hz $= 16.7$ms。由于带宽被输出数字滤波器降低，输出数据速率将低于原始采样速率，但仍满足 Nyquist 定律。这可通过保留某些采样而丢弃其余采样来实现，这个过程就是按 M 因子"抽取"。M 因子为抽取比例，可以是任何整数值。在选择抽取因子时应该使输出数据速率高于两倍的信号带宽。这样，如果以 f_s 的频率对输入信号采样，滤波后的输出数据速率可降低至 f_s/M，而不会丢失任何信息。

4.7.2　MAXIM 的新型∑-Δ 型 A/D 转换器

新型高集成度∑-Δ 型 A/D 转换器正在得到越来越广泛的应用,这种 A/D 转换器只需极少外接元件就可直接处理微弱信号。MAX1402 便是这种新一代 A/D 转换器的一个范例,大多数信号处理功能已被集成于芯片内部,可视为一个片上系统,如图 4-7-3 所示。该器件在 480 次/秒工作速率下可提供 16bit 精度,4800 次/秒时精度达 12bit,该芯片在工作模式下仅消耗电流 250μA,在掉电模式下仅消耗电流 2μA。信号通道包含一个灵活的输入多路复用器,可被设置为 3 路全差分信号或 5 路伪差分信号、2 个斩波放大器、1 个可编程增益放大器(programmable gain amplifier,PGA)(增益为 1~128)、1 个用于消除系统偏移的粗调 D/A 转换器和 1 个二阶∑-Δ 型 A/D 转换器。调制器产生的 1bit 数据流被送往一个集成的数字滤波器进行精处理(配置为 SINC1 或 SINC3)。转换结果可通过 SPITM/QSPITM 兼容的三线串行接口读取。另外,该芯片还包含:2 个全差分输入通道,用于系统校准(失调和增益);2 个匹配的 200μA 电流源,用于传感器激励(如可用于 3 线/4 线电阻式温度检测器);2 个"泵出"电流,用于检测选定传感器的完整性。通过串行接口访问器件内部的 8 个片内寄存器,可对器件的工作模式进行编程。输入通道可以在外部命令的控制下进行采样或者连续采样,通过 SCAN 控制位设定,转换结果中附加有 3bit"通道标识"位,用来确定输入通道。

1. 热电偶测量及冷端补偿

如图 4-7-3 所示,在本应用中,MAX1402 工作在缓冲方式,以便允许在前端采用比较大的去耦电容(用来消除热电偶引线拾取的噪声)。为适应输入缓冲器的共模范围,采用参考电压对 AIN2 输入加以偏置。在使用热电偶测温时,要获得精确的测量结果,必须进行冷端补偿。

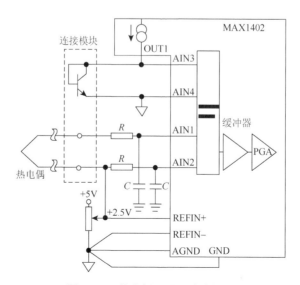

图 4-7-3　热电偶测量及冷端补偿

2. 智能 4~20mA 变送器

老式的 4~20mA 变送器采用一个现场安装的敏感元件感测一些物理信息，如压力或温度等，然后产生一个正比于待测物理量的电流，电流的变化范围标准化为 4~20mA。电流环具有很多优点：测量信号对于噪声不敏感；可以方便地进行远端供电。第二代 4~20mA 变送器在远端进行一些信号处理，通常采用微控制器和数据转换器，如图 4-7-4 所示。

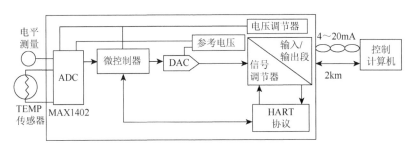

图 4-7-4   智能 4~20mA 变送器

这种变送器首先将信号数字化，然后采用微控制器内置的算法进行处理，对增益和零点进行标准化，对传感器进行线性化，最后将信号转换到模拟域，作为一个标准电流通过环路传送。第三代 4~20mA 变送器"灵巧且智能"，实际上是在前述功能的基础上增加了数字通信（和传统的 4~20mA 信号共用同一条双绞线）。利用通信信道可以传送一些控制和诊断信号。MAX1402 这样的低功耗器件对于此类应用非常适合，250μA 的功耗可以为变送器中的其余电路节省出可观的功率。智能变送器所采用的通信标准是 HART 协议。这是一种基于 Bell 202 电信标准的通信协议，工作于频移键控（frequency shift keying，FSK）方式。数字信号由两种频率组成——1200Hz 和 2200Hz，分别对应于数码 1 和 0。两种频率的正弦波叠加在直流模拟信号上，通过同一条电缆同时传送。因为 FSK 信号的平均值总是零，因此 4~20mA 模拟信号不会受到影响。在不干扰模拟信号的前提下，数字通信信号具有每秒更新 2~3 个数据的响应速度。通信所需的最小环路阻抗是 23Ω。

4.8   数据采集系统设计

系统总方案设计是系统设计的关键，它直接影响系统的技术先进性、经济指标和性能价格比。在进行总体方案设计时，应与熟悉工艺的技术人员密切协作，充分了解测控对象及其工艺技术要求，调查当前国内外水平和发展趋势，进行多种方案比较和可行性论证，以确定最佳方案。通常，在总体方案设计中，应确定技术指标，合理配置系统，恰当安排软件、硬件功能。

1. 键盘、显示接口芯片 8279

集成芯片 8279 就是如上所述的一种功能较完善的键盘接口电路，它还具备显示接口的功能。8279 芯片作为通用接口电路，一方面接收来自键盘的输入数据并进行预处理，另一方面实现对显示数据的管理和对数码显示器的控制。

8279 的引脚功能如图 4-8-1 所示。它的读写信号 $\overline{\text{RD}}$、$\overline{\text{WR}}$、片选信号 $\overline{\text{CS}}$、复位信号 RESET、同步时钟信号 CLK 及数据总线 D0～D7 均能与 CPU 相应的引脚直接相连。C/$\overline{\text{D}}$（A0）端用于区别数据总线上所传递的信息是数据还是命令字。IRQ（interrupt request）为中断请求端，通常在键盘有数据或传感器（通断）状态改变时产生中断请求信号。SL0～SL3 是扫描信号输出线，RL0～RL7 是回馈信号线。OUTB0～OUTB3、OUTA0～OUTA3 是显示数据的输出线。$\overline{\text{BD}}$ 为消隐端，在更换数据时，其输出信号可使显示器关闭。

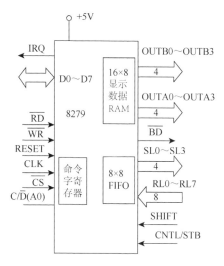

图 4-8-1　8279 引脚功能图

（1）数据输入有三种方式可供选用：键扫描方式、传感器扫描方式和选通输入方式。

采用键扫描方式时，扫描线为 SL0～SL3，回馈线为 RL0～RL7。每按下一键，便由 8279 自动编码，并送入先进先出（first in first out，FIFO）堆栈，同时产生中断请求信号 IRQ。键的编码格式为

D7	D6	D5	D3 D2 D0
CNTL	SHIFT	扫描行序号	回馈线（列）序号

如果芯片的控制端 CNTL 和换挡端 SHIFT 接地，则编码的最高两位均取"0"，例如，被按下键的位置在第 2 行（扫描行序号为 010），且与第 4 列回馈线（列序号为 100）相交，则该键所对应的代码为 00010100，即 14H。

8279 的扫描输出有两种方式：译码扫描和编码扫描。译码扫描，即 4 条扫描线在同一时刻只有一条是低电平，并且以一定的频率轮流更换。如果用户键盘的扫描线多于 4，则可采用编码输出方式。此时 SL0~SL3 输出的是从 0000~1111 的二进制计数代码。在编码扫描时，扫描输出线不能直接用于键盘的扫描，而必须经过低电平有效输出的译码器。例如，将 SL0~SL2 输入通用的 3-8 译码器（74LS138）即可得到直接可用的扫描线（由 8279 内部逻辑所决定，不能直接用 4-16 译码器对 SL0~SL3 进行译码，即在编码扫描时，SL3 仅用于显示器，而不能用于键扫描）。

暂存于 FIFO 中的按键代码，在 CPU 执行中断处理子程序时取出；数据从 FIFO 取走后，中断请求信号 IRQ 将自动撤销。在中断子程序读取数据前，下一个键被按下，则该键代码自动进入 FIFO，FIFO 堆栈由 8 个 8 位的存储单元组成，它允许依次暂存 8 个键的代码。这个栈的特点是先进先出，因此，由中断子程序读取的代码顺序与键被按下的次序相一致。当 FIFO 中的暂存数据多于一个时，只有在读完（每读一个数据，则它从栈顶自动弹出）所有数据时，IRQ 信号才会撤销。虽然键的代码暂存于 8279 的内部堆栈，但 CPU 从栈内读取数据时只能用"输入"或"取数"指令而不能用"弹出"指令，因为 8279 芯片在微机系统中是作为 I/O 接口电路而设置的。

工作在传感器扫描方式时，将对开关列阵中每一个节点的通、断状态（传感器状态）进行扫描，并且当列阵（最多是 8×8 位）中的任何一位发生状态变化时，便自动产生中断信号 IRQ。此时，FIFO 的 8 个存储单元用于寄存传感器的现时状态，称为状态存储器。其中，存储器的地址编号与扫描线的顺序一致。中断处理子程序将状态存储器的内容读入 CPU，并与原有的状态比较后，便可由软件判断哪一个传感器的状态发生了变化，所以，8279 用来检测开关（传感器）的通断状态是非常方便的。

在选通输入方式工作时，RL0~RL7 与 8255 的选通并行输入端口的功能完全一样。此时，CNTL 端作为选通信号 STB 的输入端，STB 为高电平有效。

此外，在使用 8279 时，不必考虑按键的抖动和串键问题。因为在芯片内部已设置了消除触头抖动和串键的逻辑电路，这给使用带来了很大方便。

（2）显示输出 8279 内部设置了 16×8 显示数据存储器（RAM），每个单元寄存一个字符的 8 位显示代码。8 个输出端与存储单元各位的对应关系为

D7	D6	D5	D4	D3	D2	D1	D0
A3	A2	A1	A0	B3	B2	B1	B0

A3~A0、B3~B0 分时送出 16 个（或 8 个）单元内存储的数据，并在 16 个显示器上显示出来。显示器的扫描信号与键盘输入扫描信号是公用的，当实际的数码显示器多于 4 个时，必须采用编码扫描输出，经过译码器后，方能用于显示器的扫描。

显示数据经过数据总线 D7~D0 及写信号 $\overline{WR}$（同时 $\overline{CS}=0$，$C/\overline{D}=0$），可以分别写入显示存储器的任何一个单元。一旦数据写入后，8279 的硬件便自动管理显示存储器的输出及同步扫描信号。因此，对操作者仅要求完成向显示存储器写入信息的操作。

8279 的显示管理电路也可在多种方式下工作，如左端输入、右端输入、8 字符显示、

16 字符显示等。各种方式的设置将在后面加以说明。

（3）命令字格式及含义、8279 的工作方式是由各种控制命令决定的。CPU 通过数据总线向芯片传送命令时，应使 $\overline{WR}=0$、$\overline{CS}=0$ 及 $C/\overline{D}=1$。

①键盘、显示器工作模式设置命令。

编码格式为

D7							D0
0	0	0	D1	D0	K2	K1	K0

命令字节的最高 3 位 000 是本命令的特征码（操作码）。D1、D0 决定显示方式，其定义如下：

D1	D0	显示管理方式
0	0	8 字符显示，左端输入
0	1	16 字符显示，左端输入
1	0	8 字符显示，右端输入
1	1	16 字符显示，右端输入

8279 可外接 8 位或 16 位的 LED 显示器，每一位显示器对应一个 8 位的显示 RAM 单元。显示 RAM 中的字符代码与扫描信号同步地依次送上输出线 A3～A0、B3～B0。当实际的数码显示器少于 8 位时，也必须设置 8 字符或 16 字符显示模式之一。如果设置 16 字符显示，显示 RAM 中从"0"单元到"15"单元的内容同样依次轮流输出，而不管扫描线上是否有数码显示器存在。

左端输入方式是一种简单的显示模式，显示器的位置（最左边由 SL0 驱动的显示器为零号位置）编号与显示 RAM 的地址一一对应，即显示 RAM 中"0"地址的内容在"0"号（最左端）位置显示。CPU 依次从"0"地址或某一地址开始将字符代码写入显示 RAM。地址大于 15 时，再从 0 地址开始写入。写入过程如下：

		0	1		14	15	
第 1 次写入 X1		X1					

		0	1				
第 2 次写入		X2	X2			X2	

		0					1
第 16 次写入		X1	X2		X1	X1	X16

		0					1
第 17 次写入		X1	X2		X1	X1	X17

右端输入方式也是一种常用的显示方式，一般的电子计算器都采用这种方式。从右端输入信息与前者比较，一个重要的特点是显示 RAM 的地址与显示器的位置不是一一对应的，而是每写入一个字符，左移一位，显示器最左端的内容被移出丢失。写入过程如下：

	1	2	14	15	0←显示 RAM 地址
第 1 次写入 X1					X1

	2	3	15	0	1
第 2 次写入 X2				X1	X2

······

	0	1	13	14	15
第 16 次写入 X16	X1	X2	X1	X1	X1

	1	2	14	15	0
第 1 次写入 X1	X2	X2	X1	X1	X1

K2、K1、K0 用于设置键盘的工作方式，定义如下：

K2	K1	K0	数据输入及扫描方式
0	0	0	编码扫描，键盘输入，两键互锁
0	0	1	译码扫描，键盘输入，两键互锁
0	1	0	编码扫描，键盘输入，多键有效
0	1	1	译码扫描，键盘输入，多键有效
1	0	0	编码扫描，传感器列阵检测
1	0	1	译码扫描，传感器列阵检测
1	1	0	选通输入，编码扫描显示器
1	1	1	选通输入，译码扫描显示器

键盘扫描方式中，两键互锁是指当被按下键未释放前，第二键又被按下时，FIFO 堆栈仅接收第一键的代码，第二键作为无效键处理。如果两个键同时按下，则后释放的键为有效键，而先释放键作为无效键处理。多键有效方式是指当多个键同时按下时，所有键依扫描顺序被识别，其代码依次写入 FIFO 堆栈。虽然 8279 具有两种处理串键的方式，但通常选用两键互锁方式，以消除多余的被按下的键所带来的错误输入信息。

RESET 信号自动设置编码扫描，键盘输入（两键互锁），左端输入 16 字符显示，该信号的作用等效于编码为 08H 的命令。

②扫描频率设置命令。

编码格式为

D7   D0

0	0	1	P4	P3	P2	P1	P0

最高 3 位 001 是本命令的特征码。P4P3P2P1P0 取值为 2～31，它是外接时钟的分频系数，经分频后得到内部时钟频率。在接到 RESET 信号后，如果不发送本命令，分频系数取值为 31。

③读 FIFO 堆栈的命令。

编码格式为

D7   D0

0	1	0	AI	×	A2	A1	A0

最高 3 位 010 是本命令的特征码。在读 FIFO 之前，CPU 必须先输出这条命令。8279接收到本命令后，CPU 执行输入指令，从 FIFO 中读取数据。地址由 A2A1A0 决定，例如，A2A1A0 = 0H，则输入指令执行的结果是将 FIFO 堆栈顶（或传感器列阵状态存储器）的数据读入 CPU 的累加器。AI 是自动增 1 标志，当 AI = 1 时，每执行一次输入指令，地址 A2A1A0 自动加 1。显然，键盘输入数据时，每次只需从栈顶读取数据，故AI 应取 0。如果数据输入方式为检测传感器列阵的状态，则 AI 取 1，执行 8 次输入指令，依次把 FIFO 的内容读入 CPU。利用 AI 标志位可省去每次读取数据前都要设置读取地址的操作。

④读显示 RAM 的命令。

编码格式为

D7   D0

0	1	1	AI	A3	A2	A1	A0

最高 3 位 011 是本命令的特征码。在读显示 RAM 之前，CPU 必须先输出这条命令。8279 接收到本命令后，CPU 执行输入指令，从显示 RAM 读取数据。A3A2A1A0 是用于区别该 RAM 的 16 个地址，AI 是地址自动增 1 标志。

⑤写显示 RAM 的命令。

编码格式为

D7   D0

1	0	0	AI	A3	A2	A1	A0

最高 3 位 100 是本命令的特征码。在将数据写入显示 RAM 之前，CPU 必须先输出这条命令。命令中的地址码 A3A2A1A0 决定 8279 芯片接收来自 CPU 的数据存放在显示RAM 的哪个单元。AI 是地址自动增 1 标志。

⑥清除命令。

编码格式为

D7							D0
1	0	0				CF	CA

最高 3 位 110 是本命令的特征码。CD2、CD1、CD0 用来设定清除显示 RAM 的方式，定义如下：

CD2	CD1	CD2	清除方式
1	0	×	显示 RAM 所有单元均置 "0"
	1	0	显示 RAM 所有单元均置 "20H"
	1	1	显示 RAM 所有单元均置 "1"
0	×	×	不清除（CA = 0 时）

CF = 1，清除 FIFO 状态标志，FIFO 被置成空状态（无数据），并复位中断输出 IRQ。CA 是总线的特征位，CA = 1，清除 FIFO 状态和显示 RAM（方式仍由 CD1、CD0 确定）。

清除显示 RAM 大约需 160 μs，在此期间 CPU 不能向显示 RAM 写入数据。

⑦状态字。

8279 的状态字用于数据输入方式，指出堆栈 FIFO 中的字符个数以及是否出错。状态字格式如下：

D7							D0
DU	S/E	O	U	F	N2	N1	N0

N2N1N0 表示 FIFO 中数据的个数。

当 F = 1 时，表示 FIFO 已满（存有 8 个键入数据）。

在 FIFO 中没有输入字符时，CPU 读 FIFO，则 U 标志位置 "1"。

当 FIFO 已满，又输入一个字符时，发生溢出，则 O 标志位置 "1"。

S/E 用于传感器扫描方式，几个传感器同时闭合时置 "1"。

在清除命令执行期间 DU 为 "1"，此时对显示 RAM 写操作无效。

2. 键盘、显示器与 8279 的接口及程序

图 4-8-2 为 8279 与 4×8 键盘、8 位显示器以及 8031 的接口逻辑。图中键盘的行线接 8279 的 RL0～RL3。SL0～SL2 经 74LS138（1）译码，输出为键盘的 8 条列线，SL0～SL2 又由 74LS138（2）译码，并经 75451 驱动后，输出到各位显示器的公共阴极。控制 74LS138（2）的译码，当位切换时，输出低电平，使译码器输出全为高电平。

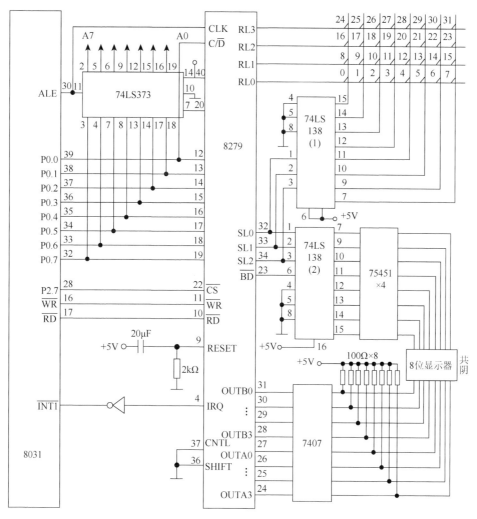

图 4-8-2 键盘、显示器与 8279 接口逻辑

根据图 4-8-2，可用 MCS-51 汇编语言编制如下程序。

初始化程序：

```
INIT:   MOV     DPTR,#7FFFH
        MOV     A,#0D1H
        MOVX    @DPTR,A          ;清 8279 FIFO 堆栈和显示 RAM

        MOV     A,#00H
        MOVX    @DPTR,A          ;设置编码扫描、8 字符显示、左端输入方式
        MOV     A,#2AH
        MOVX    @DPTR,A          ;设置扫描频率
        SETB    EA
        SETB    EX1              ;允许外部中断请求中断
```

键输入中断服务程序：

```
KINT:    PUSH     PSW
PUSH     DPH
PUSH     DPL
PUSH     ACC            ;现场保护
MOV      DPTR,#7FFFH
MOV      A,#40H
MOVX     @DPTR,A        ;读 FIFO 堆栈命令→8279
MOV      DPTR,#7FFFH
MOVX     A,@DPTR        ;读键输入值
MOV      B,A
POP      ACC
POP      DPL
POP      DPH
POP      PSW            ;恢复现场
RETI
```

显示子程序：

```
DISPL:    MOV      DPTR,#7FFFH
MOV      A,#90H
MOVX     @DPTR,A    ;写显示 RAM 命令→8279
MOV      R0,#78H    ;置显示数据指针
MOV      R7,#08H    ;置长度计数器初值
MOV      DPTR,#7FFEH
DISPL1:  MOV      A,@R0       ;取显示数据
ADD      A,#05H
MOVC     A,@A + PC    ;取 7 段码
MOVX     @DPTR,A      ;写入显示 RAM
INC      R0
DJNZ     R7,DISPL1
RET
SEGPT:DB       3FH,06H,5BH,4FB,66H,……
```

参 考 文 献

[1] 孙德文. 微型计算机技术[M]. 2 版. 北京：高等教育出版社，2005.

[2] 孙传友，孙晓斌，汉泽西，等. 测控系统原理与设计[M]. 北京：北京航空航天大学出版社，2002.

[3] 童诗白，华成英. 模拟电子技术基础[M]. 3 版. 北京：高等教育出版社，2001.

[4] 阎石. 数字电子技术基础[M]. 3 版. 北京：高等教育出版社，1989.

[5] 赛尔吉欧· 佛朗哥. 基于运算放大器和模拟集成电路的电路设计[M]. 2 版. 刘树棠，朱茂林，荣玫，译. 西安：西安交

通大学出版社，2009.

[6]　冯江涛. 计算机控制技术与系统[M]. 中国电力出版社，2017.

[7]　林立，张俊亮. 单片机原理及应用：基于 Proteus 和 Keil C[M]. 3 版. 北京：电子工业出版社，2014.

[8]　Boylestad R L. 电路分析导论（原书第 12 版）（国外电子与电气工程技术丛书）[M]. 北京：机械工业出版社，2014.

第5章 模拟量与开关量（数字量）输出通道设计

将模拟量转换为数字量的过程称为模/数（A/D）转换，完成这一转换的器件称为模/数转换器（ADC）；将数字量转换为模拟量的过程称为数/模（D/A）转换，完成这一转换的器件称为数/模转换器（DAC）。

D/A 转换和 A/D 转换是计算机与外部世界联系的重要接口。在实际的系统中，有模拟和数字两种最基本的量。当用微型计算机构成一个数据采集系统或过程控制系统时，所采集的信号或控制对象往往是外部世界的模拟量，如温度、压力、电压、电量等，由于计算机只能运算和加工数字量，所以首先要经过 A/D 转换，以便计算机接收处理。微型计算机监视和控制的各种参数，首先要用传感器把各种物理参数（温度、压力）测量出来，转换为电信号，再经过 A/D 转换，送出计算机；微型计算机对各种信号计算、加工处理后，经过 D/A 转换才能去控制和驱动执行机构，达到控制的目的。

5.1 模拟量输出与接口

在控制系统中，模拟量输入通道主要是把系统检测到的模拟信号转换成计算机识别的二进制数字信号。其组成由信号调理变换电路、多路转换器、采样/保持器、A/D 转换器、接口及控制逻辑等组成，组成框图如 5-1-1 所示[1]。

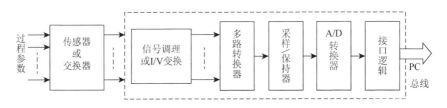

图 5-1-1 模拟量输入通道组成框图

模拟量输出通道是在计算机控制系统中实现控制输出的主要手段，其任务是把计算机输出的数字形式的控制信号变成模拟的电压、电流信号，驱动相应的执行部件，从而完成计算机的控制目标，其结构图如图 5-1-2 所示。显然，模拟量输出通道的关键部分是 A/D 转换器。

图 5-1-2 模拟量输出通道组成框图

5.1.1　信号调理电路

信号调理电路主要是将非电量和非标准的电信号转换成标准的电信号，所用的方法有非电量的转换、信号的变换、放大、滤波、线性化、共模抑制及隔离等。信号调理电路是传感器和 A/D 转换器之间以及 D/A 转换器和执行之间的桥梁，也是计算机控制系统的重要组成部分[2]。

模拟量的输入信号主要来自传感器的信号和变送器的输出信号两类。因此，根据传感器输出的信号、变送器输出的信号及 A/D 转换器的具体情况，信号调理电路的设计也有所不同。

1. 传感器输出信号

电压信号：一般为 mV 或 μV 信号。
电阻信号：单位为Ω，如热电阻信号，通过电桥转换成 mV 信号。
电流信号：一般为 mA 或 μA 信号。

2. 变送器输出信号

电流信号：一般为 0～10mA 或 4～20mA。
电压信号：一般为 0～5V 或 1～5V 信号。

对于这些较小的信号不能直接送入 A/D 转换器中，必须经过模拟输入通道的放大器放大后，变换成标准的电压信号（如 0～5V，1～5V，0～10V，–5～＋5V 等），再经过滤波后才能送入 A/D 转换器中。对于电流信号应该通过 I/V（电流/电压）变换电路，先将电流信号转换成电压信号，再经滤波后送入 A/D 转换器。

3. 非电信号的检测——不平衡电桥

将电感、电阻、电容等参数的变化变换为电流或电压输出的测量电路称为电桥。其具有测量范围广、灵敏度高、容易实现温度补偿等优点。

4. I/V 变换电路

I/V 变换电路主要分为无源 I/V 变换电路和有源 I/V 变换电路。

（1）无源 I/V 变换电路。无源 I/V 变换电路如图 5-1-3（a）所示，R_2 为精密电阻，电流信号通过该电阻后转变为电压信号。根据输入电流大小，R_1 选取不同的阻值。当电流为 0～10mA 时，$R_1 = 100\Omega$，$R_2 = 500\Omega$，此时输出电压为 0～5V；当电流为 4～20mA 时，$R_1 = 100\Omega$，$R_2 = 250\Omega$，此时输出电压就为 1～5V。

（2）有源 I/V 变换电路。有源 I/V 变换电路如图 5-1-3（b）所示。通过同相放大电路，电阻 R_1 上的输入电压转变成标准的输出电压。这里的 R_1 应该选择精密电阻。该放大器的放大倍数为

$$A_V = 1 + \frac{R_4}{R_3}$$

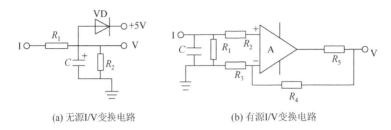

(a) 无源I/V变换电路　　　　　　　　　(b) 有源I/V变换电路

图 5-1-3　I/V 变换电路

5. 前置放大电路

前置放大器主要的任务是将模拟小信号放大到 A/D 转换器的量程范围内（一般为 0~5V）。它一般分为固定增益放大器和可变增益放大器两种，前者适用于信号范围固定的传感器，后者适用于信号范围不固定的传感器。

5.1.2　多路转换器和反多路转换器

多路转换器和反多路转换器是数字电路中常见的两种组合逻辑电路。它们在数字信号处理中具有重要的作用，可以对多个输入信号进行选择、分配、复用等操作。

多路转换器又称多路开关，是用以切换模拟电压信号的关键元件。当需要检测多个输入信号时，利用多路开关可将各个输入信号依次或随机地接到公用放大器或 A/D 转换器上，实现各个输入通道的分时控制。多路转换器是多口电子量具接口，可用来将多个量具设备汇总到计算机上的一个串行通信接口。

输出通道时，由 D/A 转换成的模拟信号按一定顺序输出到多个控制回路，实现一到多的转换，根据输入地址代码的不同状态，把输入信号送到指定输出端的组合逻辑电路，称为反多路开关或多路分配器。

5.1.3　采样与量化

由测量装置所测得的模拟信号，经过 A/D 转换器进行编码，转换成计算机通用的数字信号。

在计算机控制系统中，常用的有三种信号。

（1）模拟信号：把在时间和幅值上均连续取值而不发生突变的信号称为模拟信号，一般用十进制数表示，它是控制对象的信号。

（2）离散模拟信号：把在时间上不连续，而在幅值上连续取值的信号称为离散模拟信号。它是信号变换过程中需要的中间信号。

（3）数字（离散）信号：把在时间和幅值上均不连续取值的信号称为数字信号，一般用二进制代码形式表示。它是计算机需要的信号。

计算机控制系统中，输入计算机和从计算机输出的信息转换如图 5-1-4 所示[3]。

图 5-1-4　计算机输入/输出的信息转换流程图

1. 采样过程

采样过程就是用采样开关将模拟信号按一定时间间隔抽样成离散模拟信号的过程，如图 5-1-5 所示。其中，T_s 为采样周期；K 为采样开关或采样器；τ 为采样宽度。

采样信号 $f^*(t)$ 是时间上离散、幅值上连续的脉冲信号，又称为离散模拟信号。

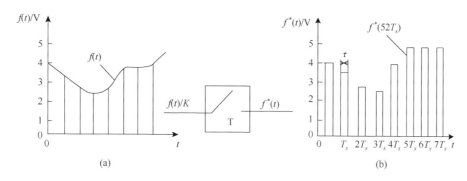

图 5-1-5　信号采样过程

采样过程必须遵从香农（Shannon）定理，如果随时间变化的模拟信号的最高频率为 $\omega_{\max}$，只要按照采样频率 $\omega_s \geqslant 2\omega_{\max}$ 进行采样，那么取出的样品系列 $f_1^*(t)$，$f_2^*(t),\cdots$ 就足以代表（或恢复）$f(t)$。

2. 量化过程

量化就是采用一组数码如二进制码来逼近离散模拟信号的幅值，将其转换为数字信号。将采样信号转换为数字信号的过程为量化过程，执行量化动作的装置是 A/D 转换器。

量化单位 q 是量化后二进制数的最低位所对应的模拟量的值。

设 $y_{\max}$ 和 $y_{\min}$ 为转换信号的最大值和最小值，则量化单位：

$$q = \frac{y_{\max} - y_{\min}}{2^{n-1}}$$

式中，n 为转换后二进制数的位数。

3. 采样/保持器

A/D 转换器需要一定的时间才能完成一次 A/D 转换，因此在进行 A/D 转换时，希望输入信号不再变化，以免造成转换误差。这样，就需要在 A/D 转换器之前加入采样/保持器（S/H）。如果输入信号变化很慢（如温度信号）或者 A/D 转换时间较快，使得 A/D 转换期间输入信号变化很小，在允许的 A/D 转换精度内不必再加采样/保持器。

（1）采样/保持器的工作原理。采样/保持器主要由模拟开关、保持电容 C 和缓冲放大器组成，如图 5-1-6 所示。

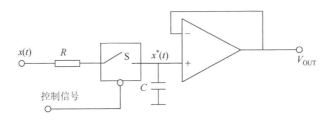

图 5-1-6　采样/保持器的原理图

采样/保持器有采样和保持两种工作状态。当控制信号为低电平时（采样状态），开关 S 闭合，输入信号通过电阻 R 向电容 C 快速充电，输入电压随着输入信号变化。当控制信号为高电平时（保持状态），开关 S 断开，由于电容 C 此时无放电回路，在理想情况下，输出电压的值等于电容 C 上的电压值。在采样期间，不启动 A/D 转换器，一旦进入保持期间，立即启动 A/D 转换器，从而保证 A/D 转换的模拟输入电压恒定，提高了 A/D 转换的精度。

（2）常用的采样/保持器。常用的采样/保持器集成电路有 AD582、AD583、AD585、AD346、THS-0025、LF198/298/398 等。以 LF398 为例，介绍集成电路采样/保持器的工作原理，其他的采样/保持器的工作原理与其大致相同。

LF398 是一种反馈型采样/保持器，也是比较常用的采样/保持器，与 LF398 结构相同的还有 LF198、LF298 等，都是由场效应管构成的，它们具有采样速率高、保持电压低、精度高等优点。其采样时间小于 10μs，保持电容为 1μF，下降速度为 5mV/min。它采用双电源供电，电源范围宽，为 ±5V 到 ±18V，并且它可以与 TTL、PMOS 和 CMOS 兼容。LF398 的组成原理图如图 5-1-7 所示。LF398 的引脚排列如图 5-1-8 所示。

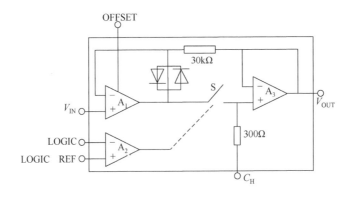

图 5-1-7　LF398 的组成原理图

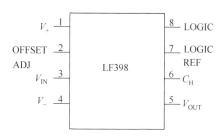

图 5-1-8　LF398 的引脚排列图

LF398 的各引脚功能如下：

（1）V_+、V_-：正负电源电压输入引脚，输入范围为±5V 到±18V。

（2）OFFSET、ADJ：偏置调整引脚。可用外接电阻调整采样/保持器的偏差。

（3）V_{IN}：输入引脚。

（4）V_{OUT}：输出引脚。

（5）C_H：保持电容引脚。用来外接保持电容。

（6）LOGIC REF：参考逻辑电平。

（7）LOGIC：输入控制逻辑。

由图 5-1-7 可知，LF398 由输入缓冲级（A_1）、输出驱动级（A_3）和控制电路（A_2 和 S）组成。运算放大器 A_1 和 A_3 均接成电压跟随器形式。当输入控制逻辑电平高于参考逻辑电平时，A_2 输出一个低电平信号，驱动开关 S 闭合，此时输入信号经 A_1 后进入 A_3，A_3 的输出跟随输入的电平信号使开关断开，以达到非采样时间内保持器仍保持原来输入的目的。因此，A_1 和 A_3 的作用主要是对保持电容输入和输出端进行阻抗变换，以提高采样/保持器的性能。

图 5-1-9 为 LF398 典型的电源和信号的接法。只要改变输入控制逻辑电平，即可控制采样/保持器的工作状态。当输入控制逻辑为高电平时，为采样状态，此时输出随着输入变化；当输入控制逻辑为低电平时，为保持状态，此时，输出保持不变。保持电容 C_H 可选用漏电流较小的聚苯乙烯电容、云母电容或聚氟乙烯电容。C_H 的数值直接影响采样时间及保持精度，为了提高精度，就需要增加保持电容 C_H 的容量，但 C_H 增大时又会使采样时间加长。因此，当精度要求不高（±1%）而速度要求较高时，C_H 可小至 100pF。当精度要求高（±0.01%）时，应选取 $C_H = 1000$pF。当 $C_H \geqslant 400$pF 时，采样时间 t_{AC} 与 C_H 有经验公式：$t_{AC} = C_H/40$。式中，C_H 为保持电容的容量，单位为 μF；t_{AC} 为采样时间，单位为 s。

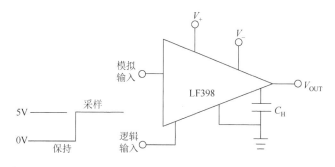

图 5-1-9　LF398 典型的电源和信号的接法

5.2　D/A 转换器及其应用

5.2.1　D/A 转换器

5.1 节介绍了 D/A 转换器的基本原理和 D/A 转换芯片，由前面可知，D/A 转换器通常是由输入的二进制数的各位控制一些开关，通过电阻网络，在运算放大器的输入端产生与二进制数各位的权成比例的电流，经过运算放大器相加和转换而成为与二进制数成比例的模拟电压[4]。

而为了实现 D/A 转换，还必须解决 D/A 转换器与系统的连接以及相应软件的搭配。如果 CPU 的输出数据要通过 D/A 转换变为模拟量输出，就要把 CPU 数据总线的输出连接到 D/A 转换器的数字输入上，使 CPU 能控制 D/A 转换器的工作。在连接时，需要考虑如何锁存数据总线上输入的数据。因为 CPU 每时每刻都在进行数据的加工和处理，它的数据总线的数据在不断变化，它输出给 D/A 转换器的数据只有几毫秒出现在数据总线上，而 D/A 转换器要求数据输入在转换期间要保持稳定，以便得到稳定的模拟输出，所以，必须加上一个数据锁存器，把 CPU 输出给 D/A 转换器的数据锁存起来，直至转换结束。CPU 与 D/A 转换器之间的数据缓冲方式不同，D/A 转换器与 CPU 连接时的方式也不同，通常有以下三种：直接与 CPU 相连接；外加三态缓冲器或数据锁存器，再与 CPU 相连接；外加并行 I/O 接口芯片，再与 CPU 相连接。具体采用哪种方式，主要取决于 D/A 转换器内部是否设置有三态输入锁存器。若有，则可以采用第一种相连的方式，此时 CPU 把 D/A 转换芯片当作一个并行输出端口；若无，则 CPU 把 D/A 转换芯片当作一个并行输出的外设，这时应该采用第二种或第三种接口方式，并且需要外加锁存器来保存 CPU 输出的数据。在实际使用时，不管 D/A 转换器内是否有数据锁存器，都利用 I/O 接口与 CPU 相连接，这样可以在时序配合和驱动能力上与 CPU 保持一致，使设计简化、调试方便，并且增加了系统的可靠性。

当 D/A 转换器的位数与微机系统的数据总线不一致时，需要分两次送出，相应的接口电路应设置两个锁存器，分别锁存高字节和低字节，并且两个锁存器必须同时选通，以便数据同时送到锁存器。由 D/A 转换器的工作原理可知，D/A 转换器工作时不需要应答信号，CPU 向 D/A 转换器传送数字量时不需要查询状态是否准备就绪，只要按照设定的端口地址直接把数据输出给 D/A 转换器即可，D/A 转换工作是自动完成的。因此，CPU 对 D/A 转换器的数据传送是一种无条件的传送，CPU 只要向 D/A 转换器执行一条输出指令，就可以获得一个给定的电流或电压输出。

1. 8 位 D/A 转换器与 CPU 的连接

一是 D/A 转换器内不带数据输入锁存器，这时 D/A 转换器不能直接与系统数据总线相连，必须在 D/A 转换器前面增加一个 8 位锁存器或并行 I/O 接口芯片，如图 5-2-1 所示，在 D/A 转换器前增加了一级 8 位锁存器 74LS273。图中译码器的输出指令往这个端口输出一个数据时，就可把累加器中的数据送入锁存器，这时，D/A 转换器输出端得到相应的模拟电压。

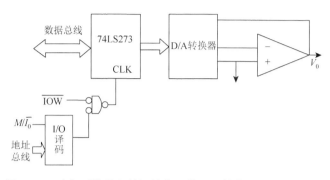

图 5-2-1　内部不带输入数据锁存器的 D/A 转换器与系统的连接

　　二是 D/A 转换器内带有输入锁存器，如 DAC0832、DAC1210 等，这时就不需要外接锁存器，可以直接与系统数据总线相连接。以 DAC0832 为例，说明 8 位 D/A 转换器与 CPU 的接口。DAC0832 内部含有输入数据锁存器，并且是两级锁存，在与 CPU 相连时，可以直接与数据总线相连，也可以通过并行接口（如 8255A）与 CPU 相连。DAC0832 在 CPU 控制下，一般有两种工作方式：单缓冲方式和双缓冲方式。

　　单缓冲方式工作时，一般将 XFER 和 $\overline{WR2}$ 端接数字地，使其内部的 DAC 寄存器处于直通方式，输入寄存器在 CPU 控制下处于锁存状态，如图 5-2-2 所示。在单缓冲方式下，设 DAC0832 的端口地址 PORT，这时，只需要执行一条输出指令 "MOV PORT, AL" 就可以启动 D/A 转换器，在其输出端得到模拟电压输出。

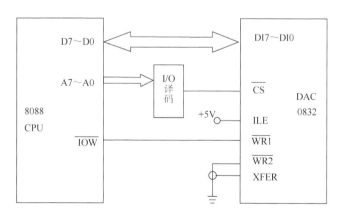

图 5-2-2　DAC0832 单缓冲方式接口框图

　　双缓冲方式工作时，输入数据要经过两级锁存。片内的两个寄存器要分别控制，因此要占用两个不同的端口地址，其接口框图如图 5-2-3 所示。在双缓冲方式下，需要执行两条输出指令才能启动 D/A 转换。设 DAC0832 的输入寄存器端口地址为 280H，DAC 寄存器的地址为 281H，则下面的程序段可完成一次数字量到模拟量的转换。

```
MOV        DX,280H      ;输入寄存器端口地址
OUT        DX,AL        ;打开输入寄存器、输入数据装入并锁存
INC        DX
OUT        DX,AL        ;打开 DAC 寄存器、数据通过、送去 D/A 转换
```

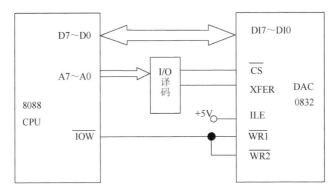

图 5-2-3　DAC0832 双缓冲方式接口框图

　　第二条 OUT 指令是打开 DAC0832 的 DAC 寄存器，使数据能够通过 DAC 寄存器送到 D/A 转换器进行转换。此时，AL 中是什么内容无关紧要，这条指令执行时实际上并无 CPU 的数据输出给 DAC 寄存器，仅是利用执行该指令产生的 I/O 写信号去控制打开 DAC 寄存器。

2. 8 位以上 D/A 转换器与 CPU 的连接

　　当要求 D/A 转换器的分辨率更高时，就需要用到 10 位、12 位甚至 16 位的 D/A 转换器。8 位以上的 D/A 转换器在与 CPU 连接时，由于转换器的数据位数与 CPU 的数据总线宽度不一致，这时必须把被转换的数据分两次送出，同时，也必须用两个锁存器来锁存完整的数字量。以 DAC1210 为例说明 12 位 D/A 转换器与 CPU 的连接。

　　DAC1210 是 12 位分辨率的 D/A 转换器，内部有两级锁存器，所以它可以直接与 CPU 相连接。这时必须注意：当 CPU 总线为 16 位时（如 8086CPU），必须将 DAC1210 的 12 位数据输入线 DI11～DI0 直接连到 CPU 数据总线的 D11～D0；当 CPU 是 8 位数据总线（如 8088CPU）时，必须将 DAC1210 输入数据总线的高 8 位 DI11～DI4 接到 CPU 数据总线的 D7～D0；低 4 位 DI3～DI0 接到 CPU 数据总线的 D7～D4。将 CPU 地址总线中的 A0 反相后接到 DAC 芯片的 BYTE1/BYTE2 端，$\overline{WR1}$ 和 $\overline{WR2}$ 直接与系统总线的 $\overline{IOW}$ 相连，设两个输入寄存器的端口地址为 320H（高 8 位）和 321L（低 4 位），DAC 寄存器的地址为 322H，则 DAC1210 与 8088 CPU 的接口如图 5-2-4 所示。

　　设输入的 12 位数据高 8 位存放在 DATA＋1 单元，则完成一次 D/A 转换的程序如下：

```
MOV DX,320H          ;DAC1210 高 8 位输入寄存器地址送 DX
MOV AL,DATA          ;高 8 位数据从内存送 AL
OUT DX,AL            ;高 8 位数据输出至 DAC1210 的输入寄存器
```

```
INC   DX                    ;低 4 位输入寄存器地址
MOV   AL,DATA+1             ;取低 4 位数据送 AL
MOV   CL,4
SHL   AL,CL                 ;将低 4 位数据移到 AL 中高 4 位
OUT   DX,AL                 ;低 4 位数据送入
INC   DX                    ;DX 位 DAC1210 的第二锁存器 DAC 寄存器端口地址
OUT   DX,AL                 ;送 12 位数据到 DAC 寄存器,启动 D/A 转换
......                      ;AL 中可为任意值
```

由图 5-2-4 可知，控制 DAC1210 的转换共用到 3 个 I/O 端口地址，它们由 I/O 端口地址译码形成。

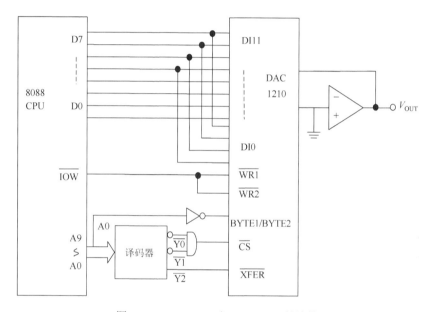

图 5-2-4　DAC1210 与 8088 CPU 的连接

5.2.2　D/A 转换器的应用

D/A 转换器被广泛地应用，本节主要将 D/A 转换器作为波形发生器，即利用 D/A 转换器产生各种波形，如方波、三角波、锯齿波等。其工作原理是：利用 D/A 转换器输出模拟量与输入数字量成正比的特点，将 D/A 转换器作为微机的输出接口，CPU 通过程序向 D/A 转换器输出随时间变化的数字量，则 D/A 转换器就可以输出不同的模拟量。通过示波器可以观察 D/A 转换器输出端口的各种波形。

如图 5-2-5 所示，为 DAC0832 产生的各波形的硬件连接图。图中利用 8255A 作为 CPU 与 DAC0832 之间的接口，并且 8255A 的 A 口作为数据输出口，变化的数据通过 A 传到 DAC0832，C 口的 PC4～PC0 作为控制信号来控制 DAC0832 的数据锁存和转换操作。设 8255A 的端口地址分别为 3F0H～3F3H。

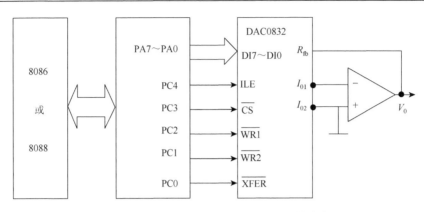

图 5-2-5　用 DAC0832 作波形发生器的硬件连接图

通过不同的程序,可以在 V_0 端得到不同的输出波形。

初始化:

```
        MOV   DX,3F3H      ;8255A 控制端口地址
        MOV   AL,80H       ;设置 8255A 方式字,A,B,C 口均为方式 0 输出
        OUT   DX,AL
        MOV   DX,3F2H      ;8255A 的 C 口地址
        MOV   AL,10H       ;设置 DAC0832 为直通方式
        OUT   DX,AL
```

生成锯齿波:

```
        MOV   DX,3F0H      ;8255A 端口地址
        MOV   AL,00H       ;输出数据初值
L:      OUT   DX,AL        ;锯齿波输出
        INC   AL           ;修改数据
        JMP   L            ;循环输出锯齿波
```

生成三角波:

```
        MOV   DX,3F3H      ;8255A 控制端口地址
        MOV   AL,80H       ;8255A 方式字
        OUT   DX,AL
        MOV   DX,3F0H      ;8255A 的 C 口地址
        MOV   AL,10H       ;将 DAC0832 设置为直通方式
        OUT   DX,AL
L1:     MOV   DX,3F0H      ;设置 8255A 的 A 口地址
        MOV   AL,00H       ;三角波正向初值
L2:     OUT   DX,AL
        INC   AL
        JNZ   L2
        MOV   AL,0FFH      ;三角波负向初值
```

```
L3:     OUT  DX,AL
        DEC  AL
        JNZ  L3
        JMP  L1
```

根据类似方法可以生成方波和梯形波，方波的宽度可以用延时程序来实现。

5.3　开关量（数字量）输出与接口

5.3.1　开关量输入回路

开关量类型：①安装在装置面板上的触点；②从装置外部经过端子排引入装置的触点。开关量输入回路如图 5-3-1 所示。

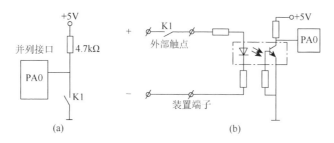

图 5-3-1　开关量输入回路

5.3.2　开关量输出回路

对断路器、隔离开关的分、合闸控制和对主变压器分接开关位置的调节命令，以及告警与巡检中断都是通过开关量输出接口电路去驱动继电器，再由继电器的辅助触点接通跳、合闸回路或主变压器分接开关控制回路而实现的。输出电路一般都采用并行接口的输出来控制有触点继电器的方法，但为提高抗干扰能力，最好也经过一级光电隔离。开关量输出回路如图 5-3-2 所示。

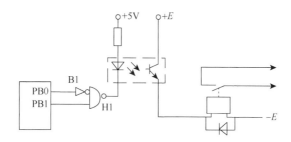

图 5-3-2　开关量输出回路

PB0 输出"0"，PB1 输出"1"，便可使与非门 H1 输出低电平，光敏三极管导通，继电器 K 被吸合。在初始化和需要继电器 K 返回时应使 PB0 输出"1"，PB1 输出"0"。

5.4　半导体存储器接口的基本技术

5.4.1　半导体存储器的分类

在现代计算机中，内存都是由半导体存储器组成的。半导体存储器的特点如下。

（1）速度快。存取时间可为纳秒级。

（2）集成化。不仅存储单元所占的空间小，而且译码电路和缓冲寄存器，以及存储单元都制作在统一芯片中，体积特别小。

（3）非破坏性读出。特别是半导体静态存储器，不仅读操作不破坏原来的信息，而且不需要再生，这样既缩短了读写周期，也简化了操作控制。

半导体存储器按存储信息的特性可分为 RAM 和 ROM 两类。

1. RAM 与 ROM

RAM（随机存储器）又称为读写存储器，它在计算机基本读、写周期内可完成读或写数据的操作。ROM（只读存储器）在计算机基本读周期内可完成数据的读操作，但不具备数据写入功能，或不能在计算机基本写周期内完成写操作。换言之，RAM 可以"随时"进行读、写操作，而 ROM 只能"随时"读出数据，不能写入或不能"随时"写入数据（即写入操作需较长的时间）。

对于有些种类的 ROM 而言，可以在脱机状态或较慢的速度下将数据写入芯片，这种写入过程被称为对 ROM 芯片的编程。

ROM 中存储的信息具有非易失性，芯片断电后所存的信息不会改变和消失。而 RAM 必须保持供电，否则其保存的信息将消失。

目前，半导体存储器制造工艺主要可分为 NMOS、CMOS、TTL、ECL、砷化镓等。TTL 工艺制造的存储器速度较高，但功耗较大，集成度不高。ECL 存储器的优点是速度快，砷化镓的存储器更快，但功耗大、价格高、集成度低。以 CMOS 工艺制造的半导体存储器具有集成度高、功耗低的特点，读写速度达几纳秒至几十纳秒，随着工艺水平的提高，读写速度还在不断提高。以 CMOS 工艺制造的半导体存储器是应用得最多的半导体存储器。

2. RAM 的分类

静态 RAM（static RAM，SRAM）：SRAM 的记忆单元是具有两种稳定状态的触发器，以其中一个状态表示"1"，另一个状态表示"0"。SRAM 的读写次数不影响其寿命，可无限次读写。当保持 SRAM 的电源供给情况下，其内容不会丢失。但如果断开 SRAM 的电源，其内容将全部丢失。

动态 RAM（dynamic RAM，DRAM）：DRAM 的记忆单元是 MOS 管的栅极与衬底之间的分布电容，以该电容存储电荷的多少来表示"0"和"1"。DRAM 的 1bit 数据可由一个 MOS 管构成，因此具有集成度高、功耗低的特点。

　　DRAM 的一个缺点是需要刷新。芯片中存储的信息会因为电容的漏电而消失，因此应确保在信息丢失以前进行刷新.刷新就是对原来存储的信息重新写入，因此使用 DRAM 的存储体需要设置刷新电路。刷新周期随芯片的型号不同而不同，一般为 1ms 至几十毫秒。DRAM 的另一个缺点是速度比 SRAM 慢。

　　目前，PC 中的内存都采用 DRAM，它价格低、容量大、耗电少。为了弥补 DRAM 需设置刷新电路的缺点，人们又开发了能够自动刷新的 DRAM，芯片中集成了 DRAM 和自动刷新控制电路。

　　3. ROM 的分类

　　掩模 ROM：简称 ROM，是由芯片制造的最后一道掩模工艺来控制写入信息。因此，这种 ROM 的数据由生产厂家在芯片设计掩模时确定，产品一旦生产出来，其内容就不可改变。由于集成电路生产的特点，要求一个批次的掩模 ROM 必须达到一定的数量才能生产，否则将极不经济。掩模 ROM 既可用双极性工艺实现，也可以用 CMOS 工艺实现。掩模 ROM 的电路简单，集成度高，大批量生产时价格便宜。掩模 ROM 一般用于存放计算机中固定的程序或数据，如引导程序、BASIC 解释程序、显示、打印字符表、汉字字库等。

　　PROM（programmable ROM，可编程只读存储器）：可由用户一次性写入的 ROM。如熔丝 PROM，新的芯片中，所有数据单元的内容都为 1，用户将需要改为 0 的比特以较大的电流将熔丝烧断，即实现了数据写入。这种数据的写入是不可逆的，即一旦被写入 0 就不可能重写为 1。因此，熔丝 PROM 是一次性可编程的 ROM。

　　EPROM：可擦除的可编程只读存储器。如紫外线擦除型的可编程只读存储器，20 世纪 80 年代到 20 世纪 90 年代曾经广泛应用。这种芯片上有一个透明窗口，紫外线照射后能擦除芯片内的全部内容。当需要改写 EPROM 芯片的内容时，应先将 EPROM 芯片放入紫外线擦除器擦除芯片的全部内容，然后对芯片重新编程。

　　E^2PROM：也称为 EEPROM，是可以电擦除的可编程只读存储器，由于能以电信号擦除数据，并且可以对单个存储单元擦除和写入（编程），因此其使用十分方便，并可以实现系统的擦除和写入。

　　闪速存储器（flash memory）：新型非易失性存储器，在系统中电可重写。它与 E^2PROM 的一个区别是：E^2PROM 可按字节擦除和写入，而闪速存储器只能分块进行电擦除。目前，闪速存储器产品的容量比 E^2PROM 更大，价格更优，是一种很有前途的大容量存储器。

5.4.2　半导体存储器的主要技术指标

　　微型计算机内存由半导体存储器集成芯片构成，其主要技术指标如下。

　　1. 存储容量

　　存储容量是指存储器可容纳的二进制信息量。存储容量是表示存储器大小的指标，通常以存储器单元数与存储器字长之积表示。常用下面的公式来计算存储器芯片的容量：

$$芯片容量 = 存储器单元数 \times 存储器字长（即位数/基本单元）$$

例如，Intel 2114 容量为 1K×4 位芯片，即其中有 1024 个基本单元，每个基本单元是 4 位的，芯片内存储 4096 位二进制信息。

每个存储器单元可存储若干个二进制位，二进制位的长度称为存储器字长（位数/基本单元）。基本单元数取决于每片片内地址线数目，存储器字长与芯片外部的数据线相对应。每个存储器单元具有唯一的地址。因此，通常存储容量越大，地址线的位数越多。

由于存储器的容量一般都比较大，因此常以 K 表示 2^{10}，以 M 表示 2^{20}，G 表示 2^{30}。如 256KB 等于 $256 \times 2^{10} \times 8bit$，32MB 等于 $32 \times 2^{20} \times 8bit$。

2. 最大存取时间

从接收地址码、地址译码、选择存储单元，到该单元读/写操作完成所需要的总时间称为存取时间。存储器的存取时间越短，工作速度就越快，价格也越高。存储器厂家一般给出某种芯片的最长存取时间。设计计算机的存储器系统时，为读/写操作留出的时间应大于存储器最长存取时间，一般还应有一定的富余量以确保存储器读写操作的可靠性。

3. 功耗

存储器被加上的电压与流入的电流之积是存储器的功耗，它是指存储器工作时所消耗的功率。存储器的功耗又分为操作功耗和维持功耗（或备用功耗）。前者是存储器被选中进行其中某个单元的读/写操作时的功耗，后者是存储器未被选中时的功耗。当芯片被选中时，地址译码、读写控制等电路工作，有一个单元被选中作读或写操作，因此操作功耗比维持功耗高。

虽然存储器中的存储单元很多，但由于 CMOS 电路在不发生电平翻转时的功耗几乎为零，因此 CMOS 存储器的维持功耗很低。而 TTL 工艺的存储器虽然速度快，但功耗高，当需要的存储器容量大的时候，功耗就成为系统的一个严重问题。随着 CMOS 工艺水平的提高，其工作速度也进一步提高，能够满足系统的要求。因此，目前 CMOS 存储器已成为应用最多的存储器，TTL 工艺的存储器基本被淘汰。

一般功耗与存取速率成正比，速率越高，功耗越大。当前，高密度金属氧化物半导体技术制造的半导体存储器能在速率、功耗及容量三方面进行很好的折中。

4. 可靠性

为保证各种操作的正确运行，必须要求存储器系统具有很高的可靠性。可靠性一般是指存储器对温度、电磁场等环境变化的抵抗能力和工作寿命。存储器的可靠性用平均无故障时间（mean time between failures，MTBF）来表征。MTBF 表示两次故障之间的平均时间间隔。显然，MTBF 越长，意味着存储器可靠性越高，保持正确运行的能力越强。目前所用的半导体存储器由于采用大规模集成电路工艺，具有较高的可靠性。芯片的 MTBF 为 $5 \times 10^6 \sim 1 \times 10^8 h$。

5. 性能/价格比

"性能"主要包括存储容量、存取周期和可靠性等。性能/价格比是一项综合指标，对不同用途的存储器有不同的要求。例如，对外存，重点是要求存储容量大，对缓冲存储器的要求是工作速率快。因此，选用芯片时，在满足性能要求的条件下，尽量选用价格便宜的芯片。

5.4.3 三种常用半导体存储器芯片简介

SRAM 存储芯片主要有 Intel 2114（1K×4 位）、4118（1K×8 位）、6116（2K×8 位）、6264（8K×8 位）、62256（32K×8 位）等几种。DRAM 存储芯片主要有 2164（64K×1 位）、4164（64K×1 位）等几种。EPROM 芯片有 Intel 2716（2K×8 位）、2732（4K×8 位）、2764（8K×8 位）、27128（16K×8 位）、27256（32K×8 位）、27512（64K×8 位）等。下面详细介绍三种常用的半导体存储器芯片。

1. SRAM 芯片 HM6116

HM6116 是一种 2048×8 位的高速静态 CMOSRAM，其基本特征如下。

（1）高速度。存取时间为 100ns、120ns、150ns、200ns（分别以 6116-10、6116-12、6116-15、6116-20 为标志）。

（2）低功耗。运行时为 150mW，空载时为 100mW。

（3）与 TTL 兼容。

（4）引脚引出与标准的 2K×8 位的芯片（如 2716 芯片）兼容。

（5）完全静态。无须时钟脉冲与定时选通脉冲。

HM6116 的引脚排列如图 5-4-1 所示。

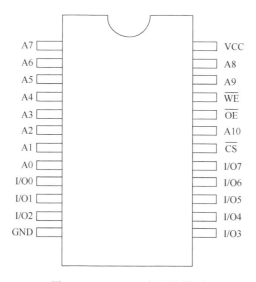

图 5-4-1 HM6116 的引脚排列

HM6116 的内部功能框图如图 5-4-2 所示。

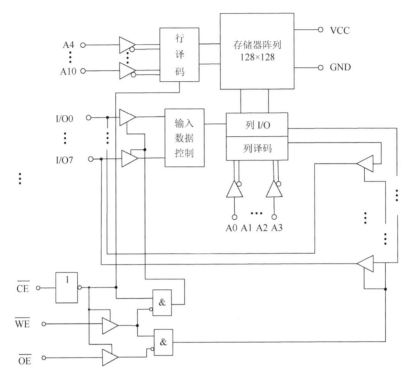

图 5-4-2　HM6116 的内部功能框图

　　HM6116 芯片的存储容量为 2K×8 位,片内有 16384(即 16K)个存储单元,排列成 128×128 的矩阵,构成 2K 个字,字长 8 位,可构成 2KB 的内存。该芯片有 11 条地址线,分成 7 条行地址线 A4～A10 和 4 条列地址线 A0～A3。一个 11 位地址码选中一个 8 位存储字,需有 8 条数据线 I/O0～I/O7 与同一地址的 8 位存储单元相连,由这 8 条数据线进行数据的写入与读出。

　　从图 5-4-1 可见,HM6116 的 24 个引脚中除 11 条地址线、8 条数据线、1 条电源线 VCC 和 1 条接地线 GND 外,还有 3 条控制线——片选信号 $\overline{\text{CE}}$、写允许信号 $\overline{\text{WE}}$ 和输出允许信号 $\overline{\text{OE}}$。这 3 个控制信号的组合控制 HM6116 芯片的工作方式,如表 5-4-3 所示。

表 5-4-1　HM6116 的工作方式

$\overline{\text{CE}}$	$\overline{\text{OE}}$	$\overline{\text{WE}}$	方式	I/O 引脚
H	×	×	未选中(待用)	高阻
L	L	H	读出	DOUT
L	×	L	写入	DIN

　　注:L——低电平,H——高电平,×——无关(可高可低)。

2. DRAM 芯片 Intel 2164A

Intel 2164A 是 64K×1 位的芯片，其基本特征如下。

（1）存取时间为 150ns、200ns（分别以 2164A -15、2164A -20 为标志）。

（2）低功耗。工作时，功耗最大为 275 mW，维持时，功耗最大为 27.5 mW。

（3）每 2ms 需刷新一遍，每次刷新 512 个存储单元，2 ms 内需有 128 个刷新周期。

Intel 2164A 的引脚排列如图 5-4-3 所示。

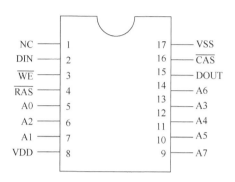

图 5-4-3　Intel 2164A 的引脚排列

Intel 2164A 的内部功能框图如图 5-4-4 所示。

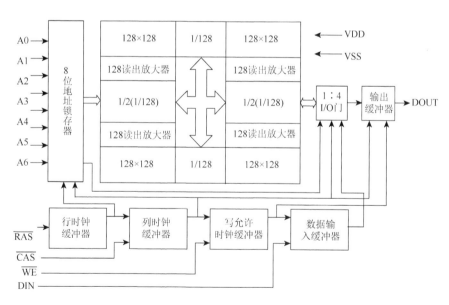

图 5-4-4　Intel 2164A 的内部功能框图

由图 5-4-4 可见，Intel 2164A 的片内有 64K（65536）个内存单元，有 64K 个存储地址，每个存储单元存储 1 位数据。片内要寻址 64K 个单元，需要 16 条地址线。为了减少封装引脚，地址线分为两部分——行地址和列地址。芯片的地址引脚只有 8 条，片内有地址锁存器，可利用外接多路开关，由行地址选通信号 $\overline{\text{RAS}}$ 将先送入的 8 位行地址送到片内行地址锁存器，然后由列地址选通信号 $\overline{\text{CAS}}$ 将后送入的 8 位列地址送到片内列地址锁存器。16 位地址信号选中 64K 个存储单元中的一个单元。

Intel 2164A 芯片中的 64K×1 位存储体由 4 个 128×128 的存储矩阵组成，每个 128×128 的存储矩阵由 7 条行地址和 7 条列地址进行选择。7 位行地址经过译码产生 128 条选择线，分别选择 128 行中的一行；7 位列地址经过译码产生 128 条选择线，分别选择 128 行中的一列。7 位行地址 RA0～RA6（即地址总线的 A0～A6）和 7 位列地址 CA0～CA6（即地址总线的 A8～A14）可同时选中 4 个存储矩阵中的各一个存储单元，然后由 RA7 与 CA7（即地址总线中的 A7 和 A15）经 1∶4 I/O 门电路选中 1 个单元进行读写。而刷新时，在送入 7 位行地址时选中 4 个存储矩阵的同一行，即对 4× 128＝512 个存储单元进行刷新。

Intel 2164A 的数据线是输入和输出分开的，由 $\overline{\text{WE}}$ 信号控制读写。当 $\overline{\text{WE}}$ 为高电平时，为读出，所选中单元的内容经过输出三态缓冲器从 DOUT 引脚读出；当 $\overline{\text{WE}}$ 为低电平时，为写入，DIN 引脚上的内容经过输入三态缓冲器对选中单元进行写入。

Intel 2164A 芯片无专门的片选信号，一般行地址选通信号和列地址选通信号也起到了片选的作用。与 Intel 2164A 有相同引脚的芯片有 MN 4164 等。

3. EPROM 芯片 Intel 2732A

Intel 2732A 是一种 4K×8 位的 EPROM，其存取时间为 250 ns 和 200 ns，在同 8086-2（8MHz）CPU 接口时，无须插入等待周期即可正常工作。Intel 2732A 的引脚排列和内部功能框图如图 5-4-5 所示。

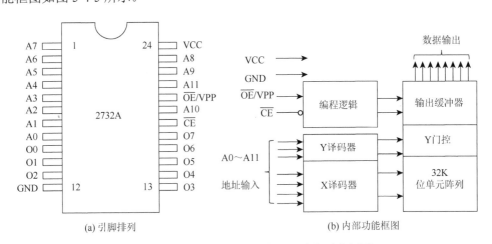

图 5-4-5　Intel 2732A 的引脚排列和内部功能框图

1）引脚功能

Intel 2732A 的存储容量为 4K×8 位，有 12 条地址线 A11～A0，8 条数据线 O7～O0。2 个控制信号中 $\overline{\text{CE}}$ 为芯片允许信号，用来选择芯片；$\overline{\text{OE}}$ 为输出允许信号，用来把输出数据送到数据线上。只有当这两条控制线同时有效时，才能从输出端得到读出的数据。

2）工作方式

Intel 2732A 有 6 种工作方式，分别为读方式、禁止输出方式、待用方式、编程方式、编程禁止方式、Intel 标识符方式。

（1）读方式。

Intel 2732A 有两个控制信号——$\overline{CE}$ 和 $\overline{OE}$，在地址信号稳定后，当 $\overline{CE}$ 和 $\overline{OE}$ 同时为低电平时，Intel 2732A 处于读方式。

（2）禁止输出方式。

当 $\overline{OE}$ 信号为高电平、$\overline{CE}$ 信号为低电平时，输出数据线呈高阻态，Intel 2732A 在逻辑上和数据总线脱开。

（3）待用方式。

当 $\overline{CE}$ 信号为 TTL 的高电平时，Intel 2732A 处于待用状态（又称为静止等待方式），这时输出端呈高阻态，且不受 $\overline{OE}$ 的影响。在待用方式下，工作电流从 125mA 降到 35mA。

（4）编程方式。

当 $\overline{OE}$/VPP 引脚加上 21V 电压时，Intel 2732A 为编程方式。为防止瞬时的高电压，应在 $\overline{OE}$/VPP 端与地址间接入一个 0.1μF 的电容。欲写入的数据以 8 位并行方式加到数据输出引脚上，地址和数据电平与 TTL 相同。

当地址和数据稳定后，一个 50ms、低电平有效的 TTL 编程脉冲必须加到 $\overline{CE}$ 端上，每个这样的脉冲控制向一个地址中写入一个 8 位数据。于是编程可在任何时刻以单地址、顺序多地址或随机地址的方式，在任意的位置上进行，编程脉冲最宽可以到 55ms。注意，用直流信号不能替代编程脉冲对 Intel 2732A 进行编程。

由于编程操作简单，对多个并联的 Intel 2732A 用同样的数据进行编程是很方便的，可把各个 Intel 2732A 的相同引脚连接起来，用低电平的 TTL 脉冲加到并联的 $\overline{CE}$ 上即可。

编程之后应检查编程的正确性，当 $\overline{OE}$/VPP 和 $\overline{CE}$ 都为低电平时，可对编程进行检查。

（5）编程禁止方式。

当 $\overline{OE}$/VPP 加上 21V 电压、$\overline{CE}$ 加上高电平时，处于不能进行编程方式，输出为高阻态。

（6）Intel 标识符方式。

当 A9 引脚加上高电平，$\overline{CE}$ 和 $\overline{OE}$ 为低电平时，处于 Intel 标识符方式，可从数据线上读出制造厂和器件类型的编码。

各种工作方式示于表 5-4-2 中。

表 5-4-2　Intel 2732A 的方式选择

模式	$\overline{CE}$（18）	$\overline{OE}$/VPP（20）	A9（22）	VCC（24）	输出 O0～O7（9～11）（13～17）
读	L	L	×	+5V	输出
禁止输出	L	H	×	+5V	高阻
待用	H	×	×	+5V	高阻
编程	L	VPP	×	+5V	输入
编程禁止	H	VPP	×	+5V	高阻
Intel 标识符	L	L	H	+5V	编码

3）EPROM 芯片使用时要注意的问题

为防止 EPROM 的永久性损坏，必须注意以下几点。

（1）当 VPP 端加有 + 25V 或 + 21V 电压时，不能插或拔 EPROM 芯片，只有在撤销 + 25V 或 + 21V 电压时才能插或拔。

（2）加电时，必须先加 VCC（ + 5V）后，再加 VPP（ + 25V 或 + 21V）；撤销时，必须先撤销 VPP，再撤销 VCC。

（3）当 $\overline{CE}$ 为低电平时，VPP 不能在低电平和 + 25V（或 + 21V）之间转换。

5.5 16 位、32 位系统中的内存储器接口

5.5.1 16 位微机系统中的内存储器接口

1. 16 位微型计算机系统中的奇偶分体

在 16 位微型计算机系统中，CPU 除了可以对字节寻址外，还必须能进行整字（16 位的数据）的读写，因此要求存储器系统的设计要保证一次能访问一个整字，但也能允许一次只访问一字节。

以 8086 系统为例，8086 CPU 有 20 条地址线，可直接寻址 1MB 的内存储器地址空间。当把存储器看作字节序列时，每个字节单元地址相连，即每个地址对应一个存储单元，每个存储单元为一字节。当把存储器看作字序列时，每个字单元地址不相连，每个字包括地址相连的两字节。而 8086 CPU 的数据总线是 16 位的，需要设计一种合理的存储体结构，既适合做 8 位的存储器操作（字节访问），又适合做 16 位的存储器操作（字访问）。

8086 系统将 1MB 地址空间分成两个 512KB 地址空间，一半是偶数地址，另一半是奇数地址，相应的存储体称为偶体和奇体。偶体和奇体的地址线都是 19 位。将数据总线的低 8 位 D0～D7 与偶体相连，高 8 位 D8～D15 与奇体相连。地址总线的 A1～A19 与这两个存储体的 19 条地址线 A0～A18 相连。用 CPU 的 A0 作为偶体的选中信号，$\overline{BHE}$ 作为奇体的选中信号，如图 5-5-1 所示。

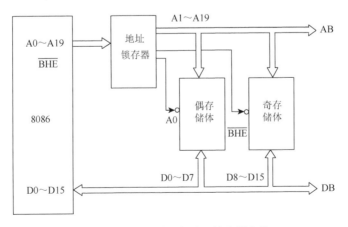

图 5-5-1 8086 系统存储器的奇偶分体

A0 和 $\overline{\text{BHE}}$ 对存储体选择的编码表如表 5-5-1 所示。

表 5-5-1 存储体选择编码表

$\overline{\text{BHE}}$	A0	传送的字节
L	L	两字节
L	H	奇地址的高位字节
H	L	偶地址的低位字节
H	H	不传送

2. 8086 的存储器访问操作

1）字节访问

8086 CPU 进行存储器访问有 8 位的也有 16 位的。当进行字节访问，即 8 位的访问时，如果地址的 A0 = 0，选中偶体中的某个单元，数据通过 D7～D0 传送。如果地址的 A0 = 1，CPU 的 $\overline{\text{BHE}}$ = 0，选中奇体中的某个单元，数据通过 D15～D8 传送。

2）字访问

当 CPU 进行 16 位的字访问时，设低字节的地址为 n，则高字节的地址为 $n+1$。若地址 n 为偶数，即 A0 = 0，称为对准的字。若地址 n 为奇数，即 A0 = 1，称为非对准的字。

当 CPU 访问对准的字时，由 A0 = 0 选中偶体中的地址为 n 的单元，低字节数据通过 D7～D0 传送；同时由 $\overline{\text{BHE}}$ = 0 选中奇体中的地址为 $n+1$ 的单元，高字节数据通过 D15～D8 传送。这样，两字节的数据在一个总线周期中同时进行读或写操作。

当 CPU 访问非对准的字，即地址 n 为奇数时，要由两个总线周期完成一个字的读或写操作。第一个总线周期发出 A0 = 1 和 $\overline{\text{BHE}}$ = 0，访问奇体中的地址为 n 的单元，低字节数据通过 D15～D8 传送；第二个总线周期发出 A0 = 0 和 $\overline{\text{BHE}}$ = 1，访问偶体中的地址为 $n+1$ 的单元，高字节数据通过 D7～D0 传送。这样，两字节分别由两个总线周期进行读或写操作。

两种数据传送方式，对于程序员来说是"透明的"，编写程序时不必考虑 CPU 的取数过程。但 CPU 访问对准的字和非对准的字所需的总线周期数是不同的，因此应将字型数据的低 8 位放在偶地址以提高访问内存的速度。

同样，8086 系统的 I/O 地址空间的组织也类似于 8086 的存储体系。由 $\overline{\text{BHE}}$ 和 A0 选择奇体或偶体，对准的字可以在一个总线周期内完成输入或输出操作。

3. 16 位微型计算机系统中存储器接口举例

【例 5-5-1】某 8086 系统（最大模式）的存储器系统如图 5-5-2 所示，图中 8086 CPU 芯片上的地址、数据信号线经锁存、驱动后成为地址总线 A19～A0、数据总线 D15～D0。ROM0、ROM1 是两片 E²PROM，型号为 28C256。RAM0、RAM1 是两片 RAM，型号为 62256。译码器 74LS138 担任片选译码。

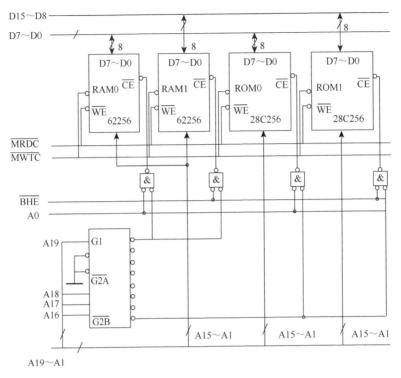

图 5-5-2　【例 5-5-1】电路图（CPU 为 8086 最大模式）

RAM0 和 RAM1 组成的存储器的地址范围为 80000H～8FFFFH，RAM0 是偶存储体，RAM1 是奇存储体。ROM0 和 ROM1 组成的存储器的地址范围为 F0000H～FFFFFH，ROM0 是偶存储体，ROM1 是奇存储体。

5.5.2　32 位微机系统中的内存储器接口

下面以 80386 CPU 为例说明 32 位微机系统中存储器与系统的连接。

1. 存储体结构

80386 CPU 的地址线为 32 位，存储器地址空间为 00000000H～FFFFFFFFH，存储器容量为 4GB。数据总线是 32 位，当把存储器看作字节序列时，每个字节单元地址相连。当把存储器看作字序列时，每个字单元地址不相连，每个字包括地址相连的 2 字节。当把存储器看作双字序列时，每个双字单元地址不相连，每个双字包括地址相连的 4 字节。在 80386 系统中，存储器被分成 4 个存储体，每个存储体的字长为 8 位，每个存储体的容量为 1GB。4 个存储体的选通信号分别是 $\overline{BE0}$、$\overline{BE1}$、$\overline{BE2}$、$\overline{BE3}$，对应的数据线为 D7～D0、D15～D8、D23～D16、D31～D24，如图 5-5-3 所示。

CPU 的 A31～A2 对存储器中的双字进行寻址，最低的两位 A1 和 A0 在 CPU 内进行译码以控制选通输出信号 $\overline{BE0}$、$\overline{BE1}$、$\overline{BE2}$、$\overline{BE3}$。在每个数据传输总线周期中，数据可以用 32 位、24 位、16 位或 8 位的方式传输。

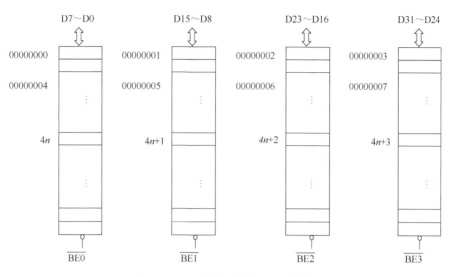

图 5-5-3 32 位微机系统中的存储体

80386 CPU 只能以字节、字、双字为操作单位，不会出现 $\overline{BE3}$ 和 $\overline{BE0}$ 同时有效的情况，也不会出现 $\overline{BE2}$ 和 $\overline{BE0}$ 同时有效的情况。

2. 对齐的传送与非对齐的传送

如果访问的是字节，那么传输都是对齐的。

如果访问的双字的地址是 $4n$，即最低两位 A1A0 = O0，那么传输是对齐的，传输能在一个总线周期内完成。如果访问的字的地址是 $2n$、$2n+1$ 和 $2n+2$，那么传输是对齐的，传输能在一个总线周期内完成。

如果访问的字或双字跨越了 80386 CPU 的双字边界，那么传送是非对齐的。非对齐的数据传送需两个总线周期。

【例 5-5-2】某 RAM 芯片的存储容量为 1024×8 位，该芯片有几条地址线？几条数据线？若已知某芯片引脚中有 13 条地址线、8 条数据线，那么该芯片的存储容量是多少？

【解】芯片的存储容量为 1024×8 位，表示内部有 1024 个存储单元，每个单元存储 8 位二进制数据，故数据线为 8 条，地址线应有 10 条，这样经过译码后就能访问 2^{10} = 1024 个存储单元。同理，若某芯片引脚中有 13 条地址线，8 条数据线，则该芯片的存储容量是 2^{13} × 8bit = 8KB。

【例 5-5-3】用 Intel 2114 1K×4 位的 RAM 芯片组成 16K×8 位的存储器，需要多少片这样的芯片？

【解】$\dfrac{16K \times 8}{1K \times 4}$ = 32 片。

【例 5-5-4】在存储器连线时，片选控制采用（　　）方式时，不存在地址重叠问题，而且所分配的地址是不同的。

A. 部分译码法　　　　B. 线选法　　　　C. 全译码法　　　　D. 任意译码法

【解】C。线选法和部分译码都会产生地址重叠，即多个地址选中同一个存储单元。

【例 5-5-5】使用容量为 1K×8 位的存储器芯片构成地址从 20000H～20FFFH 的存储器，应该使用（　　）片这样的芯片。

A. 2　　　　　　　　B. 4　　　　　　　　C. 6　　　　　　　　D. 8

【解】20000H～20FFFH 总共有（20FFFH–20000H + 1）= 1000H 个存储单元，即 4096 个存储单元，也就是 4K 个存储单元，存储容量为 4K×8 位，而芯片的容量是 1K×8 位，所以需要 4 片这样的芯片。

【例 5-5-6】已知某微型计算机系统的 RAM 容量为 8K×8 位，首地址为 1000H，求其最后一个单元的地址。

【解】RAM 容量为 8K×8 位，对应的地址有 8K 个，首地址为 1000H，则最后一个单元的地址为 1000H + (8K–1) = 1000H + 1FFFH = 2FFFH。

【例 5-5-7】参看图 5-5-4 中存储器与 CPU 的连接示意图，请分析：

（1）分配给 2764 ROM 芯片的地址空间。

（2）分配给 6264 SRAM 芯片的地址空间。

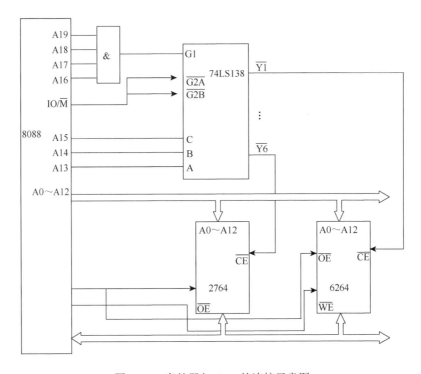

图 5-5-4　存储器与 CPU 的连接示意图

【解】2764 ROM 芯片的片选信号与 74LS138 译码器的 $\overline{Y6}$ 相连，故 C、B、A（即 A15、A14、A13）应为 110，A19、A18、A17、A16 相与后与 74LS138 译码器的 G1 相连，故应为 1111，A12～A0 为芯片片内地址引脚，其最低地址为 0000000000000，最高地址为 1111111111111。6264 SRAM 芯片的片选信号与 74LS138 译码器的 $\overline{Y1}$ 相连，故 C、B、A（即 A15、A14、A13）应为 001，A19、A18、A17、A16 相与后与 74LS138 译码器的 G1

相连，故应为 1111，A12～A0 为芯片片内地址引脚，其最低地址为 0000000000000，最高地址为 1111111111111。各芯片的地址范围如下：

	A19	A18	A17	A16	A15	A14	A13	A12	A11	A10	A9	A8	A7	A6	A5	A4	A3	A2	A1	A0
2764:	1	1	1	1	1	1	0	0	0	0	0	0	0	0	0	0	0	0	0	0
	1	1	1	1	1	1	0	1	1	1	1	1	1	1	1	1	1	1	1	1

2764 地址范围为 FC000H～FDFFFH。

	A19	A18	A17	A16	A15	A14	A13	A12	A11	A10	A9	A8	A7	A6	A5	A4	A3	A2	A1	A0
6264:	1	1	1	1	0	0	1	0	0	0	0	0	0	0	0	0	0	0	0	0
	1	1	1	1	0	0	1	1	1	1	1	1	1	1	1	1	1	1	1	1

6264 地址范围为 F2000H～F3FFFH。

【例 5-5-8】若用 2732 芯片组成 8088 系统中的 32KB ROM，地址范围为 F8000H～FFFFFH，请画出存储器与 CPU 的连接示意图。

【解】2732 芯片的存储容量为 4K×8 位，要组成 32KB ROM 共需 8 片，8 片 2732 芯片的片选信号分别与 74LS138 译码器的 8 个输出 $\overline{Y0}$～$\overline{Y7}$ 相连，芯片的片内地址 A11～A0 与 CPU 的 A11～A0 相连接，74LS138 译码器的 C、B、A 三个输入端分别与 A14、A13、A12 相连接，A15、A16、A17、A18、A19 作为与门的输入端，与门的输出 74LS138 译码器的 G1 相连，74LS138 译码器的 $\overline{G2A}$、$\overline{G2B}$ 与 CPU 的 IO/$\overline{M}$ 相连。各存储器芯片与 CPU 的连接如图 5-5-5 所示。

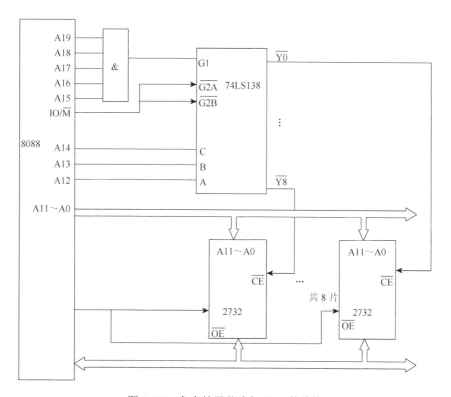

图 5-5-5　各存储器芯片与 CPU 的连接

参 考 文 献

[1]　　于海生，丁军航，潘松峰，等. 微型计算机控制技术[M]. 2 版. 北京：清华大学出版社，2009.

[2]　　Brey B B. The Intel Microprocessors：8086/8088，80186/80188，80286，80386，80486，Pentium，Pentium Pro Processor，PentiumII，PentiumIII，PentiumIV：Architecture，Programming，and Interfacing[M]. 7th ed. Upper Saddle River：Prentice Hall，2002.

[3]　　Razavi B. Design of Analog CMOS Integrated Circuits[M]. New York：McGraw-Hill，2001.

[4]　　Rabaey J M，Chandrakasan A P，Nikolić B. Digital Integrated Circuits：A Design Perspective[M]. 2nd ed. Upper Saddle River：Prentice Hall，2003.

第6章 系统外设处理接口技术

现今阶段内的计算机被视作不可缺少的，平日生活及生产都与计算机密切相关。从各行业来看，微型计算机都融入了实时的行业操作。20 世纪末以来，微型计算机被创造出来而后快速得到了推广。在实际应用中，微型系统必须要与人进行信息交互，因此需要设计人机接口。微型计算机正常的运转不可缺少接口，机身设置的接口可用来输入或输出选定的信息。在这种基础上，接口技术整合了软硬件这两类的内部构件，进而确保了可靠且实效性的传输信息。CPU 衔接于微机接口，具体在交换某一信息时还可串联于外在的线路。微机设有 CPU 及总线，I/O 密切衔接了这些部分。最近几年，技术在快速进步，与之相应也诞生了更多接口类型。大概来看，微机接口可分成如下几种：交互式的人机接口可用来交流信息，这类接口紧密衔接了操作者及微机本身；监测式的微机接口设置于自动式的微机，可用于实时的操控；总线接口表现出来的性能包含了锁存、驱动及缓冲、隔离等方面。

本章主要介绍常用的接口技术，包括：键盘接口技术中的键盘基础知识；显示接口技术中的 LED 和 LCD 显示原理及应用；键盘/显示器接口芯片 HD7279A 的功能与应用；触摸屏基本原理。

6.1 键盘接口技术

在计算机控制系统中，除了与生产过程进行信息传递的过程输入、输出设备以外，还有与操作人员进行信息交换的常规输入设备和输出设备。键盘是一种最常用的输入设备，它是一组按键的集合，从功能上可分为数字键和功能键两种，作用是输入数据与命令，查询和控制系统的工作状态，实现简单的人机对话。

6.1.1 键盘的分类

键盘按应用范围可分为工控机键盘和微机键盘。工控机键盘和主机连为一体，键盘和主机的相对位置固定不变，也称为固定键盘。微机键盘独立于主机之外，通过一根活动电缆或无线方式与主机相连，这种键盘和主机的位置可以在一定范围内移动调整，也称为活动式键盘。

键盘按外形可分为人体工程学键盘、多媒体网络键盘和多功能键盘。在标准键盘上，将左手键区和右手键区两大板块左右分开成一定角度的扇形，用户在操作键盘时可以保持一种比较自然的形态，符合人在键盘上的操作，所以称为人体工程学键盘。在普通的104 键键盘上多加了一些对多媒体和网络操作的功能键，主要用来完成一些快捷操作。这种键盘需要专门的驱动程序，在设置、安装时比普通键盘麻烦，称为多媒体网络键盘。在普通键盘的基础上又集成了其他的外部设备。如带鼠标的键盘、带手写字板的键盘、带集成话筒和喇叭的键盘、带扫描仪的键盘、带集成条形读卡器的键盘、带集成 USB Hub 的键盘，这种键盘称为多功能键盘。

键盘按接口可分为 AT 接口键盘、PS/2 接口键盘、USB 接口键盘和无线键盘。AT 接口键盘俗称"大口"键盘，键盘的插头是一个圆形 5 芯插头，插头是有方向性的。PS/2 接口键盘俗称"小口"键盘，是目前使用最普遍的一种键盘。它的插头是 4 针的，在插头上有一个定位口，用来防止插错方向。USB 接口键盘支持 USB 接口热拔插功能，可在打开微机以后带电拔插键盘，或更换键盘。无线键盘与微机间没有直接的物理连线，可以完全脱离主机。无线键盘通过红外线或无线电波将输入信息传送给接收器。接收器放在主机旁，连接在 PS/2 口、COM 口或 USB 口上。

键盘按键盘开关接触方式可分为触点式按键和无触点式按键。触点式按键工艺简单、价格低廉，它借助簧片直接使两个导体接通或断开，有着理想的开关特性。无触点式按键内设有电容式开关，特点是手感好、击键声音小、容易控制、结构简单、灵敏度高、成本低、易于小型化和批量生产。

键盘按照按键识别方式可分为非编码键盘和编码键盘。编码键盘采用硬件编码电路来实现键的编码，每按下一个键，键盘便能自动产生按键代码。编码键盘主要有 BCD 码键盘、ASCII（American standard code for information interchange，美国信息互换标准代码）码键盘等类型。非编码键盘仅提供按键的通或断状态，按键代码的产生与识别由软件完成。编码键盘的特点是使用方便、键盘码产生速度快、占用 CPU 时间少，但对按键的检测与消除抖动干扰是靠硬件电路来完成的，因而硬件电路复杂、成本高。而非编码键盘硬件电路简单、成本低，但占用 CPU 的时间较长。

6.1.2　键盘的结构和工作原理

1. 键盘的结构

微机键盘由外壳、电路板和按键三部分组成。键盘外壳主要用来支撑电路板和给操作者一个方便的工作环境。电路板是整个键盘的核心，它位于键盘的内部，主要由逻辑电路和控制电路组成，承担按键扫描识别、编码和传输信息的工作。

2. 键盘的工作原理

常用的非编码式键盘有线性键盘和矩阵键盘。线性键盘主要适用于小的专用键盘，上面按键不多，每个按键都有一条数据线送到计算机接口。每个按键对应一根数据线，当按键断开时，数据线上为高电平，当按键按下时，数据线上为低电平。显然，当按键数增多时，输入计算机接口的数据线也增多，这样就受到输入线宽度的限制。矩阵键盘就弥补了线性键盘的上述缺点。在矩阵键盘上，其按键按行列排放。例如，一个 4×4 的矩阵键盘，共有 16 个按键，但数据输入线只有 8 条，适合按键较多的场合，因此它得到了广泛的应用。图 6-1-1 为矩阵键盘结构。

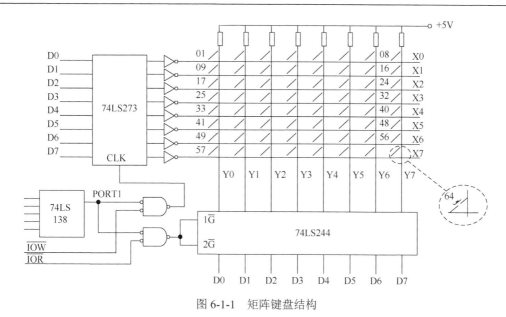

图 6-1-1　矩阵键盘结构

当键盘中无任何键按下时，所有的行线和列线被断开且相互独立，输入线Y0～Y7列都为高电平；当有任意一键按下时，该键所在的行线与列线接通，因此，该列线的电平取决于该键所在的行线。基于此，产生了"行扫描法"与"线反转法"两种识别方法。

行扫描法通过行线发出低电平信号，如果该行线所连接的键没有按下，则列线所接的端口得到的是全"1"信号；如果有键按下，则得到非全"1"信号。为了防止双键或多键同时按下，往往从第0行一直扫描到最后1行，若只发现1个闭合键，则为有效键，否则全部作废。找到闭合键后，读入相应的键值，再转至相应的键处理程序。

线反转法也是识别闭合键的一种常用方法，该方法比行扫描速度快，但在硬件上要求行线与列线外接上拉电阻。先将行线作为输出线，列线作为输入线，行线输出全"0"信号，读入列线的值，然后将行线和列线的输入输出关系互换，并且将刚才读到的列线值从列线所接的端口输出，再读取行线的输入值。那么在闭合键所在的行线上的值必为0。这样，当一个键被按下时，必定可读到一对唯一的行列值。

常见的编码键盘接口电路见图 6-1-2（a），是一种采用两片 CD4532B 构成的 16 个按键的二进制编码接口电路。其中，由于 U1 的 Eo 作为 U2 的 Ei，所以按键 S0 的优先级最高，S15 的优先级最低。U1 和 U2 的输出 O2～O0 经或门 A3～A1 输出，以形成低 3 位编码 D2～D0。而最高位 D3 则由 U2 的 GS 产生。当按键 S8～S15 中有一个闭合时，其输出为"1"。从而S0～S15 中任意一个键被按下，由编码位 D3～D0 均可输出相应的 4 位二进制码。为了消除键盘按下时产生的抖动干扰，该接口电路还设置了由与非门 B1、B2，电阻 R_2，电容 C_2 组成的单稳电路和由或门 A4、电阻 R_1、电容 C_1 组成的延时电路，电路中 E、F、G、H 和 I 这五点的波形如图 6-1-2（b）所示。由于 U1 和 U2 的 GS 接或门 A4的输入端，所以当按下某键时，A4 为高电平，其输出经 R_1 和 C_1 延时后使 G 点也为高电位，作为与非门 B3 的输入之一。同时，U2 的输出信号 Eo 触发单稳（B1 和 B2），在暂稳态持续时间 ΔT 内，其输出 F 点为低电位，也作为与非门 B3 的输入之一。由于暂稳态期间（ΔT）E 点电位的变化（即按键的抖动）对其输出 F 点电位无影响，所以此时不论 G 点电位如何，与非门 B3 输出（H 点）均为高电位。当暂稳延时结束，F 点变为高电位，而 G 点仍为高电位（即按键仍闭合），使得 H 点变为低电位，并保持到 G 点变为低电位为止（即按键断开）。也就是说，按下 S0～S15 中任意一个按键，就会在暂稳态（ΔT）之后（恰好避开抖动时间）产生选通脉冲（H 点）或 STB（I 点），作为向 CPU 申请中断的信号，以便通知 CPU 读取稳定的按键编码 D3～D0。

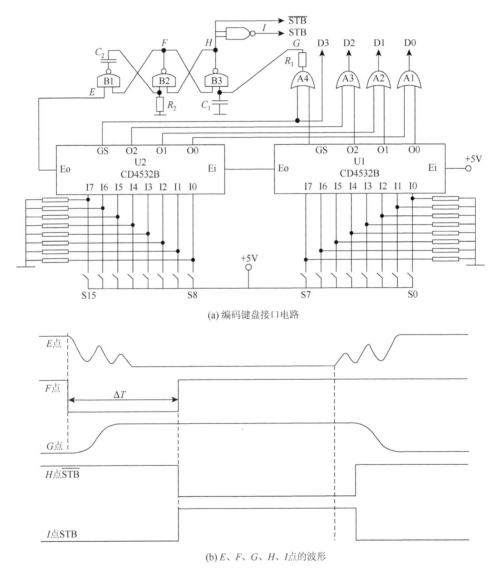

(a) 编码键盘接口电路

(b) E、F、G、H、I 点的波形

图 6-1-2　编码键盘接口电路及电路中 E、F、G、H、I 点的波形

键盘处理中所涉及的问题如下。

（1）去抖动。当键按下或松开时，都会产生抖动，为了能正确识别键的状态，可采取软件延时法或硬件消抖法去抖动。

（2）防串键。当多个键同时按下时，可采取双键锁定或 N 键封锁的办法解决。双键锁定是多个键同时按下时，把最后释放的键看作正确的按键。N 键封锁是当一个键被按下，在它未完全释放之前，对其他按下的键不处理，只产生最先按下键的特征值。

6.1.3　独立式键盘接口、行列式键盘接口及键盘程序

独立式键盘的按键可以直接与 CPU 的 I/O 口相接，也可以用扩展 I/O 口（如 8255 扩展 I/O 口或三态缓冲器扩展 I/O 口）来搭接独立式按键接口电路。下面是查询方式的键盘程序。

查询方式键盘的处理程序比较简单，程序中没有使用散转指令，这里省略了软件去抖动措施，只包括键查询、键功能程序转移。P0F、P7F 为功能程序入口地址标号，其地址间隔应能容纳 JMP 指令字节；PROM0～PROM7 分别为每个按键的功能程序。

程序清单（设 I/O 为 P1 口）：

```
START:    MOV    A,#0FFH        ;输入时先置 P1 口为全 1
          MOV    P1,A
          MOV    A,P1           ;键状态输入
          JNB    ACC.0,P0F      ;0 号键按下转 P0F 标号地址
          JNB    ACC.1,P1F      ;1 号键按下转 P1F 标号地址
          JNB    ACC.2,P2F      ;2 号键按下转 P2F 标号地址
          JNB    ACC.3,P3F      ;3 号键按下转 P3F 标号地址
          JNB    ACC.4,P4F      ;4 号键按下转 P4F 标号地址
          JNB    ACC.5,P5F      ;5 号键按下转 P5F 标号地址
          JNB    ACC.6,P6F      ;6 号键按下转 P6F 标号地址
          JNB    ACC.7,P7F      ;7 号键按下转 P7F 标号地址
          JMP    START          ;无键按下返回
   P0F:   JMP    PROM0
   P1F:   JMP    PROM1          ;入口地址表
          … … … … …
   P7F:   JMP    PROM7

PROM0:    … … … … …                            ;0 号键功能程序
          … … … … …
          JMP           START                  ;0 号键执行完返回
PROM1:    … … … … …
          … … … … …
          JMP           START
          … … … … …
PROM7:    … … … … …
          … … … … …
```

　　　　　　JMP　　　　　　　　　　　START

由此程序可以看出，各按键由软件设置了优先级，优先级顺序依次为 0～7。

6.1.4　行列式键盘接口及键盘程序

　　微机系统中，任何 I/O 口或扩展 I/O 口均可构成行列式键盘。MCS-51 单片机用于系统扩展时，可提供用户直接使用的 I/O 口线很少，故大多采用扩展 I/O 口来构成行列式键盘，典型的键盘接口有通用并行扩展 I/O 口（如 8155、8255 等）、串行扩展 I/O 口和专用键盘芯片（如 8279）。

　　下面以图 6-1-3 的 8155 扩展 I/O 口组成的 4×8 行列式矩阵键盘为例，介绍程序控制扫描工作方式的工作过程与键盘扫描子程序。图中，8 条键扫描输出列线接到 PA 口，4 条键输入行线接 PC 口。

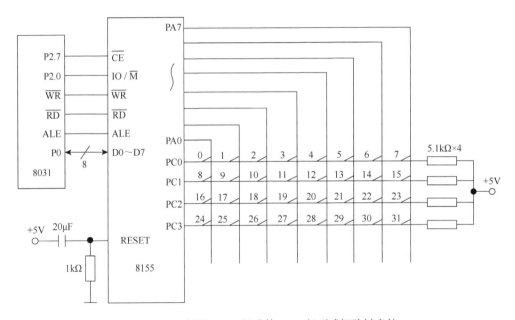

图 6-1-3　8155 扩展 I/O 口组成的 4×8 行列式矩阵键盘接口

1. 键盘扫描子程序的功能

　　（1）判断键盘上有无键按下，其方法为 PA 口输出全扫描字 00H，读 PC 口状态。若 PC0～PC3 为全"1"，则键盘无键按下；若不全为"1"，则有键按下。

　　（2）去键的机械抖动影响。在判断有键按下后，软件延时一段时间（5～10ms）后，再判断键盘状态，如果仍为有键按下状态，则认为有一个稳定的键按下，否则按键抖动处理。

　　（3）判别闭合键的键号。对键盘的列线进行扫描，即逐列置"0"电平。

　　PA 口依次输出列扫描字：FEH、FDH、FBH、…、7FH（输出首列扫描字 FEH 后顺次将扫描字左移一位即可）。

每输出一个扫描字，紧接着读 PC 口状态，若 PC3～PC0 为全"1"，则列线输出为"0"的这一列上没有键闭合，否则这一列上有键闭合。确定是哪一个键按下后，下一步就是求出键号送累加器 A。

闭合键的键号等于低电平的列号加上低电平的行的首键号。在图 6-1-3 所示的行列矩阵中，每行的行首键号自上至下依次为 0、8、16（10H）、24（18H），列号依列线顺序（自左至右）依次为 0～7。例如，PA 口的输出为 11111101（即 PA1=0，列号为 1）时，读出 PC3～PC0 为 1101（即 PC1=0，行号为 1），则 1 行 1 列相交的键处于闭合状态。因第 1 行的首键号为 8，列号为 1，故闭合的键号为

$$N = 行首键号 + 列号 = 8+1 = 9$$

（4）CPU 对键的一次闭合仅做一次处理，采用的方法为等待键释放以后再将键号送入累加器 A 中。

2. 键盘扫描子程序

子程序出口状态：（A）=键号。

8155 的初始化，置 PA 口（地址 7F01H）为基本输出方式，PC 口（地址 7F03H）为基本输入方式，放在主程序中完成。键盘扫描子程序如下。

```
KEY1:   ACALL   KS1           ;调用判断有无键按下子程序
        JNZ     LK1           ;有键按下时,(A)≠0 转消抖延时
        AJMP    KEY1          ;无键按下返回
LK1:    ACALL   T12ms         ;调 12ms 延时子程序
        ACALL   KS1           ;查有无键按下,若有则为键真实按下
        JNZ     KS2           ;键按下 (A)≠0 转逐列扫描
        AJMP    KEY1          ;不是键按下返回
LK2:    MOV     R2,#0FEH      ;首列扫描字入 R2
        MOV     R4,#00H       ;首列号入 R4
LK4:    MOV     DPTR,#7F01H   ;列扫描字送至 8155 PA 口
        MOV     A,R2          ;第 0 列扫描
        MOVX    @DPTR,A       ;使第 0 列线为 0
        INC     DPTR          ;指向 8155 PC 口
        INC     DPTR
        MOVX    A, @DPTR      ;8155 PC 口读入行状态
        JB      ACC.0  LONE   ;第 0 行无键按下,转查第 1 行 ACC.0-0
                              ;为有键按下
        MOV     A,#00H        ;第 0 行有键按下,该行首键号#00H→A
        AJMP    LKP           ;转求键号
LONE:   JB      ACC.1,LTWO    ;第 1 行无键按下,转查第 2 行
        MOV     A,#08H        ;第 1 行有键按下,该行首键号#08H→A
        AJMP    LKP
```

```
LTWO:   JB      ACC.2,LTHR      ;第 2 行无键按下,转查第 3 行
        MOV     A,#10H          ;第 2 行有键按下,该行首键号#10H→A
        AJMP    LKP
LTHR:   JB      ACC.3,NEXT      ;第 3 行无键按下,改查下一列
        MOV     A,#18H          ;第 3 行有键按下,该行首键号#18H→A
LKP:    ADD     A,R4            ;求键号,一行首键号+列号
        PUSH    ACC             ;键号进栈保护
LK3:    ACALL   KS1             ;等待键释放
        JNZ     LK3             ;未释放,等待
        POP     ACC             ;键释放。键号→A
        RET                     ;键扫描结束,出口状态(A) = 键号
NEXT:   INC     R4              ;指向下一列,列号加 1
        MOV     A,R2            ;判断 8 列是否扫描完
        JNB     ACC.7,KND       ;8 列扫描完,返回
        RL      A               ;扫描字左移一位,转变为下一列扫描字
        MOV     R2,A            ;扫描字入 R2
        AJMP    LK4       ;转下一列扫描
KND:    AJMP    KEY1
KS1:    MOV     DPTR,#7F01H     ;指向 PA 口
        MOV     A,#00H          ;全扫描字#00H = 00000000B
        MOVX    @DPTR,A         ;全扫描字入 PA 口
        INC     DPTR            ;指向 PC 口
        INC     DPTR
        MOVX    A, @DPTR        ;读入 PC 口行状态
        CPL     A               ;变正逻辑,以高电平表示有键按下
        ANL     A,#0FH          ;屏蔽高 4 位
        RET                     ;出口状态:(A) ≠0 时有键按下
T12 ms:MOV      R7,#18H         ;延迟 12ms 子程序
TM:     MOV     R6,#0FFH
TM6:    DJNZ    R6,TM6
        DJNZ    R7,TM
        RET
```

6.2　LED 显示接口技术

6.2.1　LED 概述

LED 是一种能够将电能转化为可见光的固态的半导体器件,它可以直接把电转化为

光。LED 可分为单 LED、7 段 LED 数码管和点阵 LED。微机系统中的 LED 显示器通常由多位 LED 数码管排列而成。每位数码管内部有 8 个发光二极管，外部有 10 个引脚，其中 3、8 脚为公共端，也称位选端。公共端由 8 个发光二极管的阴极并接而成的称为共阴极，公共端由 8 个发光二极管的阳极并接而成的称为共阳极。其余 8 个引脚称为段选端，分别为 8 个发光二极管的阳极（共阴极时）或阴极（共阳极时）[1]。因此，要使某一位数码管显示某一数字（0～9 中的一个）必须在这个数码管的段选端加上与显示数字对应的 8 位段选码（也称字型码），在位选端加上高电平（共阳极时）或低电平（共阴极时）。

从要显示数字的 BCD 码转换成对应的段选码称为译码。译码既可用硬件实现，也可用软件实现。采用硬件译码时，微机输出的是显示数字的 BCD 码，微型机与 LED 段选端间接口电路包括锁存器（锁存显示数字的 BCD 码）、译码器（将 BCD 码输入转换成段选码输出）、驱动器（驱动发光二极管发光）。采用软件译码时，微型机输出的是通过查表软件得到的段选码。因此接口电路中不需要译码器，只需要锁存器和驱动器。为使发光二极管正常发光，导通时电流 $I_F = 5～10\text{mA}$ 为宜，管压降 V_F 在 2V 左右，若驱动器驱动电压为 V_{OH}，则发光二极管串联限流电阻 R 可按

$$R = (V_{OH} - V_F)/I_F$$

计算。

多位 LED 显示器有静态显示和动态显示两种形式。静态显示就是各位同时显示。为此，各位 LED 数码管的位选端应连在一起固定接地（共阴极时）或接+5V（共阳极时），每位数码管的段选端应分别接一个 8 位锁存/驱动器。动态显示就是逐位轮流显示。为实现这种显示方式，各位 LED 数码管的段选端应并接在一起，由同一个 8 位 I/O 口或锁存器/驱动器控制，而各位数码管的位选端分别由相应的 I/O 口线或锁存器控制。

6.2.2　7 段 LED 数码管

1. 7 段 LED 数码管的组成

7 段 LED 数码管由 8 段发光二极管组成。其中 7 段组成"8"字，1 段组成小数点。通过不同的组合，可显示数字 0～9、字母 A～F 及符号"."。LED 数码管有共阴极和共阳极两种结构，见图 6-2-1。

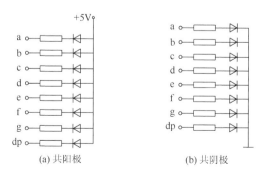

图 6-2-1　共阳极和共阴极

　　LED 数码管的工作原理：发光二极管导通→亮，不导通→灭。这样就构成了字符的显示。

　　共阴极十六进制的编码如表 6-2-1 所示。

表 6-2-1　共阴极十六进制的编码

显示字符	h	g	f	e	d	c	b	a	字形代码
0	0	0	1	1	1	1	1	1	3FH
1	0	0	0	0	0	1	1	0	06H
2	0	1	0	1	1	0	1	1	5BH
3	0	1	0	0	1	1	1	1	4FH
4	0	1	1	0	0	1	1	0	66H
5	0	1	1	0	1	1	0	1	6DH
6	0	1	1	1	1	1	0	1	7DH
7	0	0	0	0	0	1	1	1	07H
8	0	1	1	1	1	1	1	1	7FH
9	0	1	1	0	0	1	1	1	67H
A	0	1	1	1	0	1	1	1	77H
b	0	1	1	1	1	1	0	0	7CH
C	0	0	1	1	1	0	0	1	39H
d	0	1	0	1	1	1	1	0	5EH
E	0	1	1	1	1	0	0	1	79H
F	0	1	1	1	0	0	0	1	71H
.	1	0	0	0	0	0	0	0	80H

2. 静态显示接口技术

　　静态显示接口分为硬件接口方法和软件接口方法。前者用 I/O 口数据直接驱动 LED 显示器中的段发光。这种方法使用的硬件较多，占用 I/O 口线较多。对于后者，编程把要显示的字符字形代码送到输出口上，就可以显示所需的字符。

3. 动态扫描显示接口技术

　　把 7 段数码管的各字段同名端接在一起。字码显示分为字段码显示和字码显示。字段码显示是一组信号控制各数码管显示的字符。字码显示是一组信号控制第几位数码管显示。图 6-2-2 所示为用 8155 扩展 I/O 口的 8 位动态 LED 显示器，显示扫描由程控实现。其中，PA 口输出字型码，PB 口输出位选信号，即扫描信号。设 PA 口工作地址为 0F9H，PB 口工作地址为 0FAH，内部命令/状态寄存器地址为 0F8H，工作方式命令字设为 0F3H。显示"CPU ready"的程序如下：

```
DISP:    ORL    P1,#80H        ;选择 8155 为 I/O 口
         MOV    R1,#0F8H       ;置 8155 命令/状态寄存器地址
         MOV    A,#0F3H
```

```
                MOVX    @R1,A                ;送 8155 212 作方式命令字
      START:    MOV     DPTR,#TAB
                MOV     R0,#00H              ;字型码地址偏移量
                MOV     R2,#80H              ;选择第 1 位显示
      SCAN:     MOV     R1,#0FAH             ;置 8155 PB 口地址
                MOV     A,#00H
                MOVX    @R1,A                 ;熄灭显示器
                MOV     A,R0
                MOVC    A,@A+DPTR            ;取字型码
                DEC     R1                   ;置 8155 PA 口地址
                MOVX    @R1,A                ;送字型码
                MOV     A,R2
                INC     R1
                MOVX    @R1,A                ;送位选码
                ACALL   DL1ms                ;延时 1ms
                INC     R0                   ;指向下一字型码
                MOV     A,R2
                CLR     C
                RRC     A                    ;指向下一位
                MOV     R2,A
                XRL     A,#00H               ;8 位未完,扫描显示下一位
                JNZ     SCAN
                AJMP    START                ;开始下一轮扫描
      DL1ms:    SETB    D3H
                MOV     R2,#83H
      LL0:      NOP
                NOP
                DJNZ    R2,LL0
                CLR     D3H
                RET
      TAB:DB 0C6H,8CH,0C1H,0CEH,86H,88H,0A1H,91H ;对应显示字型:CPU ready
                                                 ;软件译码格式子式
```

6.2.3　点阵 LED 显示接口技术

在 LED 显示系统中,点阵结构单元为其基本构成。每个显示驱动单元又由若干个 8×8 点阵的 LED 显示模块组成。通过多个显示驱动板拼装在一起,构成一个数平方米的显示屏,能用来显示各种文字、图像。图 6-2-3 是点阵 LED 显示接口。

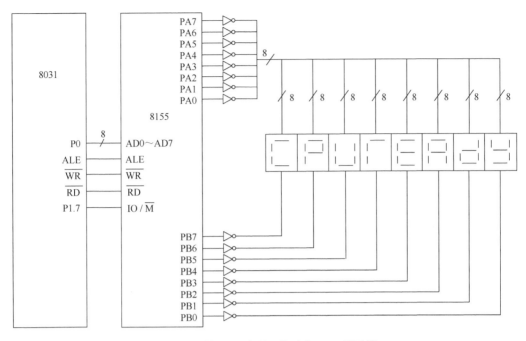

图 6-2-2 用 8155 实现 8 位动态 LED 显示器

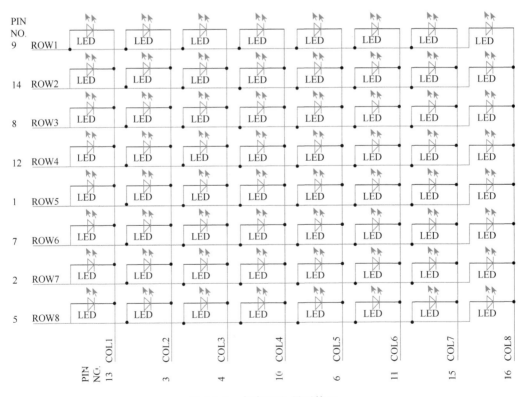

图 6-2-3 点阵 LED 显示接口

6.3　通用键盘/显示器接口芯片 HD7279A

6.3.1　接口芯片 HD7279A

HD7279A 是一片具有串行接口的,可同时驱动 8 位共阴极数码管(或 64 只独立 LED)的智能显示驱动芯片,该芯片同时还可连接多达 64 键的键盘矩阵,单片即可完成 LED 显示、键盘接口的全部功能。

HD7279A 内部含有译码器,可直接接收 BCD 码或十六进制码,并同时具有两种译码方式。此外,还具有多种控制指令,如消隐、闪烁、左移、右移、段寻址等。HD7279A 具有片选信号,可方便地实现多于 8 位的显示或多于 64 键的键盘接口。其典型应用有仪器仪表、工业控制器、条形显示器、控制面板。HD7279A 的特点如下。

(1)串行接口,不需要外围元件,可直接驱动 LED。

(2)独立控制译码/不译码及消隐和闪烁属性。

(3)具有段寻址指令,方便控制独立的 LED。

(4)64 键键盘控制器,内含去抖电路。

(5)有双列直插式封装(dual in-line package,DIP)和 SOIC(small outline IC)两种封装形式供选择。HD7279A 封装见图 6-3-1。

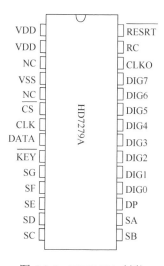

图 6-3-1　HD7279A 封装

6.3.2　串行接口

HD7279A 采用串行方式与微处理器通信,串行数据从 DATA 引脚送入芯片,并由 CLK 端同步。当片选信号变为低电平后,DATA 引脚上的数据在 CLK 引脚的上升沿被写入 HD7279A 的缓冲寄存器。

HD7279A 的指令结构有三种类型：①不带数据的纯指令，指令的宽度为 8bit，即微处理器需要发送 8 个时钟脉冲。②带有数据指令，宽度为 16bit。③读取键盘数据指令，宽度为 16bit，前 8bit 为微处理器发送到 HD7279A 的指令，后 8bit 为 HD7279A 返回的键盘代码。执行此指令时，HD7279A 的数据端在第 9 个时钟脉冲的上升沿变为输入状态，并与第 16 个脉冲的下降沿恢复为输入状态，等待接收下一个指令。HD7279A 的典型应用见图 6-3-2。

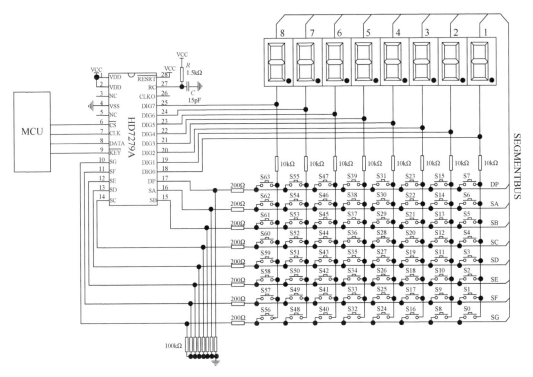

图 6-3-2　HD7279A 典型应用电路

HD7279A 应连接共阴极数码管。应用中，无须用到的键盘和数码管可以不连接，省去数码管或对数码管设置消隐属性均不影响键盘的使用。如果不用键盘，则典型电路图中连接到键盘的 8 只 10kΩ 电阻和 8 只 100kΩ 下拉电阻均可以省去。如果使用键盘，则电路中的 8 只 100kΩ 下拉电阻均不得省去。除非不接入数码管，否则串入 DP 及 SA-SG 连线的 8 只 200Ω 电阻均不能省去。

接口程序示例：AT89C2051 接口程序，硬件连接如图 6-3-3 所示。AT89C2051 所用时钟频率为 12MHz，程序使用 Franklin A51 编译通过，并经过验证。

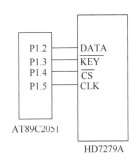

图 6-3-3　AT89C2051 与 HD7279A 硬件连接

```
;********************
;RAM 定义
;********************
;
BIT_COUNT       DATA   07FH
TIMER           DATA   07EH
TIMER1          DATA   07DH
TEN             DATA   07CH
DATA_IN         DATA   020H
DATA_OUT        DATA   021H
;********************
;I/O 口定义
;********************
;
DAT             BIT    P1.2
KEY             BIT    P1.3
CS              BIT    P1.4
CLK             BIT    P1.5
                ORG    000H
                JMP    START
                ORG    100H
START:          MOV    SP,#2FH                 ;定义堆栈
                MOV    P1,#11011011B           ;I/O 口初始化
                MOV    TIMER,#50 _x0007_START_DELAY: MOVT IMER1,#255
START_DELAY1:   DJNZ   TIMER1,START_DELAY1
                DJNZ   TIMER,START_DELAY
                MOV    DATA_OUT,#10100100B ;发复位指令
                CALL   SEND
                SETB   CS                      ;恢复 CS 为高电平
MAIN:           JB     KEY,MAIN                ;检测是否有键按下
                MOV    DATA_OUT,#00010101B
                CALL   SEND
                CALL   RECEIVE
                SETB   CS
                MOV    B,#10                   ;十六进制
                MOV    A,DATA_IN

                DIV    AB
                MOV    TEN,A
                MOV    DATA_OUT,#10100001B
```

```
              CALL   SEND
              MOV    DATA_OUT,#10000001B
              CALL   SEND
              MOV    DATA_OUT,TEN
              CALL   SEND
              MOV    DATA_OUT,#10000000B
              CALL   SEND
              MOV    DATA_OUT,B
              CALL   SEND
              SETB   CS
WAIT:         JNB    KEY,WAIT              ;等待按键放开
              JMP    MAIN
;*****************************
;发送 1 字节到 HD7279A,高位在前
;*****************************
SEND:         MOV   BIT_COUNT,#8          ;设定为计数器 = 8
              CLR   CS                     ;设 CS 为低电平
              CALL  LONG_DELAY

SEND_LOOP:    MOV  C,DATA_OUT.7           ;输出 1 位
              MOV  DAT,C
              SETB CLK                     ;设 CLK 为高电平
              MOV  A,DATA_OUT
              RL   A
              MOV  DATA_OUT,A
              CALL SHORT_DELAY
              CLR  CLK
              CALL SHORT_DELAY
              DJNZ BIT_COUNT,SEND_LOOP
              CLR  DAT
              RET
;*****************************
;从 HD7279A 接收 1 字节,高位在前
;*****************************
RECEIVE:      MOV  BIT_COUNT,#8
              SETB DAT
              CALL LONG_DELAY
RECEIVE_LOOP:
```

```
                    SETB CLK
                    CALL  SHORT_DELAY
                    MOV   A,DATA_IN
                    RL    A
                    MOV   DATA_IN,A
                    MOV   C,DAT
                    MOV   DATA_IN.0,C
                    CLR   CLK

                    CALL SHORT_DELAY
                    DJNZ BIT_COUNT,RECEIVE_LOOP
                    CLR DAT
                    RET
;***************************
;延时子程序
;***************************
LONG_DELAY: MOV  TIMER,#25
DELAY_LOOP: DJNZ TIMER,DELAY_LOOP
            RET
SHORT_DELAY:
            MOV  TIMER,#4
SHORT_LP:   DJNZ TIMER,SHORT_LP

            RET
            END
```

6.4　LCD 显示接口技术

6.4.1　LCD 概述

　　液晶就是液态晶体（liquid crystal）。通常将物质分为三态：固态、液态和气态。而液晶是一种不属于上述三态中的任何一种状态的中间状态。液晶是一种固体与液体之间的特殊物质，它是一种有机化合物，常态下呈液态，但是它的分子排列却和固体晶体一样非常规则，因此称为液晶。把液晶做成显示器就称为液晶显示器（简称LCD）[2]。

　　液晶的物理特性是：当通电导通时，排列变得有秩序，使光线容易通过；不通电时，排列混乱，阻止光线通过。液晶如闸门般地阻隔或让光线穿透。因此如果给液晶施加电场，就会改变它的分子排列，从而改变光线的传播，配合偏振光片，它就具有控制光线透过率的作用，再配上彩色滤光片，改变施加给液晶的电压大小，就能改变某一颜色透光量的多少。利用这种原理，做出可控红、绿、蓝光输出强度的显示结构[3]。

把三种显示结构组成一个显示单位，通过控制红、绿、蓝光的强度，可以使该单位混合输出不同的色彩，这样的一个显示单位称为像素。也就是说，一个像素中包含了R、G、B这三种显示单位，通过改变三种颜色的比例，混合出各种颜色。

液晶是不发光的，所以需要有一个背光灯提供光源，光线经过一系列处理过程才能输出，因此输出光线的强度比光源的强度低很多，而且这些处理过程会导致显示方向比较窄，也就是它的视角较小，从侧面看屏幕，会看不清它的显示内容，这也是LCD显示器的缺陷。

6.4.2　LCD显示器的工作原理和性能特点

由于LCD材料所具有的介电各向异性、电导各向异性及双折射性，所以外加电场能使液晶分子的排列发生变化，从而进行光调制，显示出旋光性、光干涉性和光散射性等特殊的光学性质。这种现象称作电光效应（electro-optic effect）。其工作原理如图 6-4-1 所示。

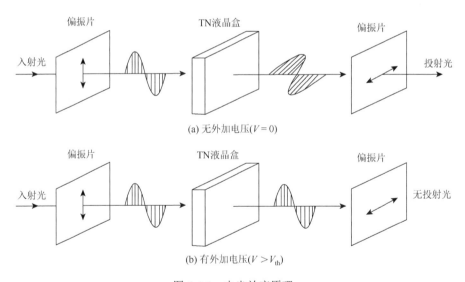

(a) 无外加电压($V = 0$)

(b) 有外加电压($V > V_{th}$)

图 6-4-1　电光效应原理

LCD显示器的主要性能特点有：

（1）LCD显示器工作电压低，仅 3～6V，且功耗极小（仅 10～80μW/cm^2）

（2）LCD显示器体积小、外形薄，为平板式显示器，使用极为方便。

（3）LCD显示器显示面积和字形大小以及字符的多少在一定范围内不受限制。

（4）LCD显示器响应时间和余辉时间较长，为毫秒级，因而响应速度较慢。

（5）LCD显示器本身不发光，在黑暗环境下不能显示，需要辅助光源。

（6）LCD显示器的工作温度范围较窄，通常为–10～+60℃。

6.4.3 LCD 显示器接口及程序

液晶显示器也为 7 段（或 8 段）显示结构，因此，也有 7 个（或 8 个）段选端，也须接段驱动器。这一点与 LED 相类似。LCD 与 LED 的不同之处在于每个字形段要由频率为几十赫兹到数百赫兹的节拍方波信号驱动。该方波信号加到 LCD 的公共电极和段驱动器的节拍信号输入端。

LCD 显示器的驱动接口分为静态驱动和动态驱动两种接口形式。

静态 LCD 驱动接口的功能是将要显示的数据通过译码器译为显示码，再变为低频的交变信号，送到 LCD 显示器。译码方式有硬件译码和软件译码两种。硬件译码采用译码器，软件译码由单片机通过查表的方法完成。

图 6-4-2 所示为采用硬件译码器的 LCD 驱动接口。LCD 显示器采用 4N07。4N07 的工作电压为 3～6V，阈值电压为 1.5V，工作频率为 50～200Hz，采用静态工作方式，译码驱动器采用 MC14543。MC14543 是带锁存器的 CMOS 型译码驱动器，可以将输入的 BCD 码数据转换为 7 段显示码输出。驱动方式由 PH 端控制，在驱动 LCD 时，PH 端输入显示方波信号。LD 是内部锁存器选通端。LD 为高电平时，允许 A～D 端输入 BCD 码数据；LD 为低电平时，锁存输入数据。BI 端是消隐控制。BI 端为高电平时消隐，即输出端 a～g 输出信号的相位与 PH 端相同。图 6-4-2 中，每块 MC14543 各驱动一位 LCD，BCD 码输入端 A～D 接 80C31 的 P1.0～P1.3，锁存器选通端 LD 分别接到 P1.4～P1.7，由 P1.4～P1.7 分别控制 4 块 MC14543 输入 BCD 码。MC14543 的相位端 PH 接到 80C31 的 P3.7，由 P3.7 端提供一个显示用的低频方波信号。这个方波信号同时也提供给 LED 显示器的公共端 COM。

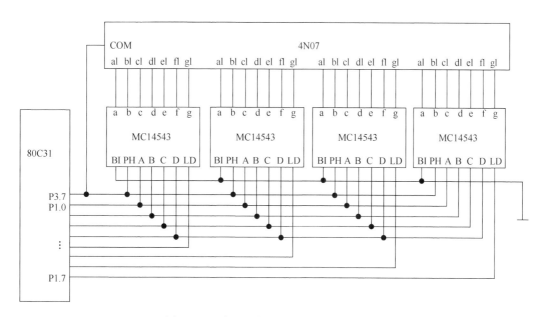

图 6-4-2　采用硬件译码静态 LCD 驱动接口

执行以下程序即可显示出显示缓冲区 DISB 中的内容。

主程序：

```
        ORG     0060H
DISB:   DS      4H                      ;显示缓冲区
        ORG     0000H
INIT:   LJMP    INIT1                   ;转初始化
        ORG     001BH
        LJMP    INTT                    ;定时器1中断入口
INIT1:  MOV     TMOD,#10H               ;置定时器为方式1
        MOV     TH1,#0FAH               ;10ms中断
        SETB    EA                      ;开中断
        SETB    TR1
        SETB    ET1
        ......                          ;其他工作
        LCALL   DISP                    ;调用显示子程序
        ......                          ;其他工作
```

显示子程序：

```
DISP:       MOV     R0,#DISB        ;R0指向显示缓冲区最高位
            MOV     R2,#10H         ;设定最高位锁存控制标志
DISP1:      MOV     A,@R0           ;取显示数码
            ANL     A,#0FH          ;保留BCD码
            ORL     A,R2            ;加上锁存控制位
            MOV     P1,A            ;送入MC14543
            ANL     P1,#0FH         ;置所有MC14543为锁存状态
            INC     R0              ;R0指向显示缓冲区下一位
            MOV     A,R2            ;锁存端控制标志送A
            RL      A
            MOV     R2,A
            JNB     ACC.0,DISP1     ;未完成4位则继续
            RET                     ;已更新显示,返回
```

定时器1中断服务程序：

```
  INTT:     CPL     P3.7            ;P3.7输出电平取反
            MOV     TH1,#0FAH;      ;置定时器计数初值
            RETI                    ;中断返回
```

在上述程序中，显示缓冲区的最高位对应 LCD 显示器的最左端，显示方波信号由定时器中断产生，在中断服务程序中改变 P3.7 端的输出电平。定时时间约为 10ms，显示方波的频率为 50Hz。当需要改变显示内容时，先将要显示的内容写入显示缓冲区，再调用显示子程序。

LCD 的动态驱动接口通常采用专门的集成电路芯片来实现。MC145000 和 MC145001 是较为常用的一种 LCD 专用驱动芯片。MC145000 是主驱动器，MC145001 是从驱动器。主、从驱动器都采用串行数据输入，一片主驱动器可带多片从驱动器。主驱动器可以驱动 48 个显示字段或点阵，每增加一片从驱动器可以增加驱动 44 个显示字段或点阵。驱动方式采用 1/4 占空系数的 1/3 偏压法。图 6-4-3 所示为采用 MC145000 和 MC145001 组成的 LCD 动态驱动接口。

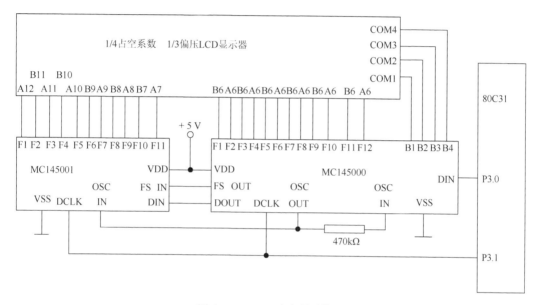

图 6-4-3　LCD 动态驱动接口

MC145000 的 B1～B4 端是 LCD 背电极驱动端，接 LCD 的背电极，即公共电极 COM1～COM4。MC145000 的 F1～F12 和 MC145001 的 F1～F11 端是正面电极驱动端，接 LCD 的字段控制端。对于 7 段字符 LCD，B1 接 a 和 f 的背电极，B2 接 b 和 g 的背电极，B3 接 e 和 c 的背电极，B4 接 d 和 dp 的背电极。F1 接 d、e、c、f 和 g 的正面电极，F2 接 a、b、c 和 dp 的正面电极。DIN 端是串行数据输入端。DCLK 是移位时钟输入端。在 DIN 端数据有效期间，DCLK 端的一个负跳变，可以把数据移入移位寄存器的最高序号位，即 MC145000 的第 48 位或 MC145001 的第 44 位，并且使移位寄存器原来的数据向低序号移动一位。MC145000 的最低位移入 MC145001 的最高位。串行数据由单片机 80C31 的 P3.0 端送出。首先送出 MC145001 的第 1 位数据，最后送出 MC145000 的第 48 位数据。数据 "1" 使对应的字段显示，"0" 为不显示。MC145000 内部显示寄存器各位与显示矩阵的对应关系如表 6-4-1 所示。MC145001 与 MC145000 的区别只是少了 F12 端对应的一列，其他对应关系都一样。

MC145000 带有系统时钟电路，在 OSC IN 和 OSC OUT 之间接一个电阻即可产生 LCD 显示所需要的时钟信号。这个时钟信号由 OSC OUT 端输出。接到各片 MC145001 的 OSC IN 端。时钟频率由谐振电路的电阻大小决定，电阻越大，频率越低。使用 470kΩ 的电阻时，时钟频率约为50Hz。时钟信号经256分频后用作显示时钟，其作用与静态时的方波信号一样，用于控制驱动器输出电平的等级和极性。另外，这个时钟还是动态扫描的定时信号，每一周期扫描4个背电极中的一个。由于背电极的驱动信号只在主驱动器MC145000发生，所以主、从驱动器必须同步工作。同步信号由主驱动器的帧同步输出端 FS OUT输出，接到所有从驱动器的帧同步输入端FS IN。每扫描完一个周期，主驱动器即发一次帧同步信号，并且在这时更新显示寄存器的内容。

表 6-4-1 MC145000 内部显示寄存器与显示矩阵的对应关系

引脚	F1	F2	F3	F4	F5	F6	F7	F8	F9	F10	F11	F12
B1	4	8	12	16	20	24	28	32	36	40	44	48
B2	3	7	11	15	19	23	27	31	35	39	43	47
B3	2	6	10	14	18	22	26	30	34	38	42	46
B4	1	5	9	13	17	21	25	29	33	37	41	45

显示子程序如下：

```
        ORG       0060
        DISHQS    12              ;预置12字节的显示缓冲区
        ORG       1000H
DIS:    MOV       R0,#DISB        ;置显示缓冲区指针
        MOV       R2,#12          ;显示缓冲区长度
DIS1MOV A,@R0                     ;取显示数据
        INC       R0
        MOV       R7,#8
DIS2CLR P3.1                      ;置时钟端为低电平
        RLC       A               ;A 的最高位移入 CY
        MOV       P3.0,C          ;再送 P3.0 端输出
        SETB      P3.1            ;置时钟端为高电平
        DJNZ      R7,DIS2         ;一字节未完,循环
        CLR       P3.1            ;置时钟端为低电平
        DJNZ      R2,DIS1         ;未完成 12 字节,循环
        RET                       ;完成则返回
```

在调用显示子程序之前，应将要显示的数据预先送入显示缓冲区。

6.5 打印接口技术

打印机是测控系统的常用设备之一。目前测控系统中采用的打印机主要有微型点阵式打印机、普通点阵式打印机、喷墨式打印机和激光式打印机等。微型打印机主要用于基于单片机的测控系统，可打印简单的数字、字符或小型的简略图形，但打印速度慢、

噪声大，且驱动电路复杂、占用 CPU 时间、效率低。由于可采用的微型打印机种类不同，通信信号的形式和要求也不一样，因此，驱动电路也各不相同。而普通的微型点阵式打印机、喷墨式打印机和激光式打印机一般与微型计算机相连接，采用通用打印机接口总线，并可直接利用计算机附带的打印机驱动程序进行联络信号后打印控制，安装和打印均很方便，打印功能也随之大大增强。

目前，国内流行的微型打印机主要有 GP16、TPμP-40A/16A、PP40 等。本节以 GP16 为例介绍打印机接口与程序。

6.5.1　GP16 微型打印机结构及接口信号

GP16 为智能微型打印机，机芯为 Model-150-Ⅱ16 行针打，控制器由 8039 单片机系统构成。GP16-Ⅱ为 GP16 的改进型，控制器由 8031 单片机系统构成。

GP16 微型打印机的接口信号如表 6-5-1 所示。

表 6-5-1　GP16 微型打印机接口信号

1	2	3	4	5	6	7	8	9	10	11	12	13	14	15	16
+5V	+5V	IO.0	IO.1	IO.2	IO.3	IO.4	IO.5	IO.6	IO.7	$\overline{CS}$	$\overline{WR}$	$\overline{RD}$	BUSY	地	地

表 6-5-1 中：

IO.0~IO.7 为双向三态数据总线，是 CPU 与 GP16 微型打印机之间的命令、状态和数据信息传输线。

$\overline{CS}$ 为设备选择线。

$\overline{WR}$ 、$\overline{RD}$ 为读、写信号线。

BUSY 为打印机状态输出线，BUSY 输出高电平表示 GP16 处于忙状态，不能接收 CPU 命令或数据。BUSY 状态输出线可供 CPU 查询或做 CPU 中断请求线。

由于 GP16 控制器具有数据锁存器，因此，与单片机接口十分方便。

6.5.2　GP16 的打印命令和工作方式

1. 打印命令及打印方式

GP16 的打印命令占 2 字节，其格式如下：

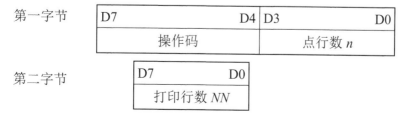

GP16 为微型针打，字符本身占据 7 个点行。命令字中的点行数 n 是选择字符之间的行距的参数，若 $n=10$，则行距为 3 个点行数；打印行数是执行本条命令时，打印（或空走纸）的字符行数。打印点行数应大于或等于 8。

（1）空走纸命令（8nNNH）。执行空走纸命令时，打印机自动空走纸 $N\times n$ 行，其间忙状态（BUSY）置位，执行完后清零。

（2）打印字符串（9nNNH）。执行打印字符串命令后，打印机等待 CPU 写入字符数据，当接收完 16 个字符（一行）后，转入打印。打印一行约需时 1s。若收到非法字符，作空格处理，若收到换行（0A），作停机处理，打完本行即停止打印。当打印完规定的 NNH 行数后，忙状态（BUSY）清零。

（3）十六进制数据打印（AnNNH）。本指令通常用来直接打印内存数据。当 GP16 接收到数据打印命令后，把 CPU 写入的数据字节分两次打印，先打印高 4 位，后打印低 4 位。一行打印 4 字节数据。行首为相对地址，其格式如下：

```
00H:   ××   ××   ××   ××
04H:   ××   ××   ××   ××
08H:   ××   ××   ××   ××
0CH:   ××   ××   ××   ××
10H:   ××   ××   ××   ××
...
```

（4）图形打印（BnNNH）。GP16 接收到 CPU 的图形打印命令和规定的行数以后，等待主机送来一行 96 字节的数据便进行打印，把这些数据所确定的图形打印出来，然后接收 CPU 的图形数据，直到规定的行数打印完为止。

图形数据编排规则如图 6-5-1 所示。

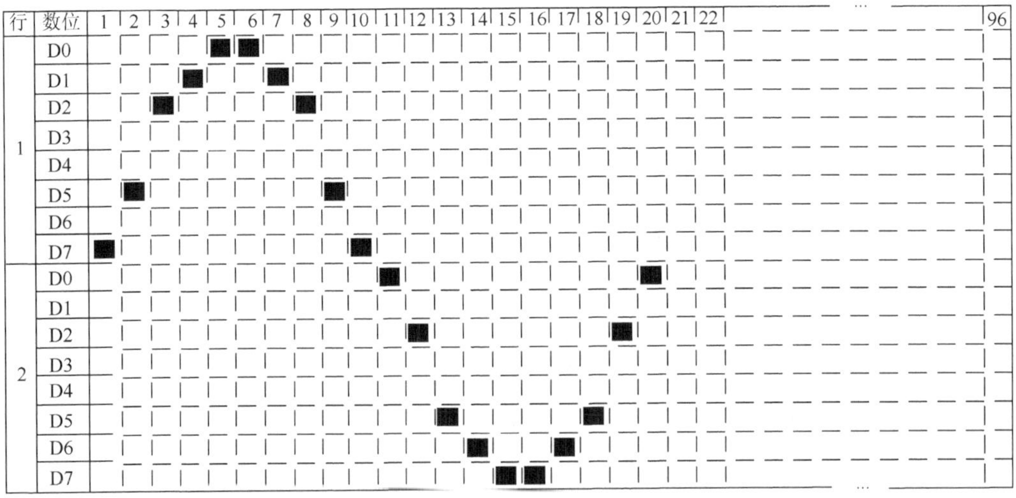

图 6-5-1　图形数据编排示例（正弦波）

图 6-5-1 中打印图形为一正弦波，打印点为 1，空白点为 0。设正弦波分两次打印，

先打印正半周，后打印负半周。下面为两行正弦波图形数据。

第一行：80H，20H，04H，02H，01H，01H，02H，04H，20H，80H，00H，
　　　　00H，00H，00H，00H，00H，00H，00H，00H，00H，…

第二行：00H，00H，00H，00H，00H，00H，00H，00H，00H，01H，
　　　　04H，20H，40H，80H，80H，40H，20H，40H，01H，…

2. 状态字与工作状态

GP16 有一个状态字可供 CPU 查询。状态字格式如下：

D7	D6	D5	D4	D3	D2	D1	D0
错							忙

D0 为忙（BUSY）位。当 CPU 输入的数据、命令没处理完或处于自检状态时，均置 1，空闲时置 0。

D7 为错误位。当接收到非法命令时，置 1，接到正确命令后，复位。

6.5.3　MCS-51 单片机和 GP16 的接口

GP16 的控制电路中有三态锁存器，在 $\overline{CS}$ 和 $\overline{WR}$ 的控制下能锁存 CPU 总线上的数据，三态门又能与 CPU 实现隔离。故 GP16 可以直接与 MCS-51 数据总线相连而无须外加锁存器。图 6-5-2 即 GP16 与 8031 数据总线口相连的接口方法。

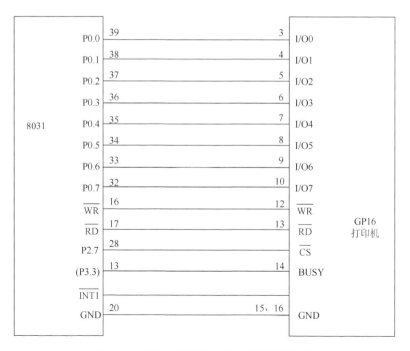

图 6-5-2　GP16 与 8031 数据总线的接口方法

图 6-5-2 中 BUSY 接（P3.3），因此不改变连接方法该电路即能用于中断方式（INT1）或查询方式（P3.3）。

如果使用其他 I/O 口或扩展 I/O 口，将 P0 口线换成其他 I/O 口或扩展 I/O 即可。

按照图 6-5-2 中连接，GP16 的打印机地址为 7FFFH，读取 GP16 状态字时，8031 执行下列程序段：

```
        MOV     DPTR,#7FFFH
        MOVX    A,@DPTR
```

将命令或数据写入 GP16 时，8031 执行下列程序段：

```
        MOV     DPTR,#7FFFH
        MOVX    A,@DATA/COM
        MOVX    A,@DPTR
```

打印程序实例：

```
PRINT:  MOV     DPTR,#7FFFH         ;查询打印机状态字 D0 和 D7 位
LP0:    MOVX    A,DPTR
        ANL     A,#81H
        JNZ     LP0                 ;"忙""错"时返回等待
LOOP1:  MOV     A,#9AH              ;送打印命令:打印字符串,点行数为 0AH
        MOVX    @DPTR,A
LP2:    MOVX    A,@DPTR            ;查询打印机状态字
        JB      ACC.7,LOOP1         ;"错",重送打印命令

        JB      ACC.0,LP2           ;"忙",再查询
        MOV     A,#03H              ;送打印行数 NNH
        MOVX    @DPTR,A
LPP:    MOVX    A,@DPTR             ;查"忙"
        JB      ACC.0,LPP
        MOV     R1,#30H             ;打印数据缓冲区首址→R1
        MOV     R7,#00H
LP12:   MOV     A,R7
        ADD     A,#81H              ;构成一、二、三的代码为 81H、82H、83H
        MOVX    @DPTR,A             ;送打印字符代码
LPP1:   MOVX    A,@DPTR             ;查"忙"
        JB      ACC.0,LPP1
        MOV     R4,#RELDB1          ;RELDB1 为 DB1 表首偏移量
LOOP3:  MOV     A,R4                ;查表
        MOVC    A,@A+PC
        MOVX    @DPTR,A             ;送打印
LPP2:   MOVX    A,@DPTR             ;查"忙"
```

```
            JB    ACC.0,LPP2
            INC   R4                    ;指向下一个字符
            MOV   A,R4
            XRL   A,#RELDB1+03H
            INZ   LOOP3                 ;未送完,再送
   LOOP4:   ACALL SUBI                  ;调数据打印
            MOV   A,R7                  ;行数 R7×3
            ADD   A,R7

            ADD   A,R7
            ADD   A,#32H                ;该行整数部分打印完
            XRL   A,R1
            JNZ   LOOP4                 ;整数部分未打印完,返回
   LPP3:    MOVX  A,@DPTR               ;查"忙"
            JB    ACC.0,LPP3
            MOV   A,#2EH                ;打印小数点
            MOVX  @DPTR,A
   LPP4:    MOVX  A,@DPTR               ;查"忙"
            JB    ACC.0,LPP4
            ACALL SUBI                  ;打印小数点数据
            MOV   R6,#05H
            MOV   R4,#RELDB2            ;RELDB2 为 DB2 的偏移量
   LPP8:    MOVX  A,@DPTR               ;查"忙"
            JB    ACC.0,LPP8
            MOV   A,R4                  ;查表,送字符代码打印
            MOVX  A,@A+PC
            MOVX  @DPTR,A
            INC   R4                    ;指向下一个字符的偏移量
            DJNZ  R6,LPP8               ;字符串打印完
            INC   R7                    ;打印完,转打下一行
            MOV   A,R7
            XRL   A,#03H                ;三行都打印完
            JNZ   LP12                  ;未打印完,转
            RET                         ;三行打印完,结束
   SUBI:    MOVX  A,@DPTR               ;查"忙"
            JB    ACC.0,SUBI
            MOV   A,@R1                 ;取数据缓冲区中打印数据
            ANL   A,#0F0H               ;字节分离并转换为 ASCII 码
```

```
          SWAP   A
          ACALL  ASCII
          MOVX   @DPTR,A
   LS1:    MOVX   A,@DPTR
          JB     ACC.0,LS1
          MOV    A,@R1
          ANL    A,#0FH
          ACALL,ASCII
          MOVX   @DPTR,A
          INC    R1
          RET
   ASCII:  ADD    A,#90H           ;分离的 BCD 码转换成 ASCII 码
          DA     A
          ADDC   A,#40H
          DA     A
          RET
   DB1:    54H,3AH,20H
   DB2:    A1H,43H,20H,20H,20H
```

6.6　触摸屏接口技术

　　触摸屏作为一种特殊的计算机外设,是目前最简单、方便、自然的一种人机交互方式。它赋予了多媒体崭新的面貌,是极富吸引力的全新多媒体交互设备。触摸屏的应用范围十分广泛,主要用于大型商场、电信、税务、银行、电力等部门的业务查询,城市街头的信息查询,此外还应用于工业控制、军事指挥、电子游戏、多媒体教学等领域。随着生活中类似于 PDA 的手持设备越来越多,彩色 LCD 触摸屏也变得越来越普及,并逐渐成为当今的主流配置。触摸屏又称为触控面板,是可接收触摸等输入信号的感应式显示装置。当接触了屏幕上的图形按钮时,屏幕上的触觉反馈系统可根据预先编程的应用程序来实现各种操作功能。用户利用这种技术,逐步摆脱了键盘和鼠标操作。

6.6.1　触摸屏工作原理

　　触摸屏根据其工作原理的不同可以分为电阻式、电容式、红外式、表面声波式等几大类,其中使用最广泛的是电阻式触摸屏。电阻式触摸屏是一种多层的复合膜,它由一层玻璃或有机玻璃作为基层,表面涂有一层透明的导电层,上面再盖有一层塑料层,其内表面也涂有一层透明的导电层,在两层导电层之间有许多细小的透明隔离点把它们隔开以绝缘[4]。其主要特点是精确度高,不受环境干扰,适用于各种场合。当手指触摸屏幕

时，平常绝缘的两层导电层在触摸点位置就有了接触，当控制器检测到这个接触后，其中一面导电层接通 Y 轴方向的 5V 均匀电压场，另一面导电层将接触点的电压引至控制器进行 A/D 转换，再将得到的电压值与 5V 相比，即可得到触摸点的 Y 轴坐标，同理得出 X 轴的坐标，这是所有电阻式触摸屏共同的基本原理。

1. 电阻式触摸屏

电阻式触摸屏是玻璃或有机玻璃构成的，最上面是一层外表面经过硬化处理从而光滑防刮的塑料层，中间是两层金属导电层，分别在基层之上和塑料层内表面，在两导电层之间有许多细小的透明隔离点把它们隔开。当手指触摸屏幕时，两导电层在触摸点处接触。

2. 电容式触摸屏

电容式触摸屏利用人体电流感应进行工作。电容式触摸屏是一块四层复合玻璃屏，玻璃屏的内表面和夹层各涂有一层纳米铟锡氧化物（indium tin oxides，ITO），最外层是一薄层硅酮或其他透明的保护层，夹层的 ITO 涂层作为工作面，四个角上引出四个电极，内层 ITO 为屏蔽层以保证良好的工作环境。当手指触摸在金属层上时，由于人体电场，用户和触摸屏表面形成一个耦合电容，对于高频电流来说，电容是直接导体，于是手指从接触点吸走一个很小的电流。这个电流从触摸屏的四角上的电极中流出，并且流经这四个电极的电流与手指到四角的距离成正比，控制器通过对这四个电流比例的精确计算，得出触摸点的位置。

3. 红外式触摸屏

红外式触摸屏以光束阻断技术为基本原理，结构非常简单，在屏幕前框架的左边（Y 轴）和下边（X 轴）分别装有红外发射管，各自的对边又装有对应的接收管，进而形成一个横竖交叉的红外线网。管的排列密度与其分辨率有关。工作时，在屏幕前形成纵横交叉的红外线矩阵，只要有物体触摸屏上任何一点，便会阻挡该位置的红外线，控制器即时算出触摸点的位置坐标。

4. 表面声波式触摸屏

表面声波式触摸屏的触摸屏部分可以是一块平面、球面或是柱面的玻璃平板，安装在 CRT、LED、LCD 或是等离子显示器屏幕的前面。玻璃屏的左上角和右下角各固定了竖直和水平方向的超声波发射换能器，右上角则固定了两个相应的超声波接收换能器。玻璃屏的四个周边则刻有呈 45°角、由疏到密、间隔非常精密的反射条纹。

6.6.2　电阻式触摸屏应用

电阻式触摸屏的屏体部分是一块与显示器表面相匹配的多层复合薄膜，由一层玻璃或有机玻璃作为基层，表面涂有一层透明的导电层，上面再盖有一层外表面硬化处理、光滑防刮的塑料层，它的内表面也涂有一层透明导电层，在两层导电层之间有许多细小［小于千分之一英寸（1 英寸 = 2.54cm）］的透明隔离点把它们隔开以绝缘。当手指触摸屏幕时，平常相互绝缘的两层导电层就在触摸点位置有了接触，因其中一面导电层接通 Y 轴方向的 5V 均匀电压场，侦测层的电压由零变为非零，这种接通状态被控制器侦测到后，进行 A/D 转换，并将得到的电压值与 5V 相比即可得到触摸点的 Y 轴坐标，同理得出 X 轴的坐标。其典型应用是四线电阻式触摸屏[5]。

四线电阻式触摸屏的应用性能如下。

（1）耐用性不够，长时间的触按施压会使器件损坏。因为每次触按，上层的聚对苯二甲酸乙二醇酯（polyethylene terephthalate，PET）和 ITO 都会发生形变，而 ITO 材质较脆，在形变经常发生时容易损坏。一旦 ITO 层断裂，导电的均匀性也就被破坏，上面推导坐标时的比例等效性也就不再存在，因此四线电阻式触摸屏的寿命不长。

（2）四线式的触控面板因成本及技术层面较为成熟等因素，几乎是所有触控面板业者最基本的生产规格，它适用于有固定用户的场所，如工业控制现场、办公室、家庭等。

因此，以电阻式的技术来说，四线式的规格占 50%以上的市场份额。

6.6.3　触摸屏接口芯片功能特性

当今很多嵌入式应用系统中，都采用触摸屏作为输入设备，对触摸屏的控制也有专门的芯片。触摸屏控制芯片主要完成两项工作：一是完成电极电压的切换；二是采集接触点处的电压值（即 A/D 转换）。

ADS7843 是 TI 公司专为四线电阻式触摸屏设计的专用接口芯片，它可以方便地与单片机接口，对转换信号进行处理和计算。它是一个具有可编程的 8 位或 12 位分辨率的逐次逼近型 A/D 转换器，带有一个同步串行接口，可支持高达 125kHz 的转换速率，它的工作电压 VCC 为 5～27V，参考电压在 1V 到 VCC 之间均可，参考电压的数值决定转换器的输入电压范围。在 125kHz 吞吐速率和 27V 电压下的功耗为 750μW，在关闭模式下的功耗仅为 0.5μW。

ADS7843 采用 SSOP-16 引脚封装，温度范围是 –40～+85℃。

参 考 文 献

[1] Zhang S H, Zheng H, Zhou L, et al. Research progress of micro-LED display technology[J]. Crystals, 2023, 13（7）：1001.

[2] 回顾篇：LCD 技术发展史[N]. 中国电脑教育报，2007-10-29（B02）.

[3] 周林霞，戴文琦，周记超，等. 测控装置液晶屏显示系统设计与实现[J]. 电子质量，2023（4）：13-15.

[4] 曾涛. 触摸屏曲面纹理再现研究及其接口装置设计[D]. 深圳：厦门大学深圳研究院，2020.

[5] 刘熠凡. 触摸屏技术的性能与发展[J]. 科技资讯，2017，15（32）：73-74.

第7章　系统中的通信接口

通信接口是微机化测控系统的重要组成部分。在自动化测量和控制系统中，微机化仪表之间、计算机和各仪表之间不断地进行各种信息的交换和传输（即数据通信），而这种信息的交换和传输都必须通过通信接口和数据总线进行，所以，通信接口、总线是计算机同各测量控制仪器仪表之间进行信息交换和传输而设立的联络装置。

总线是一条多芯无源电缆线，用于信息传输；接口则由各种逻辑电路组成，有串行和并行两种形式，它对信息进行发送、接收、编码和译码。为使不同厂家生产的任何型号的仪器仪表都可用一条无源标准总线电缆连接起来，并通过一个合适的接口与微机连接，世界各国都按同一标准来设计微机化仪器仪表的接口电路。

在这些标准中，应用比较广泛的串行通信接口标准有 RS-232C、RS-422、RS-423 等；并行通信接口标准有 IEEE-488（或 HP-IB、GP-IB）、IEEE-583（CAMAC）等。本章将以普遍使用的 RS-232C、RS-422、RS-423 标准和 IEEE-488 标准为例分别介绍串行通信接口和并行通信接口，并对前者给予重点叙述。

7.1　数字通信基础

1. 数据

数据涉及的是事物的表现形式，信息是数据的内容和含义，是数据的解释。数据有模拟数据和数字数据两种形式。

模拟数据实质上是在某个时间段产生的连续的值，例如，声音和视频、温度和压力等都是时间连续函数。

数字数据是指产生的离散的值，如文本信息和证书。

2. 信号

信号是数据的表现形式，或称数据的电磁或电子编码。信号使数据能以适当的形式在介质上传输。信号有模拟信号和数字信号两种形式。

模拟信号是指随时间连续变化的信号，在通信中，一般用这种信号的某种参量（如振幅、频率、相位）来标识要传递的数据。

数字信号是指有限制（或状态）的信号，在通信中，是以某一瞬间的状态来标识传递的信息。

3. 数据传输

模拟传输是指模拟数据的传输，不关心所传输信号的内容，而只关心尽量减少信号的衰减和噪声，长距离传输时，衰减的信号被放大，但同时也放大了信号中的噪声。

数字传输是指数字数据的传输，关心信号的内容，可以数字信号传输，也可以模拟信号传输，长距离传输时，采用转发器，可以消除噪声的累积。

长距离传输时，通常采用的是数字传输。

4. 数据传输系统模型

数据传输系统模型如图 7-1-1 所示。

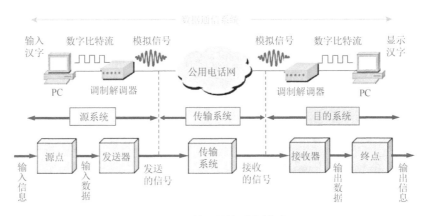

图 7-1-1　数据传输系统模型

1）源系统

源点（信源、源站）：产生要传输的数据，如 PC。

发送器：把源点产生的数据变成传输系统中的信号，并发送。

2）传输系统

负责把信号从源端传送到目的端；通常需要处理传输差错。

3）目的系统

接收器：把来自传输系统的信号转换成目的设备能处理的信息。

终端（信宿、目的站）：获取接收器传来的信息，是调制的逆过程。

7.2　串行通信接口

串行通信是将数据一位一位地传送，它只需要一根数据线，硬件成本低，而且可使用现有的通信通道（如电话、电报等），故在分散型控制系统、计算机终端中（特别在远距离传输数据时），广泛采用了串行通信方式，例如，微机化仪表与上位机（IBM-PC 等）之间，或微机化仪表与 CRT 间均通过串行通信来完成数据的传送[1]。

电子工业协会（Electronic Industries Alliance，EIA）公布的 RS-232C 是用得最多的一种串行通信标准，它是从国际电报电话咨询委员会（International Telegraph and Telephone Consultative Committee，CCITT）远程通信标准中导出的，用于数据终端设备（data terminal equipment，DTE）和数据通信设备（data communication equipment，DCE）之间的接口。该标准除包括物理指标外，还包括按位串行传送的电气指标。

7.2.1　RS-232C 标准

1. 电气特性和数据传送格式

在电气性能方面，RS-232C 使用负逻辑。逻辑"1"电平在–15～–5V 范围内，逻辑"0"电平在+5～+15V 范围内。它要求 RS-232C 接收器必须能识别高到+3V 的信号作为逻辑"0"，识别低到–3V 的信号作为逻辑"1"，即有 2V 的噪声容限[2]。RS-232C 的主要电气特性如表 7-2-1 所示。

表 7-2-1　RS-232C 电气特性

项目	参数
最大电缆长度	15m
最大数据传输速率	20Kbit/s
驱动器输出电压（开路）	±25V（最大）
驱动器输出电压（满载）	±5～±25V（最大）
驱动器输出电阻	300Ω（最小）
驱动器输出短路电流	±500mA
接收器输入电阻	3～7kΩ
接收器输入门限电压值	–3～+3V（最大）
接收器输入电压	–25～+25V（最大）

RS-232C 是位串行方式，传输数据的格式如图 7-2-1 所示，这是微机系统中最通用的格式。7 位 ASCII 码数据的连续传送由最低有效数字位开始，以奇偶校验位结束（RS-232C 标准接口并不限于 ASCII 数据，还可用 5～8 个数据位后加一奇偶校验位的传送方式）。

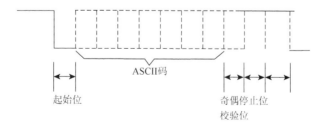

图 7-2-1　串行数据传输格式

2. 接口信号

完整的 RS-232C 接口有 25 根线，采用 25 芯的插头座。这 25 根线的信号列于表 7-2-2。

其中15根线组成主信道（表中标*者），另外有一些未定义的和供辅信道使用的线。辅信道为次要串行通道提供数据控制和通路，但其运行速度比主信道要低得多。除了速度之外，辅信道与主信道相同。辅信道极少使用，若要用，主要是向连接于通信线路两端的调制解调器提供控制信息。

表 7-2-2　　RS-232C 接口特性

脚号	电路	缩写符	名称	信号地	数据信号		控制信号		定时信号	
					DCE 源	DCE 目标	DCE 源	DCE 目标	DCE 源	DCE 目标
*1	AA		保护地	√						
*2	BA	TXD	发送数据			√				
*3	BB	RXD	接收数据		√					
*4	CA	RTS	请求发送					√		
*5	CB	CTS	清除发送（允许发送）				√			
*6	CC	DER	数据装置就绪				√			
*7	AB		信号地（公共回线）	√						
*8	CF	DCD	接收线信号检测				√			
9			保留供数据装置测试							
10			保留供数据装置测试							
11			未定义							
12	SCF	DCD	辅信道接收信号检测				√			
13	SCB	CTS	辅信道清除发送				√			
14	SBA	TXD	辅信道发送数据			√				
*15	DB		发送信号定时（DCE 源）						√	
16	SBB	RXD	辅信道接收数据		√					
*17	DD		接收信号定时（DCE 源）						√	
18			未定义						√	
19	SCA	RTS	辅信道请求发送					√		
*20	CD	DTR	数据终端就绪					√		
*21	CG		信道质量检测							
*22	CE		振铃指示							
*23	CH		数据信号速率选择					√		
	CI		DTE/DCE 源							
*24	DA		发送信号定时（DTE 源）							√
25			未定义							

RS-232C 标准接口的主要信号是"发送数据（transmit data，TXD）"和"接收数据（receive data，RXD）"，它们用来在两个系统或设备之间传送串行信息。其传输速率有50、75、110、150、300、600、1200、2400、4800、9600 和 19200，单位为 bit/s。

RS-232C 标准接Ⅵ上的信号线基本上可分为 4 类：数据信号（4 根）、控制信号（12 根）、定时信号（3 根）和地（2 根）。

（1）数据信号。"发送数据（TXD）"和"接收数据（RXD）"信号线是一对数据传输线，用于传输串行的位数据信息。对于异步通信，传输的串行位数据信息的单位是字符。发送数据信号由数据终端设备（DTE）产生，送往数据通信设备（DCE）。在发送数据信息的间隔期间或无数据信息发送时，数据终端设备保持该信号为"1"。"接收数据"信号由数据通信设备发出，送往数据终端设备。同样，在数据信息传输的间隔期间或无数据信息传输时，该信号应为"1"。

对于"接收数据"信号，不管何时，当"接收线信号检测"信号复位时，该信号必须保持"1"态。在半双工系统中，当"请求发送"信号置位时，该信号也保持"1"态。

辅信道中的 TXD 和 RXD 信号的作用同上。

（2）控制信号。数据终端设备发出"请求发送（request to send，RTS）"信号到数据通信设备，要求数据通信设备发送数据。在双工系统中，该信号的置位条件保持数据通信设备处于发送方式。在半双工系统中，该信号的置位条件维持数据通信设备处于发送状态，并且禁止接收；该信号复位后，才允许数据通信设备转为接收方式。在数据通信设备复位"清除发送（clear to send，CTS）"信号之前，"请求发送"信号不能重新发送。

数据通信设备发送"清除发送"信号到数据终端设备，以响应数据终端设备请求发送数据的要求，表示数据通信设备处于发送状态且准备发送数据，数据终端设备做好接收数据的准备。当该控制信号复位时，应无数据发送。

数据通信设备的状态由"数据装置就绪（data set ready，DSR）"信号表示。当设备连接到通道时，该信号置位，表示设备不在测试状态和通信状态，设备已经完成了定时功能。该信号置位并不意味着通信电路已经建立，仅表示局部设备已准备好，处于就绪状态。

"数据终端就绪（data terminal ready，DTR）"信号由数据终端设备发出，送往数据通信设备，表示数据终端处于就绪状态，并且在指定通道已连接数据通信设备，此时数据通信设备可以发送数据。完成数据传输后，该信号复位，表示数据终端在指定通道上和数据通信设备逻辑上断开。

当数据通信设备收到振铃信号时，置位"振铃指示"信号。当数据通信设备收到一个符合一定标准的信号时，发送"接收线信号检测（data carrier detect，DCD）"信号。当无信号或收到一个不符合标准的信号时，"接收线信号检测"信号复位。

确信无数据错误发生时，数据通信设备置位"信号质量检测"信号；若发现数据错误，则该信号复位。在使用双速率的数据装置中，数据通信设备使用"数据信号速率选择"控制信号，以指定两种数据信号速率中的一种。若该信号置位，则选择高速率；否则，选择低速率。该信号源自数据终端设备或数据通信设备。

辅信道控制信号的作用同上。

（3）定时信号。数据终端设备使用"发送信号定时"信号指示发送数据线上的每个二进制数据的中心位置；而数据通信设备使用"接收信号定时"信号指示接收数据线上的每个二进制数据的中心位置。

（4）地。"保护地"即屏蔽地；"信号地"是 RS-232C 所有信号公共参考点的地。

3. 通信系统结构

大多数计算机和终端设备仅需要使用 25 根信号线中的 3～5 根线就可以工作。对于标准系统需要使用 8 根信号线。图 7-2-2 给出了使用 RS-232C 标准接口的几种系统结构。

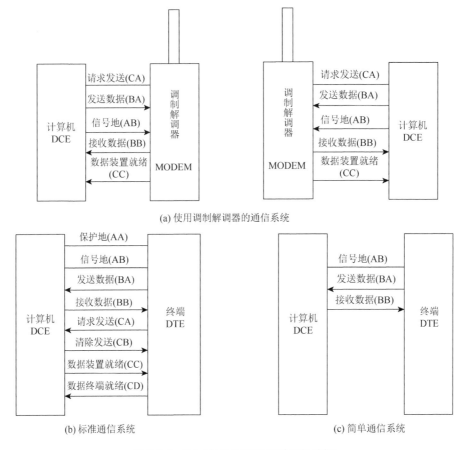

图 7-2-2 RS-232C 数据通信系统的结构

通信系统在工作之前，需要进行初始化，即进行一系列控制信号的交互联络。首先由终端发出"请求发送"信号（高电平），表示终端设备要求通信设备发送数据；数据通信设备发出"清除发送"信号（高电平）予以响应，表示该设备准备发送数据；而终端设备使用"数据终端就绪"信号进行回答，表示它已处于接收数据状态。此后，即可发送数据。在数据传输期间，"数据终端就绪"信号一直保持高电平，直到数据传输结束。"清除发送"信号变低后，可复位"请求发送"信号线。

4. RS-232C 与 TTL 器件接口

因 RS-232C 的逻辑电平与 TTL 电平不兼容，因此要与 TTL 器件连接，必须进行电平转换。MC1488 驱动器和 MC1489 接收器是 RS-232C 通用的集成电路转换器件，如图 7-2-3 所示。图 7-2-3（a）为 MC1489 四路 RS-232C 接收器引出线和功能原理图，只要用一个电阻就可编排出每个接收器的门限电平。为了滤除干扰，控制输入端可通过小电容旁路接地。图 7-2-3（b）为 MC1488 和 RS-232C 驱动器引出线与功能原理图，唯一的外部元件是从每一个输出端到地所接的小电容，用以限制转换速度，有时也可不需要。实现这种转换的电路也可用分立元件构成，一种可行的电路示于图 7-2-4。MC1488 的供电电压为 ±12V 或 ±15V，MC1489 的供电电压为+5V。

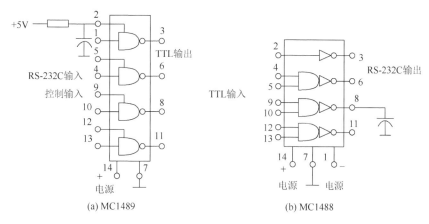

(a) MC1489   (b) MC1488

图 7-2-3 总线接收/发送器

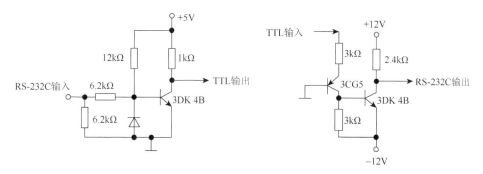

图 7-2-4 分立元件的接收/发送器

7.2.2 8251A 串行通信接口

串行通信接口常用的标准 LSI 芯片是 Intel 8251A、ZilogSIO、Motorola MC6850 和 INS8250 ACIA 等。无论是哪种芯片，它们的基本功能是实现串-并转换及发送、接收数据。芯片结构可分为三部分，即发送部分、接收部分和控制部分，如图 7-2-5 所示。

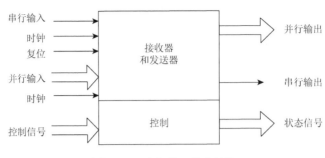

图 7-2-5　串行接口芯片结构

这里仅以 Intel 8251A USART（通用同步/异步收发器）为例介绍串行通信接口的使用方法。

8251A 是一种功能较强的串-并转换接口芯片，它既可以用于同步串行通信，也能用于异步串行通信。由于 8251A 在异步通信中使用更多，这里主要介绍 8251A 的异步通信方式。

1. 8251A 基本性能

（1）可用于同步、异步串行通信。

（2）异步通信：5～8bit/字符，时钟频率为通信波特率的 1 倍、16 倍或 64 倍。

（3）同步通信：5～8bit/字符，可设为单同步、双同步或者外同步，可自动插入同步字符。

（4）波特率：DC 为 19.2Kbit/s（异步），DC 为 64Kbit/s（同步）。

（5）完全双工通信：双缓冲器发送和接收器，接收器、发送器独立。

（6）可产生中止字符：可产生 1 位、1 或 2 位的停止位。可检查假启动位；可自动检测和处理中止字符。

（7）有出错检测功能：具有奇偶、溢出和帧错误等检测电路。

2. 8251A 的结构

8251A 的内部结构框图如图 7-2-6 所示，由五个部分构成：接收控制和接收器、发送控制和发送器、读/写控制逻辑、I/O 缓冲器、调制解调控制器。8251A 内部由内部数据总线实现相互之间的通信。8251A 对外为 28 个引脚。

（1）接收控制和接收器。接收器接收到 RXD 脚上的串行数据并按规定格式转换为并行数据，存放在接收数据缓冲器中。

8251A 工作于异步方式且允许接收和准备好接收数据时，它监视 RXD 线。无字符传送时，RXD 线上为高电平。当发现 RXD 线上出现低电平时，认为它是起始位，就启动一个内部计数器；当计数到一个数据位宽度的一半时，又重新采样 RXD 线，若其仍为低电平，则确认它为起始位，而不是噪声信号。此后，每隔一定时间间隔采样一次 RXD 线作为输入信号，送到移位寄存器经过移位后，再经过奇偶校验和去掉停止位后，获得经转换的并行数据，由 8251A 内部数据总线传送到接收数据缓冲器，同时发出 RXRDY 信号，通知 CPU 字符已经可用。

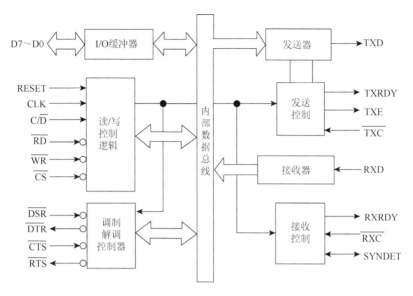

图 7-2-6　　8251A 内部结构

（2）发送控制和发送器。发送器接收 CPU 送来的并行数据，加上起始位、奇偶校验位和停止位后由 TXD 引脚发送。无论是同步或异步工作方式，只有当程序设置了允许发送 TXE 位为 1 且 $\overline{\text{CTS}}$ 有效时，才能发送。

在同步方式时，发送器在数据发送前插入一个或两个同步字符（在初始化时由程序给定）。而在数据中，除了奇偶校验位外，不再插入其他位。当 CPU 来不及送出新的字符时，就自动地由 USART 在 TXD 线上插上同步字符。

（3）读/写控制逻辑。其对 CPU 输出的控制信号进行译码，以实现表 7-2-3 所列的读写功能。这一部分包含芯片的端口选择和读写控制功能。

表 7-2-3　　8251A 的操作表

$\overline{\text{CS}}$	C/$\overline{\text{D}}$	$\overline{\text{RD}}$	$\overline{\text{WR}}$	功能
0	0	0	1	CPU 从 8251A 读数据
0	1	0	1	CPU 从 8251A 读状态字
0	0	1	0	CPU 向 8251A 写数据
0	1	1	0	CPU 向 8251A 写方式/命令字

（4）I/O 缓冲器。其与 CPU 互相交换的数据和控制字，就存放在这个区域，包括接收数据缓冲器、发送数据/命令缓冲器和状态字缓冲器三部分。

接收数据缓冲器：串行口接收到的数据，变成并行字符后存放到这里，以供 CPU 读取。

发送数据/命令缓冲器：它是一个分时使用双功能缓冲器，CPU 送来的并行数据存放在这里，准备由串行口向外发送；另外，CPU 送来的命令字也存放在这里，以指挥串行接口的工作。由于命令一输入，马上就执行，不必长期存放，所以不会影响存放发送数据。

状态字缓冲器：存放 8251A 内部的工作状态供 CPU 查询。其中包括状态信息 RXRDY 和 TXRDY 等。

（5）调制解调控制器。这部分向调制解调器提供四种联络信号，可用来和其他外设联络，也可用于控制远程的串行数据传输。

3. 8251A 接口信号

由于 8251A 用来作为 CPU 与外设或调制解调器之间的接口（图 7-2-7），因此它的接口信号分为两组：一组为与 CPU 接口的信号；另一组为与外设接口的信号。

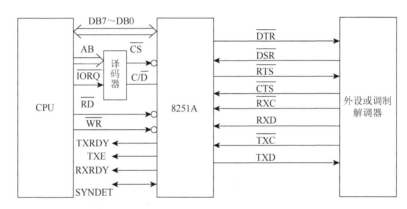

图 7-2-7　CPU 通过 8251A 与串行外设接口

1）与 CPU 的接口信号

DB7～DB0——8251A 的外部三态双向数据总线，它可以连到 CPU 的数据总线。CPU 与 8251A 之间的命令、数据及状态信息都是通过这组数据总线传送的。

$\overline{\text{IORQ}}$——输入、输出请求。

CLK——由 CLK 输入产生 8251A 的内部时序。CLK 的频率在同步方式工作时，必须大于接收器和发送器输入时钟频率的 30 倍；在异步方式工作时，必须大于输入时钟的 4.5 倍。另外，规定 CLK 的周期要在 0.42～1.3μs 的范围内。

$\overline{\text{CS}}$——片选信号，它由 CPU 的地址信号通过译码后产生。

C/$\overline{\text{D}}$——控制/数据端。在 CPU 读操作时，此端为高电平，由数据总线读入的是 8251A 的状态信息；低电平时，读入的是数据。在 CPU 写操作时，此端为高电平，CPU 通过数据总线输出的是命令信息；低电平时，输出的是数据。此端通常连到 CPU 的地址总线的 A0。

$\overline{\text{RD}}$——读信号。低电平有效时，CPU 读取 8251A 的信息。

$\overline{\text{WR}}$——写信号。低电平有效时，CPU 把信息写入 8251A。

TXRDY——发送器准备好信号。只有当 USART 允许发送（命令字中的 TXE 位为 1，即允许发送，且外设或调制解调器送来的联络信号为 0，即外设也准备好接收），且发送命令/数据缓冲器为空时，此信号为高电平有效。当外设不提供信号时，可用软件使之为 0。TXRDY 有效时，它的用法是 CPU 与 8251A 之间采用查询方式交换信息，此信号用作状态信号；当 CPU 与 8251A 间采用中断方式交换信息时，此信号用作中断请求信号。

当 USART 从 CPU 接收了一个字符时，TXRDY 复位。

TXE——发送器空信号。当 TXE 为高电平有效时，表示发送器中的并行到串行转换器空，发送器中字符已发送完。

RXRDY——接收器准备好信号。若命令寄存器的 RXE（允许接收）位为 1，当 8251A 已从其串行输入端接收了一个字符，可以传送给 CPU 时，该信号有效。查询方式时，该信号作为一个状态信号；中断方式时，可作为一个中断请求信号。当 CPU 读取一个字符后，此信号复位。

SYNDET——同步检测信号。可输出或输入，只用于同步方式。当检出同步字符后置 1 输出，表示同步已经实现。或者在外同步时，作为同步信号的输入线。在 RESET 时，此信号复位。

2）与外设（或调制解调器）的接口信号

$\overline{\text{DTR}}$——数据终端准备好。这是一个通用的输出信号，低电平有效，向外设或调制解调器表示数据终端已经准备好。

$\overline{\text{DSR}}$——数据装置准备好。输入线，低电平有效，表示外设或调制解调器已经准备好，CPU 可读入状态信号，在状态寄存器的第 7 位检测这个信号。

$\overline{\text{RTS}}$——请求传送，输出线，低电平有效，通知外设或调制解调器数据终端准备发送数据，请做好准备。

$\overline{\text{CTS}}$——准许传送，是调制解调器对 USART 的 $\overline{\text{RTS}}$ 信号的响应，输入线低电平有效时，通知数据终端外设或调制解调器已做好准备，数据终端可以发送数据。

$\overline{\text{RXC}}$——接收器时钟，控制 USART 接收字符的速度。在同步方式中，$\overline{\text{RXC}}$ 端的信号速率等于波特率，由调制解调器供给。在异步方式，$\overline{\text{RXC}}$ 的信号速率为波特率的 1 倍、16 倍或 64 倍，由方式控制字选择，USART 在 $\overline{\text{RXC}}$ 的上升沿采样数据。

RXD——接收数据输入线，来自外设或串行通信线路的串行输入信号加在此脚。

$\overline{\text{TXC}}$——发送器时钟，控制 USART 发送字符的速度。$\overline{\text{TXC}}$ 和波特率的关系与 $\overline{\text{RXC}}$ 相同。数据在 $\overline{\text{TXC}}$ 下降沿由 USART 移位输出。

TXD——发送数据输出端，由 CPU 送来的并行数据在 TXD 线上被串行地发送。

4. 8251A 编程

8251A 是可编程的多功能通信接口，具体使用时必须对它进行初始化编程，确定其具体工作方式，如工作于同步方式还是异步方式，传送的波特率和字符格式等。

8251A 初始化流程如图 7-2-8 所示。初始化编程必须在系统 RESET 后，USART 工作以前进行，即 USART 无论工作于任何方式，都必须初始化。

（1）方式控制字。由 CPU 写一个方式控制字到 8251A，以按所选择的工作方式进行工作。这个方式控制字的格式如图 7-2-9 所示。

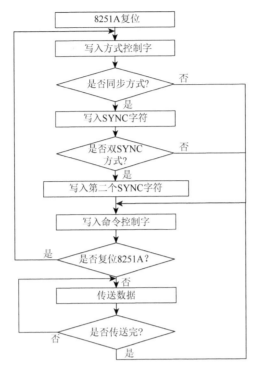

图 7-2-8　8251A 初始化流程

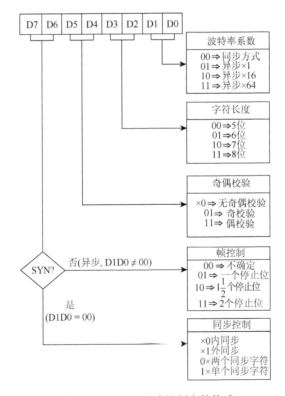

图 7-2-9　8251A 方式控制字的格式

（2）命令控制字。在输入同步字符后，或者在异步方式时，当写入方式控制字之后，应由 CPU 写一个命令控制字到 8251A 控制端口，以便按所规定的要求进行操作，其格式如下：

D7	D6	D5	D4	D3	D2	D1	D0
EH	IR	RTS	ER	SBRK	RXE	DTR	TXEN

各位的作用如下。

D0 位：发送允许 TXEN。当它为 1 时，表示允许发送；反之，则屏蔽发送。

D1 位：数据终端就绪 DTR。当它为 1 时，将迫使 DTR 输出端为低电平，用于表示本接口准备就绪。

D2 位：接收允许位。当它为 1 时，表示开放 RXRDY 信号；为 0 时，表示屏蔽 RXRDY 输出端。

D3 位：中止符表示位。当 D3 = 0 时，表示正常工作；当 D3 = 1 时，将迫使 TXD 发送数据输出端为低电平，表示串行传送中止。

D4 位：错误标志复位。当 D4 = 1 时，使全部错误标志（PE、OE、FE）复位。

D5 位：请求发送位。当 D5 = 1 时，迫使 RTS 请求发送输出端为低电平。

D6 位：内部复位位。当 D6 = 1 时，使 8251A 返回到方式控制字格式。

D7 位：外部搜索方式位。当 D7 = 1 时，起动搜索同步字符。

（3）状态字 8251A 的内部状态，由状态寄存器的内容反映出来。为了检测其状态，以便进行有效的控制，可由 CPU 发读操作到 8251A 的控制端口，将 8251A 状态字读入 CPU。这个状态字的格式如下：

D7	D6	D5	D4	D3	D2	D1	D0
DSR	SYN	FE	OE	PE	T	RX	TXRDY

D0 位：发送器准备好位。只要发送数据缓冲器一空就置位，而引脚 TXRDY 的置位条件是数据缓冲寄存器空闲且 $\overline{CTS}$ = 0 时才能置位。

D1、D2、D6 和 D7 位的作用与对应的引脚定义相同。

D3 位：奇偶校验错位。当检测到奇偶校验错误时，使 D3 位置位。D3 位由命令控制字中的 ER 位复位。D3 位并不禁止芯片 8251A 工作。

D4 位：溢出错误位。8251A 接收数据时，接收的串行数据送到接收数据缓冲器，等待 CPU 来时取走，此时 8251A 可以接收另一个新的字符。但若接收完下一个字符且要把它送往接收缓冲器时，CPU 还未取走上一个数据，则该数据丢失，此时将 D4（即 OE）位置位。D4 位由命令控制字中的 ER 位复位。D4 位不禁止芯片 8251A 工作，但发生此错误时，上一字符已丢失。

D5 位：帧错误位（只用于异步方式）。当任意一个字符的结尾没有检测到规定的停止位时，FE 标志置位。FE 标志不禁止 8251A 工作，由命令控制中的 ER 位复位。

5. 8251A 应用实例：8251A 与 8031 单片机接口

8251A 与 8031 单片机的接口逻辑如图 7-2-10 所示。8251A 的 C/$\overline{D}$ 端接地址线 A0。

片选线 $\overline{CS}$ 接 P2.7。8031 和 8251A 的数据传送采用中断控制方式，8251A 的 RXRDY 和 TXRDY 逻辑组合后，作为 8031 的外部中断请求源。

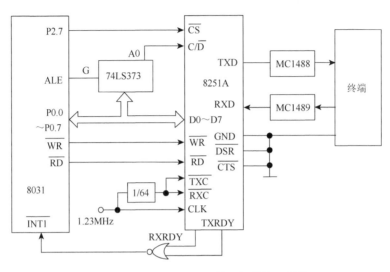

图 7-2-10　8251A 与 8031 单片机的接口逻辑

8251A 与终端的通信采用 RS-232C 异步通信方式，由于 8251A 的 I/O 线是 TTL 电平，终端接口为 RS-232C 电平，故在 8251A 和终端之间接有电平转换器 MC1488（发送）、MC1489（接收）。由于不采用调制解调器，故 $\overline{DSR}$、$\overline{CTS}$ 接地。

8251A 的 CLK 端输入 1.23MHz 频率的时钟信号，该信号经 64 分频后产生 19.2kHz 的脉冲信号，作为 8251A 的发送、接收时钟。

设波特率为 1200bit/s，字符长度为 8 位，偶校验，1 位停止位，则异步通信程序如下（程序在外部复位后运行）。

初始化程序：

```
INIT:   MOV    DPTR,#7FFFH
        MOV    A,#07EH
        MOVX   @DPTR,A              ;置方式选择命令字
        MOV    A,#15H
        MOVX   @DPTR,A              ;置控制命令字
```

中断服务程序：

```
CINT:   PUSH   ACC
        PUSH   PSW
        PUSH   DPH
        PUSH   DPL
        MOV    DPTR,#7FFFH
        MOVX   A,@DPTR             ;读状态字
```

```
          JB        ACC.0,TRT      ;为 TXRDY 转发送处理
          JB        ACC.1,REV      ;为 RXRDY 转接收处理
CINT1:    POP       DPL            ;现场恢复
          POP       DPH
          POP       PSW
          POP       ACC
          RETI
TRT:      ……
          ……
          AJMP      CINT1
REV:      ……
          ……
          AJMP      CINT1
```

7.2.3　MCS-51 单片机与 IBM-PC 的数据通信

　　以 MCS-51 单片机（8031）为核心的测控系统与上位计算机（如 IBM-PC）之间的数据交换通常采用串行通信的方式。IBM-PC 内装有异步通信适配器板，其主要器件为可编程的 8250UART 芯片，它使 IBM-PC 有能力与其他具有标准 RS-232C 串行通信接口的计算机或设备进行通信。而 8031 本身具有一个全双工的串行口，因此，只要配以一些驱动、隔离电路就可组成一个简单可行的通信接口。

　　多台单片机和个人计算机的通信接口电路如图 7-2-11 所示。图中 MC1488 和 MC1489 分别为发送和接收电平转换电路。从个人计算机通信适配器板引出的发送线（TXD）通过 MC1489 和 8031 接收端（RXD）相连。由于 MC1488 的输出端不能直接连在一起，故

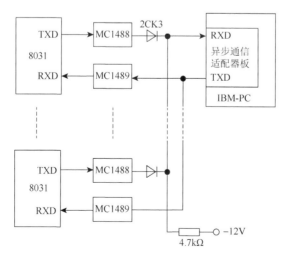

图 7-2-11　8031 单片机与 IBM-PC 的通信接口

它们均经二极管隔离后才并接在 PC 的接收端（RXD）上。通信采用主从方式，由个人计算机确定与哪个单片机进行通信。在通信软件中，应根据用户的要求和通信协议规定，对 8250 初始化，即设置波特率（9600bit/s）、数据位数（8 位）、奇偶类型和停止位数（1 位）。需要指出的是，这时奇偶校验用作发送地址码（通道号）或数据的特征位（1 表示地址），而数据通信的校验采用累加和校验方法。

数据传送可用查询方式或中断方式。若采用查询方式，在发送地址或数据时，先用输入指令检查发送器的保持寄存器是否为空。若空，则用输出指令将一个数据输出给 8250 即可，8250 会自动地将数据一位一位发送到串行通信线上。接收数据时，8250 把串行数据转换成并行数据，并送入接收数据寄存器中，同时把"接收数据就绪"信号置于状态寄存器中。CPU 读到这个信号后，就可以用输入指令从接收器中读入一个数据。若采用中断方式，发送时，用输出指令输出一个数据给 8250。若 8250 已将此数据发送完毕，则发出一个中断信号，说明 CPU 可以继续发送数据。若 8250 接收到一个数据，则发一个中断信号，表明 CPU 可以取出数据。

采用查询方法发送和接收数据的计算机通信程序框图如图 7-2-12 所示。

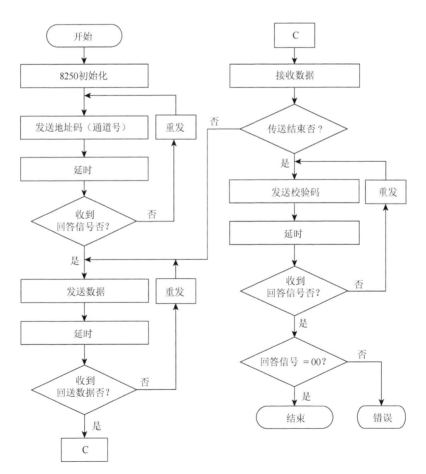

图 7-2-12　计算机通信程序框图

　　单片机采用中断方式发送和接收数据。串行口设置为工作方式 3，由第 9 位判断地址码或数据。当某台单片机与计算机发出的地址码一致时，就发出应答信号给计算机，而其他几台则不发出应答信号。这样，在某一时刻计算机只与一台单片机传输数据。单片机与计算机沟通联络后，先接收数据，再将机内数据发往计算机。

　　定时器 T1 作为波特率发生器，将其设置为工作方式 2，波特率同样为 9600bit/s。单片机的通信程序框图如图 7-2-13 所示。

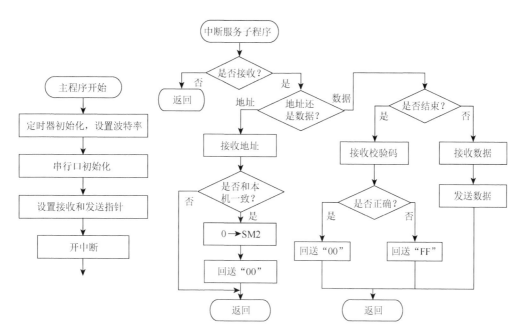

图 7-2-13　单片机通信程序框图

通信程序如下（设某单片机地址为 03H）：

```
COMMN:    MOV    TMOD,#20H        ;设置 T1 工作方式
          MOV    TH1,#0FDH        ;设置时间常数,确定波特率
          MOV    TL1,#0FDH
          SETB   TR1
          SETB   EA
          SETB   ES               ;允许串行口中断
          MOV    SCON,#0F8H       ;设置串行口工作方式
          MOV    PCON,#80H
          MOV    23H,#0CH          ;设置接收数据指针
          MOV    22H,#00H
          MOV    21H,#08H          ;设置发送数据指针
          MOV    20H,#00H
          MOV    R5,#00H           ;累加和单元置零
```

```
        MOV     R7,#COUNT           ;设置字长度
        INC     R7
        ......
CINT:   JBC     RI,REV1             ;若接收,转 REV1
        RETI
REV1:   JNB     RB8,REV3
        MOV     A,SBUF
        CJNE    A,#03H,REV2         ;若与本机地址不符,转 REV2
        CLR     SM2                 ;0→SM2
        MOV     SBUF,#00H           ;与本机地址符合,回送"00"
REV2:   RETI
REV3:   DJNZ    R7,RT               ;若未完,继续接收和发送
        MOV     A,SBUF              ;接收校验码
        XRL     A,R5
        JZ      RIGHT               ;校验正确,转 RIGHT
        MOV     SBUF,#0FFH          ;校验不正确,回送"FF"
        SETB    F0                  ;置错误标志
        CLR     ES                  ;关中断
        RETI
RIGHT:  MOV     SBUF,#00H           ;回送"00"
        CLR     F0                  ;置正确标志
        CLR     ES                  ;关中断
        RETI
RT:     MOV     A,SBUF              ;接收数据
        MOV     DPH,23H
        MOV     DPL,22H
        MOVX    @DPTR,A             ;存接收数据
        ADD     A,R5
        MOV     R5,A                ;数据累加
        INC     DPTR
        MOV     23H,DPH
        MOV     22H,DPL
        MOV     DPH,21H
        MOV     DPL,20H
        MOVX    A,@DPTR             ;取发送数据
        INC     DPTR
        MOV     21H,DPH
        MOV     20H,DPL
```

```
MOV       SBUF.A              ;发送
ADD       A,R5
MOV       R5,A                ;数据累加
RETI
```

7.2.4　RS-422 与 RS-423 标准

由 RS-232C 的电气特性表可知，若不采用调制解调器，其传输距离很短，且最大数据传输率也受到限制。因此，EIA 又公布了适应远距离传输的 RS-422（平衡传输线）和 RS-423（非平衡传输线）标准。

RS-232C 传送的信号是单端电压，而 RS-422 和 RS-423 是用差分接收器接收信号电压的。如图 7-2-14 所示为这几种标准连接方式的比较。

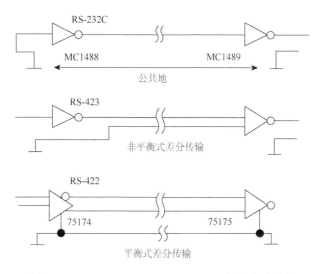

图 7-2-14　RS-232C、RS-423、RS-422 连接方式比较

由于差分输入的抗噪声能力强，RS-422、RS-423 可以有较长的传输距离。RS-422 的发送端采用平衡驱动器，因而其传输速率最高，传输距离也最远。

表 7-2-4 分别列出了 RS-422 和 RS-423 的电气特性。

表 7-2-4　RS-422、RS-423 电气特性

特性	RS-423	RS-422
最大电缆长度	600m	1200m
最大数据率	300Kbit/s	10Mbit/s
驱动器输出电压（开路）	±6V（最大）	6V（最大）输出端之间
驱动器输出电压（满载）	±3.6（最大）	2V（最小）输出端之间
驱动器输出短路电流	±150mA（最大）	±150mA（最大）

特性	RS-423	RS-422
接收器输入电阻	≥4kΩ	≥4kΩ
接收输入门限电压值	−0.2～+0.2V（最大）	−0.2～+0.2V（最大）
接收器输入电压	−12～+12V（最大）	−12～+12V（最大）

7.3　并行通信接口

1. IEEE-488 标准

此标准是为可程控仪器仪表设计的，由美国 HewlettPackard 公司拟制，因此，又称为 HP-IB 或 GP-IB。1975 年，IEEE 将其作为规范化的 IEEE-488 标准予以推荐。1977 年，国际电工委员会（International Electrotechnical Commission，IEC）予以认可，并将其作为国际标准。

1）IEEE-488 标准的基本性能

（1）可用一条总线（包含 16 根信号线）连接若干台装置，以组成一个自动测控系统，系统中装置的数目最多不超过 15 台。

（2）互联电缆的传输路径总长度不超过 20m，或装置数目与装置之间的距离相乘不超过 20m。

（3）数据传输采用位并行（8 位）、字节串行、双向异步传输方式，其最大数据传输速率为 1Mbit/s。

（4）信息逻辑采用负逻辑，低电平（≤+0.8V）为"1"，高电平（≥+2.0V）为"0"，高低电平的规定与标准 TTL 电平相兼容。

（5）一般情况下，一个自动测控系统中只有一个控制器发送各种控制信息，进行数据处理。若一个系统中包含多个控制器，则在某一段时间内只能有一个控制器起作用，其余则必须处于空闲状态。

2）接口功能

在接口系统中，为了进行有效的信息传递，一般必须具有三种基本的接口功能，即控者、讲者和听者。控者是对系统进行控制的设备，它能发出接口消息，如各种命令、地址，也能接收仪器发来的请求和信息。讲者是发出仪器仪表消息的设备。一个系统中可以有一个或几个讲者，但在任一时刻只能有一个讲者工作。听者是接收讲者所发出的仪器仪表消息的设备。一个系统中可以有几个听者，且可以有一个以上的听者同时工作。在自动测试系统中至少应具有讲者功能和听者功能以便传递消息，还应有控者功能。

接口消息，是指用于管理接口系统的消息。它只能在接口功能及总线之间传递，并为接口功能所用，而不允许送到仪器仪表功能部分。仪器消息在仪器仪表功能间传输，并被仪器仪表功能所利用。它不改变接口功能的状态。接口消息和仪器消息传递的范围不同。

IEEE-488 标准定义了 10 种接口功能，可具有听、讲、控和服务等多种功能。为仪器或系统配置接口时可根据情况选择全部或一部分功能。

（1）听功能：接收信号和数据。

（2）讲功能：发送信号和数据。

（3）控功能：通过微处理器发布各种命令。

（4）源握手功能：为讲功能和控功能服务。

（5）受握手功能：为听功能服务。

（6）服务请求功能：量程溢出、振荡器停止等意外故障发生时，主动向控者提出请求，以进行相应处理。

（7）并行点名功能：控功能同时查询 8 个仪器，因而速度快。

（8）远地/本地功能：选择远地或本地工作方式。

（9）触发功能：产生一个内部触发信号，以启动有关的仪器功能进行工作。

（10）清除功能：产生一个内部清除信号，使某仪器功能回到初始状态。

3）IEEE-488 标准的使用特性

（1）接口功能：10 种。

（2）连接方式：总线式连接，仪器并联在总线上，相互可以直接通信而无须通过中介单元。

（3）总线结构：由 16 条信号线构成，其中 8 条为数据线，3 条为握手线，5 条为管理线。

（4）地址容量：听地址 31 个，讲地址 31 个；地址容量可扩展到 961 个。

2. IEEE-488 总线结构和接口信号

IEEE-488 总线结构的 16 条信号线，按其功能可编排为三组独立的总线：双向 8 位数据总线（8 根）、字节传送控制总线（3 根）和接口管理总线（5 根）。具有 IEEE-488 标准接口及由上述总线连接起来的自动测试系统，如图 7-3-1 所示。

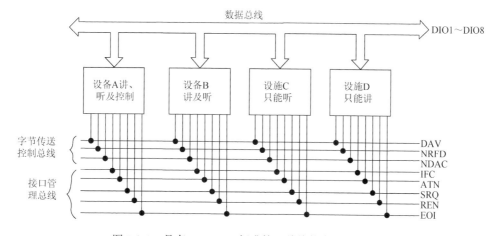

图 7-3-1　具有 IEEE-488 标准接口总线的自动测试系统

系统中的每一设备按三种基本方式之一进行工作。三种方式如下。

（1）听者方式，从数据总线上接收数据，在同一时刻可以有两个以上的听者在工作，具有这种功能的设备如智能仪器仪表、微型计算机、打印机和绘图仪等。

（2）讲者方式，向数据总线上发送数据，一个系统的多个讲者在每一时刻只有一个讲者在工作。具有这种功能的设备如磁带机、磁盘驱动器、微机和智能仪器仪表等。

（3）控者方式，控制其他设备，例如，对其他设备寻址或允许讲者使用总线。每一时刻系统中的多个控者只能有一个起作用。

IEEE-488 标准采用 24 脚插头座（8 根地线和 16 根信号线），而 IEC-IB 标准采用 25 脚插头座（9 根地线和 16 根信号线），它们的引脚分配对应关系见表 7-3-1。

表 7-3-1 IEEE-488 标准和 IEC-IB 标准

IEEE-488 标准				IEC-IB 标准			
引脚	符号	引脚	符号	引脚	符号	引脚	符号
1	DIO1	13	DIO5	1	DIO1	14	DIO5
2	DIO2	14	DIO6	2	DIO2	15	DIO6
3	DIO3	15	DIO7	3	DIO3	16	DIO7
4	DIO4	16	DIO8	4	DIO4	17	DIO9
5	EOI	17	REN	5	REN	18	地
6	DAV	18	地	6	EOI	19	地
7	NRFD	19	地	7	DAV	20	地
8	NDAC	20	地	8	NRFD	21	地
9	IFC	21	地	9	NDAC	22	地
10	SRQ	22	地	10	IFC	23	地
11	ATN	23	地	11	SRQ	24	地
12	机壳地	24	地	12	ATN	25	地
				13	机壳地		

1）数据总线（DIO1~DIO8）

用于传递接口信息和器件信息，包括数据、地址和命令（听、讲方式的设定及其他控制信息）。由于在这一标准中无地址总线，因此，必须用其余两组信号来区分这些信息的类型。

2）字节传送控制总线（DAV、NRFD、NDAC）

IEEE-488 数据总线上信息的交换，是按异步确认方式进行的，故允许连接不同传输速度的设备。由 DAV、NRFD 和 NDAC 三根线完成这一异步确认。

（1）DAV（data available）：数据有效线，当 DIO 线上出现有效数据时，讲者置 DAV 线为低电平（负逻辑），示意听者从数据总线上接收数据（DAV 线为 1）。当 DAV 为 0 时，表示 DIO 线上即使有信息也是无效的。

（2）NRFD（not ready of data）：未准备好接收数据线，当 NRFD 为 1（低电平）时，表示系统中至少有一个听者未准备好接收数据，示意讲者暂不要发出信息；当 NRFD 为

0 时，表示全部听者均已做好接收数据准备，示意讲者可以发出信息。

（3）NDAC（not data accept）：未收到数据线，当 NDAC 为 1（低电平）时，表示系统中至少有一个听者未完成数据接收，讲者暂不要撤掉数据总线上的信息；当 NDAC 为 0（高电平）时，表示全部听者均已接收完数据，讲者可以撤销数据总线上的这一信息。

3）接口管理总线（5 根）

ATN、IFC、SRQ、REN 和 EOI 接口管理线用来控制系统的有关状态。

（1）ATN（attention）：注意线，控者使用它来指明 DIO 线上信息的类型。当 ATN 线为 1（低电平）时，规定 DIO 线上的信息为接口信息（如有关命令、设备地址等），此时其他设备只能接收。当 ATN 线为 0（高电平）时，在 DIO 线上的信息是由受命为讲者的设备发出的器件信息（如设备的控制命令、数据等），其他受命为听者的设备必须听，未受命的设备则不予理睬。

（2）IFC（interface clear）：接口清除线，由控者使用，其作用是将接口系统置为已知的初始状态（IFC 为 1，即低电平时），它可作为复位线。

（3）REN（remote enable）：远程允许线，由控者使用，当 REN 为 1（低电平）时，所有听者都处于远程控制状态，脱离由面板开关来控制设备的"本地"状态（电源开关除外），即由外部通过接口总线来控制设备的功能；当 REN 为 0（高电平）时，仪器必定处于本地方式。

（4）SRQ（service request）：服务请求线，用来指出某设备需要控者服务。任何一个具有服务请求功能的仪器或设备，可向控者发出 SRQ 为 1（低电平）的信号，向控者发出服务请求，要求控者对各种异常事件进行处理。控者接收该请求后，通过点名查询，转入相应的服务程序。

（5）EOI（end or identify）：结束或识别线，此线既可被讲者用来指示多字节数据传送的结束，又可被控者用来响应 SRQ。该线与 ATN 线配合使用：

当 EOI = 1，ATN = 0（高电平）时，表示讲者已传递完一组字节的信息；

当 EOI = 1，ATN = 1（低电平）时，表示控者执行并行点名识别操作。

4）三线联络过程

系统内部每传送一字节信息都有一次三线联络的过程。其流程图如图 7-3-2 所示。

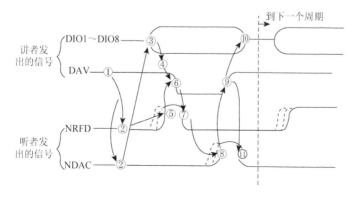

图 7-3-2　三线联络流程图

原始状态，讲者置 DAV 线为高电平①，听者置 NRFD 和 NDAC 线为低电平②，然后讲者检查 NRFD 和 NDAC，如均为低电平（不允许均为高电平），讲者把要发送的数据字节送到 DIO1～DIO8 上的③。

当确认各听者都已做好接收数据的准备，即 NRFD 线为高电平⑤，且数据总线 DIO 上的数据稳定之后，讲者使 DAV 线变低电平⑥，告知听者在 DIO 线上有有效数据。作为对 DAV 变低的回答，最快的听者把 NRFD 线拉低⑦，表示它因当前的字节而变忙，即开始接收数据。最早接收完数据的听者欲使 NDAC 变高电平（如图 7-3-2 中虚线所示），但因其他听者尚未接收完，故 NDAC 线仍保持为低电平，只有当所有的听者接收到此字节后，NDAC 线才变高电平⑧。在讲者确认 NDAC 线为高电平后，升高 DAV 线⑨，并撤掉总线上的数据⑩。

听者确认 DAV 线为高电平后，置 NDAC 为低电平⑩，至此完成了传送一字节数据的三线联络的全过程。

3. 总线工作过程

图 7-3-3 表示了串行查询方式的总线工作过程。图 7-3-3（a）中，控者使 ATN 有效，其他所有设备随之处于接收命令状态。控者指定设备 3 为讲者，设备 6 为听者，然后使 ATN 无效，设备 3 与设备 6 之间就开始了图 7-3-3（b）中所示的数据传送。

当设备 3 和设备 6 正在传输数据时，设备 8 向总线发出 SRQ 信号。控者获知后再次使 ATN 有效，中止了设备 3 与设备 6 讲者和听者的资格，串行查询中断申请源，先使串行查询有效，再令设备 11 讲，控者听，设备 11 送 IDLE（空闲）状态，表明它不是中断源，控者再令设备 8 讲，设备 8 送出 NEED SERVICE（需要服务）状态，则控者找到中断申请源设备 8，于是使串行查询无效。查找过程如图 7-3-3（c）所示。

图 7-3-3（d）表明控者为设备 8 服务的过程。设备 8 需要往设备 11 传送数据，于是控者指定设备 8 为讲者，设备 11 为听者，随之设备 8 与设备 11 间传送数据，数据传送完后，设备 8 使 EOI 有效，表明传送结束。控者得知后，再次接管总线……

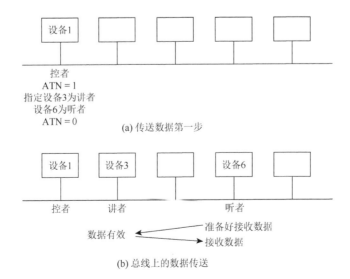

(a) 传送数据第一步

(b) 总线上的数据传送

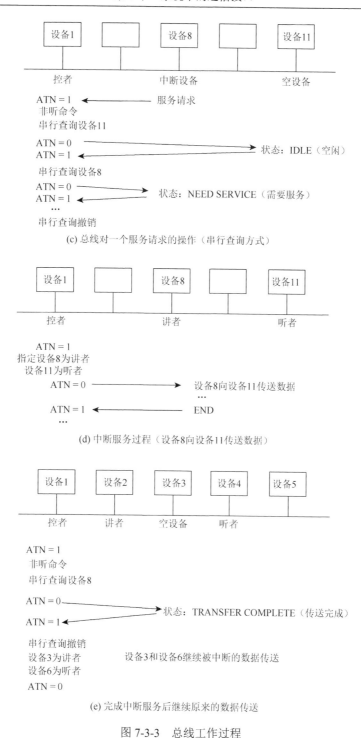

(c) 总线对一个服务请求的操作（串行查询方式）

(d) 中断服务过程（设备8向设备11传送数据）

(e) 完成中断服务后继续原来的数据传送

图 7-3-3　总线工作过程

图 7-3-3（e）表明控者结束对设备 8 的中断服务，返回到被中断的设备 3 与设备 6 之间的数据传送过程。控者首先控制总线，撤销设备 11 的听者资格，再以串行查询方式询问设备 8 的状态。当得知设备 8 确实传送结束后，就使串行查询无效，再次接管总线，

重新指定设备 3 与设备 6 讲者和听者资格，放弃总线管理权，于是图 7-3-3（c）中被中断的数据传输继续进行下去。

这里要注意的是，在重新指定讲者与听者时，非听命令是必要的，非讲命令不是必要的。这是因为听者可以有多个，讲者只能有一个。在指定一个新的讲者时，隐含着老的讲者资格被取消。

4. 采用 IEEE-488 标准的数据采集系统

如图 7-3-4 所示为一个采用 IEEE-488 标准的数据采集系统运行的示意图。数百个压力传感器接到被测试火箭的各个测试点上，扫描器将采集到的原始数据陆续送往电桥，将电桥输出的模拟量、数字电压表输出的数字量送给打印机记录下来，计算机作为整个系统的控者。数据采集系统按以下顺序工作：

（1）计算机作为控者先用 IFC 清除接口，系统可开始工作。

（2）控者发出命令使所有装置处于初始状态。

（3）控者发出扫描器的听地址，对其进行听寻址。扫描器接收寻址后成为听者，控者接着发送数据选择一个指定的传感器。

（4）控者发出一个"停听"命令，接着发出电桥的听地址对其寻址。当电桥成为听者后，就接收由选定传感器送来的数据。

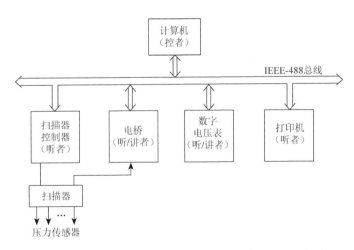

图 7-3-4　采用 IEEE-488 标准的数据采集系统运行示意图

（5）控者再发一个"停听"命令，接着发出电桥的讲地址、数字电压表的听地址，使数字电压表成为听者，电桥成为讲者，于是数字电压表便读取电桥送来的测量数据。

（6）控者再发一个"停听"命令，接着发出自己的听地址，使计算机成为听者，接着发数字电压表的讲地址，这里自动取消电桥的讲者资格，数字电压表成为讲者。

（7）当数字电压表完成测量后，它就将测量结果送计算机。

（8）计算机处理完送来的数据，再作为控者清除接口，并发出打印机听地址，接着输出处理后的结果。

（9）打印机打印送来的数据。全部打印完后，控者又可以选下一个压力传感器，开始新的循环。

5. 并行通信接口器件

为了简化 IEEE-488 标准接口设计,研制了许多可供选用的大规模集成电路接口芯片,例如,Intel 的 8291、8292 和 8293,Motorola 的 MC68488、MC3447、MC3448,TI 的 TM9914 等。这里仅对 Intel 的接口器件进行简单介绍。

8291（A）是一种微处理器控制的器件,用于将微处理器（如 8080/8085、8086/8088）接至并行标准总线,它可以实现 IEEE-488 标准中除控者之外的全部接口功能。它能完成数据传递、挂钩（联络）协议、讲/听地址、器件清除、器件触发、服务请求、串行及并行点名等任务。除非有字节到达（输入缓冲器满）,或者必须将一字节发送出去外（输出缓冲器空）,大部分时间里,8291（A）不干扰微处理器工作。

8292 是控者功能的微处理器接 1：3 芯片。它的内部包含微处理器、RAM、可编程 I/O 和已编程的 ROM。该 ROM 中的程序执行与控者操作有关的各项任务,RAM 用来存储各种状态信息及用作堆栈,I/O 口用来提供总线的各种控制信号及辅助信息线,以便将 8291（A）、8292 和 8293 有机地联系起来,完成控者功能。

8293 是具有双向缓冲功能的总线收发器芯片,它与 8291(A)讲者/听者或 8291(A)/ 8292 讲者/听者/控者组合形成两种 IEEE-488 标准接口。第一种接口具有两个 8293 总线收发器。此外,8293 还可用作具有 9 个接收器/驱动器的通用三态门或集电极开路的通用驱动器。8293 可预置成以下四种工作模式之一:

模式 0 是接收/驱动讲者/听者接口控制线模式;

模式 1 是接收/驱动讲者/听者接口数据线模式;

模式 2 是接收/驱动讲者/听者/控者接口控制线模式;

模式 3 是接收/驱动讲者/听者/控者接口数据线模式。

图 7-3-5 和图 7-3-6 分别为并行标准接口讲者/听者和讲者/听者/控者系统框图。

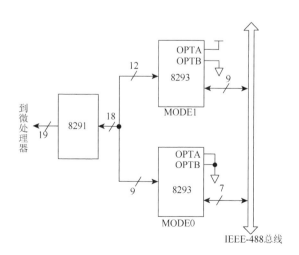

图 7-3-5　讲者/听者系统框图

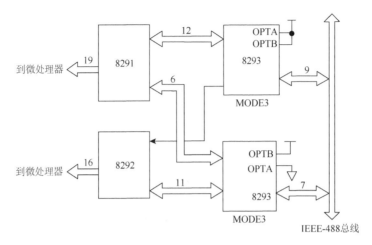

图 7-3-6　讲者/听者/控者系统框图

7.4　USB 通用串行通信接口

为解决目前微机系统中外设与 CPU 连接标准互不兼容、无法共享的问题，产生了 USB 和 IEEE-1394 两种通用外设接口标准，其基本思路是采用通用连接器和自动配置及热插拔技术与相应的软件，实现资源共享和外设的简单快速连接。

1. USB 的物理接口和电气特性

USB 即通用串行总线，是以 Intel 为主，Compaq、Microsoft、IBM、DEC 及 NEC 等公司共同开发的。Windows 98（Win 98）及 Windows 2000（Win 2K）都内置了对 USB 接口的支持模块。

1）接口信号线

USB 总线包括 4 根信号线，其中，D+和 D–为信号线，Vbus 和 GND 为电源线。

2）电气特性

USB 主机或根 Hub 对设备提供的对地电源电压为 4.75～5.25V，设备能吸入的最大电流为 500mA。

USB 设备的电源供给有两种方式：设备自带电源和总线攻击方式。

2. USB 设备及其描述器

1）USB 设备

USB 设备（图 7-4-1）分为 Hub 设备和功能设备两种。

Hub 设备即集线器，是 USB 即插即用技术的核心部分，完成 USB 设备的添加、插拔检测和电源管理等功能。Hub 设备不仅能向下层设备提供电源和设备速度类型，而且能为其他 USB 设备提供扩展端口[3]。

一个集线器由中继器和控制器构成，中继器负责连接的建立和断开，控制器管理主机与集线器间的通信及帧定时。

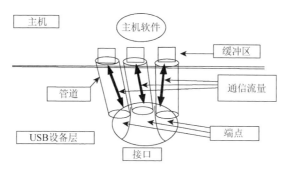

图 7-4-1　USB 设备

功能设备能在总线上发送和接收数据及控制信息，是完成某项具体功能的硬件设备，如键盘、鼠标等。

2）端点

在 USB 接口中不再考虑 I/O 地址空间、中断请求（interrupt request，IRQ）及 DMA 的问题，只给每个 USB 外设分配一个逻辑地址，但并不指定分配任何系统资源。而 USB 外设本身应包含一定数量的独立寄存器端口，并能由 USB 设备驱动程序直接操作。这些寄存器就是 USB 设备的端点（endpoint）。当设备插入时，系统会分给每个逻辑设备一个唯一的地址，而每个设备上的端点都有不同的端点号。通过端点号和设备地址，主机软件可以和每个端点通信。

3）管道

USB 设备的端点与主机软件间可进行数据和控制命令的传输，USB 设备的端点和主机软件间的连接就称为管道（pipe）。一个 USB 设备可以有多个端点，也就是多个管道。但一个 USB 设备必须有一个零端点用于设置，零端点所对应的管道称为默认管道，默认管道用于传输控制类型信息。

4）USB 设备描述器

USB 设备是通过描述器来报告它的属性和特点的。描述器是一个有一定格式的数据结构。每个 USB 设备必须有设备描述器、设置描述器、接口描述器和端点描述器。这些描述器提供的信息包括目标 USB 设备的地址、要进行的传输类型、数据包的大小和带宽请求等。

设备描述器：一个 USB 设备只有一个设备描述器，它包含了设备设置所用的默认管道的信息和设备的一般信息。

设置描述器：一个 USB 设备有一个或多个设置描述器。

接口描述器：一个设置可能支持一个或多个接口。例如，只读光盘（compact disc read-only memory，CDROM）需要 3 个接口，即数据口、音频口、视频口。

端点描述器：一个接口可能包含一个或多个端点描述器，分别定义各自的通信点。

3. USB 系统组成和拓扑结构

1）USB 系统的组成

USB 系统包括硬件和软件两部分。

（1）USB 硬件部分。

USB 硬件部分包括 USB 主机、USB 外设和集线器（Hub）。

USB 主机是一个带有 USB 控制器的 PC，在 USB 系统中，只有 1 个主机，它是 USB 系统的主控者。

USB 外设接收 USB 总线上的所有数据包，通过数据包的地址域来判断是不是发送给自己的数据包；若地址不符，则简单地丢弃数据包；若地址相符，则通过响应 USB 的数据包与 USB 主机进行数据传输。

集线器用于设备扩展连接，所有 USB 外设都连接在 USB Hub 的端口上。

（2）USB 软件部分。

USB 设备驱动程序（USB device drivers）通过 I/O 请求包（I/O request package，IRP）发出 USB 设备的请求，而这些 IRP 则完成对目标设备传输的设置。

USB 驱动程序（USB drivers）在设备设置时读取描述符寄存器以获取 USB 设备的特征，并根据这些特征，在请求发生时组织数据传输。

主控制器驱动程序（host controller driver）完成对 USB 交换的调度，并通过根 Hub 或其他的 Hub 完成对交换的初始化。

2）USB 系统拓扑结构

USB 协议定义了在 USB 系统中宿主（Host）与 USB 设备间的连接和通信，其物理拓扑是星状的层层向上方式，也可看成一级与一级的级联方式。允许最多连接 127 个设备，最上层是 USB 主机，如图 7-4-2 所示。

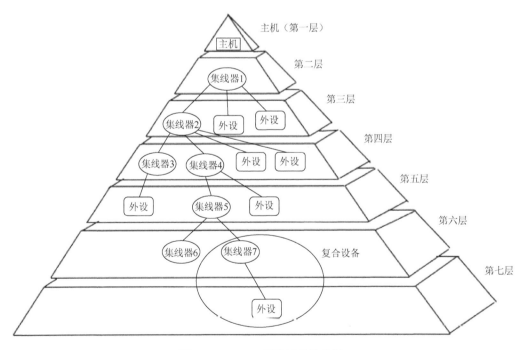

图 7-4-2　USB 系统拓扑结构图

对 PC 而言，USB 系统中宿主 Host 就是一台带 USB 主控制器的 PC，USB 主机由硬件、软件、微代码组成。在 USB 系统中只有一台 USB 主机，主机是主设备，它控制 USB 总线上所有的信息传送。根 Hub 与主机相连，下层就是 USB Hub 和功能设备。在 PC 的 USB 拓扑结构中，USB 设备的具体连接方式如图 7-4-3 所示。

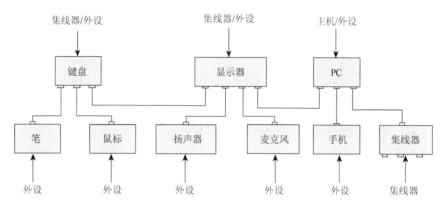

图 7-4-3　USB 设备的具体连接方式

4. USB 传输类型

USB 传输类型实质是 USB 数据流类型。

USB 数据流类型包括控制信号流、块数据流、中断数据流、实时数据流等 4 种数据类型。

控制信号流：当 USB 设备加入系统时，USB 系统软件与设备之间建立起控制信号流来发送控制信号，这种数据不允许出错或丢失。

块数据流：用于发送大量的数据。

中断数据流：用于发送少量随机输入的数据。

实时数据流：用于传输连续的固定速率的数据。

与 USB 数据类型对应，USB 有 4 种基本的传输类型。

1）控制传输

控制传输是双向的，主要是配置设备用，也可作设备的其他特殊用途。例如，可以对数字相机传送暂停、继续、停止等信号。

2）批传输

批传输可以是单向的，也可以是双向的，用于传输大批数据，这种数据的时间性不强，但要确保数据的正确性，有重传机制，如扫描仪、打印机等。

3）中断传输

中断传输是单向的，且仅输入主机，用于不固定的、少量的数据传输。当设备需要主机为其服务时，向主机发送此类信息，如键盘、鼠标，即采用此类方式。USB 的中断是 Polling（查询）类型，主机要频繁地请求端点输入。

4）等时传输

等时（isochronous）（同步）传输可以单向和双向传输，用于传输连续性、实时的数据。其特点是要求传输速率固定，时间性强，忽略传送错误。如视频设备、数字声音设备和数字相机等采用此方式。

5. USB 交换的包格式

USB 总线的传输包含一个或多个交换（transaction），而交换又是由包组成的，包是组成 USB 交换的基本单位。USB 总线上的每一次交换至少需要 3 个包才能完成。

标志（令牌）包：含有设备地址码、端点号、传输方向、传输类型。每次传输都从主机发出标志包开始。

数据包：数据源向目的地址发送。一次交换，数据包可携带的数据最多为 1023B。

握手包：由数据接收方向数据握手方发出的反馈信息。如果有错，要重发。除了等时传输外，其他传输类型都需要握手包。

包的分类编码由 PID 表示。8 位 PID 中的高 4 位用于包的分类编码，低 4 位作校验用。

1）标志包

8bit	8bit	7bit	4bit	5bit
SYNC	PID	ADDR	ENDP	CRC

SYNC：同步域，标志包的开始，输入电路利用它来同步。

PID：包类型域，标志包有 4 种：帧起始（start of frame，SOF）包、IN、OUT、Setup。

ADDR：设备地址域，确定包的传输目的地址。7bit 长，有 128 个地址。

ENDP：端点域，确定包要传输到设备的哪个端点。4bit 长，一个设备可有 16 个端点。

CRC：检查项，5bit 长，用于 ADDR 和 ENDP 的校验。

下面介绍标志包的 4 种类型。

（1）帧起始（SOF）包。

USB 的总线时间被划分为帧，一个帧周期可以描述为：在主机发送帧开始标志后，总线处于工作状态，主机将发送和接收几个交换，交换完毕后，进入帧结束间隔区，此时总线处于空闲状态，等待下一个帧开始标志的到来。一帧的持续时间为 1ms，每一帧都有独立的编号。

帧起始包：

8bit	8bit	11bit	5bit
SYNC	SOF	FRAME MUM	CRC

（2）接收包（IN）。

当系统软件要从设备中读取信息时，就要使用接收包。接收包交换中有 4 种 USB 传输类型。一个接收交换从根 Hub 广播接收包开始，接着是由目标设备返回的数据包，除等时传输外，根 Hub 还会给目标设备发送一个握手包，以确定收到数据。

（3）发送包（OUT）。

当系统软件要将数据发送到目标设备时，便使用发送包。发送交换只有 3 种传输类型，即批传输、控制传输、等时传输。发送包后跟有一个数据包，在批传输中还有一个握手包。

（4）设置包（Setup）。

当控制传输开始时，由主机发送设置包。设置包只用于控制传输。

2）数据包

若主机请求设备发送数据，则送 IN 标志到某端点，设备将响应数据包。一个数据包的格式如下：

8bit	8bit	0～1023bit	5bit
SYNC	PID	DATA	CRC

3）握手包（Handshake）

握手包由设备来报告交换的状态，有 3 种类型。

ACK：应答包，表示数据正确。

NAK：无应答，通知根 Hub 和主控设备，无法返回数据。

STALL：挂起包，表示功能设备无法完成数据传输，并且需要主机来解决故障。

8bit	8bit
SYNC	PID

6. USB 的特点及应用

USB 技术的应用是计算机外设总线的重大变革。USB 有着很多优点。

1）用一种连接器类型连接多种外设

USB 对连接设备没有任何限制，仅提出了准则及带宽上界。USB 统一的 4 针插头取代了种类繁多的串、并插头，将计算机常规 I/O 设备、多媒体设备、通信设备以及家用电器统一为一种接口。

2）用一个接口连接大量的外设

USB 采用星形层次结构和 Hub 技术，允许一个 USB 主机连接多达 127 个外设。两个外设间的距离可达 5m，扩展灵活。

（1）连接简单快捷。

USB 能自动识别 USB 系统中设备的接入或断开，真正做到即插即用；USB 支持机箱外的热插拔连接，设备连接到 USB 时，不必打开机箱或关电源。

（2）总线提供电源。

USB 能提供 5V、500mA 的电源。

（3）速度提升。

USB1.1 版本有两种速度，高速（全速）为 12Mbit/s，低速为 1.5Mbit/s。

USB2.0 版本的速度为 480Mbit/s。

7.5 以太网通信接口

以太网接口板又称为通信适配器或网络接口卡（network interface card，NIC）或"网卡"。

最初的以太网是将许多计算机都连接到一根总线上。当初认为这样的连接方法既简单又可靠，因为总线上没有源器件。

为了通信简便，以太网采用了两种重要的措施：①采用比较灵活的无连接工作方式，即不必先建立连接就可以直接发送数据；②以太网对发送的数据帧不进行编号，也不要求对方发回确认。这样做的理由是局域网（local area network，LAN）信道的质量很好，因信道质量产生差错的概率很小。

7.6 现场 CAN 总线通信接口

CAN 是 Controller Area Network 的缩写，是国际标准化组织（International Organization for Standardization，ISO）国际标准化的串行通信协议。在汽车产业中，对于安全性、舒适性、方便性、低公害、低成本的要求，各种各样的电子控制系统被开发出来。由于这些系统之间通信所用的数据类型以及可靠性不尽相同，多条总线结构的情况很多，线束的数量也随之增加。为适应"减少线束的数量""通过多个 LAN 进行大量数据的高速通信"的要求，1986 年，德国电器商博世公司开发出面向汽车的 CAN 通信协议。CAN 的高性能和可靠性已被认同，并被广泛地应用于工业自动化、船舶、医疗设备、工业设备等方面。现场总线是当今自动化领域技术发展的热点之一，被誉为自动化领域的计算机局域网。它的出现为分布式控制系统实现各个节点之间实时、可靠的数据通信提供了强有力的技术支持[4]。

1. CAN 总线的特点

（1）它是一种多主总线，即每个节点机均可称为主机，且节点之间也可进行通信。

（2）通信介质可以是双绞线、同轴电缆或光导纤维，通信速率可达 1Mbit/s。

（3）CAN 总线通信接口中集成了 CAN 协议的物理层和数据链路层功能，可完成对通信数据的成帧处理，包括位填充、数据块编码、循环冗余校验、优先级判别等工作。

（4）CAN 协议的一个最大特点是废除了传统的站地址编码，代之以通信数据块进行编码。采用这种方法的优点是可使网络内的节点个数在理论上不受限制，数据块的标识码可由 11 位或 29 位二进制数组成，因此可以定义 2^{11} 个或 2^{29} 个不同的数据块，这种数据块编码方式，还可使不同的节点同时接收到相同的数据，这一点在分布式控制中非常重要。

（5）数据段长度最多为 8 字节，可满足通常工业领域中控制命令、工作状态及测试数据的一般要求。同时，8 字节不会占用总线过长的时间，从而保证了通信的实时性。

（6）CAN 协议采用 CRC 检验并可提供相应的错误处理功能，保证了数据通信的可靠性。CAN 总线所具有的卓越性能、极高的可靠性和独特设计，特别适合工业各测控单元互联，因此其备受工业界的重视，并已被公认为具有前途的现场总线之一。

2. CAN 的工作原理

当 CAN 总线上的一个节点发送数据时，它以报文形式广播给网络中的所有节点。对每个节点来说，无论数据是否发给自己，都对其进行接收。每组报文开头的 11 位字符为标识符，定义了报文的优先级，这种报文格式称为面向内容的地址方案。在同一系统中，总标识符是唯一的，不可能有两个站发送具有相同标识符的报文。当几个站同时竞争总线读取时，这种配置十分重要。

当一个站要向其他站发送数据时，该站的 CPU 将要发送的数据和自己的标识符传达给本站的 CAN 芯片，并处于准备状态；当受到总线分配时，转为发送报文状态。CAN 芯片将数据根据协议组成一定的报文格式发出，这时网上的其他站处于接收状态。每个处于接收状态的站对接收到的报文进行检测，判断这些报文是否是发给自己的，以确定是否接收它。

由于 CAN 总线是一种面向内容的编制方案，因此很容易建立高水准的控制系统并灵活地进行配置，可以很容易地在 CAN 总线中加进一些新站而无须在硬件或软件上进行修改。当所提供的新站是纯数据接收设备时，数据传输协议不要求独立的部分有物理目的地址。它允许分布过程同步化，即总线上控制器需要测量数据时，可由网上获得，而每个控制器无须都有自己独立的传感器。

3. CAN 帧结构

1）数据帧

数据帧由 7 个不同的位场组成：帧起始、仲裁场（arbitration frame）、控制场（control frame）、数据场（data frame）、CRC 场（CRC frame）、应答场（ACK frame）、帧结束（end of frame）。数据的长度为 0～8 位[5]。报文的数据帧一般结构如图 7-6-1 所示。

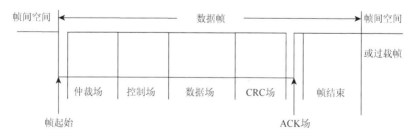

图 7-6-1　报文的数据帧结构

在 CAN2.0B 中存在两种不同的帧格式，其主要区别是标识符的长度，在标准帧格式中，仲裁场由 11 位标识符和远程请求位（remote transmission request bit，RTR）组成，如图 7-6-2 所示。在扩展帧格式中，仲裁场包括 29 位标识符、替代远程请求位（substitute remote request bit，SRR）、标识符扩展位（identifier extension bit，IDE）和 RTR 位。

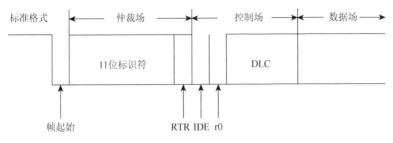

图 7-6-2 标准格式中的数据帧

扩展格式是 CAN 协议的一个新特色。为了使控制器的设计相对简单，不要求执行完全的扩展格式，但必须完全支持标准格式。新的控制器至少应具备以下属性，才认为符合 CAN 规范。

（1）每一新的控制器支持标准格式；

（2）每一新的控制器可以接收扩展格式的报文，不能因为格式差别而破坏扩展帧格式。

下面具体分析数据帧的每一位场。

（1）帧起始。

帧起始标志数据帧或远程帧的开始，仅由一个"显性"位组成。只有在总线空闲（bus idle）时才允许节点开始发送（信号）。所有节点必须同步于首先开始发送报文的节点帧起始前沿。

（2）仲裁场。

在标准帧格式中，仲裁场由标识符和远程发送请求位（RTR 位）组成。RTR 位在数据帧中为显性，在远程帧中为隐性。

对于 CAN2.0A 标准，标识符长度为 11 位，这些位按 ID.10～ID.0 的顺序发送，最低是 ID.0，7 个最高位（ID.10～ID.4）不能全是"隐性"。

对于 CAN2.0B 标准，标准格式帧与扩展格式帧的仲裁场标识符格式不同。标准格式里，仲裁场由 11 位标识符和 RTR 位组成。标识符由 ID.28～ID.18 组成。而在扩展格式里，仲裁场包括 29 位标识符、替代 SRR、IDE、RTR。其标识符由 ID.28～ID.0 组成，其格式包含两部分：11 位基本 ID、18 位扩展 ID。在扩展格式里，基本 ID 首先发送，其次是 SRR 和 IDE。扩展 ID 的发送位于 SRR 和 IDE 之后。

SRR 是一隐性位，它在扩展格式的标准帧 RTR 位上被发送，并代替标准帧的 RTR。因此，如果扩展帧的基本 ID 和标准帧的标识符相同，标准帧与扩展帧的冲突是通过标准帧优先于扩展帧这一途径得以解决的。

对于扩展格式，IDE 位属于仲裁场；对于标准格式，IDE 属于控制场。标准格式的 IDE 位为"显性"，而扩展格式的 IDE 位为"隐性"。

（3）控制场。

控制场由 6 个位组成，其结构如图 7-6-3 所示。标准格式和扩展格式的控制场格式不同。标准格式里的帧包括数据长度码、IDE 位及保留位 r0。扩展格式里的帧包括数据长度码和两个保留位（r1 和 r0）。其保留位必须发送为显性，但是接收器认可"显性"位和"隐性"位的任何组合。

图 7-6-3　控制场结构

（4）数据场。

数据场由数据帧里的发送数据组成。它可以为 0～8 字节，每字节包含 8 位，首先发送最高有效位。

（5）CRC 场。

CRC 场包括 CRC 序列（CRC sequence），其后是 CRC 界定符（CRC delimiter），如图 7-6-4 所示。

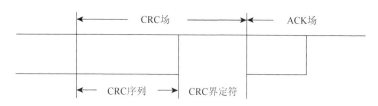

图 7-6-4　循环冗余 CRC 场

（6）ACK 场。

ACK 场长度为 2 位，包含应答间隙（ACK slot）和应答界定符（ACK delimiter），如图 7-6-5 所示。在 ACK 场里，发送节点发送两个"隐性"位。

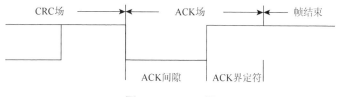

图 7-6-5　ACK 场

当接收器正确地接收到有效的报文时，接收器就会在应答间隙期间向发送器发送一个"显性"位以示应答。

①应答间隙，所有接收到匹配 CRC 序列的节点会在应答间隙用一个"显性"位写入发送器的"隐性"位来作出回答。

②应答界定符，是 ACK 场的第二位，并且必须是一个"隐性"位。因此，应答间隙被两个"隐性"位所包围，也就是 CRC 界定符和应答界定符。

（7）帧结束（标准格式以及扩展格式）。

每一个数据帧和远程帧均由一个标志序列界定。这个标志序列由 7 个"隐性"位组成。

2）远程帧

作为接收器的节点，可以通过向相应的数据源节点发送远程帧激活该节点，让该源节点把数据发送给接收器。远程帧也有标准格式和扩展格式，而且都由 6 个不同的位场组成：帧起始、仲裁场、控制场、CRC 场、ACK 场、帧结束。

与数据帧相反，远程帧的 RTR 位是"隐性"的。它没有数据场，数据长度代码（data length code，DLC）的数值是不受制约的（可以标准化为容许范围 0～8 中的任何数值），此数值相当于数据帧的数据长度代码。远程帧结构如图 7-6-6 所示。

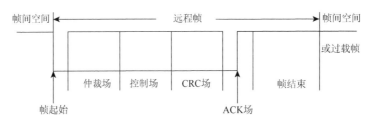

图 7-6-6　远程帧结构

3）错误帧

错误帧由不同的场组成，如图 7-6-7 所示。第一个场是不同节点提供的错误标志（error flag）叠加，第二个场是错误界定符。

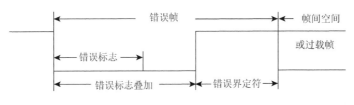

图 7-6-7　错误帧结构

为了能正确终止错误帧，"错误认可"的节点要求总线至少有长度为 3 位时间的总线空闲（如果"错误认可"的接收器有局部错误）。因此，总线的载荷不应为 100%。

（1）错误标志。

有两种形式的错误标志：激活错误标志和认可错误标志（有的文献译为"主动"和"被动"错误标志或"活动"和"认可" 错误标志）。

"激活错误"标志由 6 个连续的"显性"位组成。

"认可错误"标志由 6 个连续的"隐性"位组成，除非被其他节点的"显性"位重写。

检测到错误条件的"错误激活"的节点通过发送"激活错误"标志指示错误。错误标志的格式破坏了从帧起始到 CRC 界定符的位填充规则（参见"编码"），或者破坏了 ACK 场或帧结束场的固定格式。所有其他的节点由此检测到错误条件，与此同时发送错误标志。所形成的"显性"位序列就是把各个节点发送的不同的错误标志叠加在一起的结果，这个序列的总长度最小为 6 位，最大为 12 位。

检测到错误条件的"错误认可"的节点通过发送"认可错误"标志指示错误，"错误认可"的节点等待 6 个相同极性的连续位，当这 6 个相同极性的连续位被检测到时，"认可错误"标志的发送就完成了。

（2）错误界定符。

错误界定符包括 8 个"隐性"位。

错误标志传送以后，每一个节点就发送一个"隐性"位，并一直监视总线直到检测出一个"隐性"位为止，然后就开始发送其余 7 个"隐性"位。

4）过载帧

过载帧（overload frame）包括两个位场：过载标志（overload flag）叠加和过载界定符（overload delimiter）。其结构如图 7-6-8 所示。

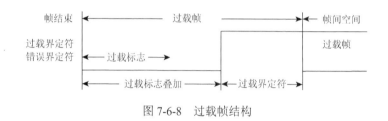

图 7-6-8　过载帧结构

有三种过载的情况会引发过载标志的传送：

（1）接收器的内部情况，需要延迟下一个数据帧和远程帧。

（2）在间歇（intermission）的第一和第二字节检测到一个"显性"位。

（3）如果 CAN 节点在错误界定符或过载界定符的第 8 位（最后一位）采样到一个"显性"位，节点会发送一个过载帧。该帧不是错误帧，错误计数器不会增加。

根据过载情况（1）而引发的过载帧只允许起始于所期望的间歇的第一个位时间，而根据情况（2）和情况（3）引发的过载帧应起始于所检测到"显性"位之后的位。通常为了延时下一个数据帧或远程帧，两种过载帧均可产生。

（1）过载标志。

过载标志由 6 个"显性"位组成。过载标志的所有形式和"激活错误"标志的一样。

过载标志的格式破坏了间歇场的固定格式。因此，所有其他节点都检测到过载条件并与此同时发出过载标志。如果有的节点在间歇的第 3 位期间检测到"显性"位，则这个位将解释为帧的起始。

（2）过载界定符。

过载界定符包括 8 个"隐性"位。

过载界定符的形式和错误界定符的形式一样。过载标志被传送后，节点就一直监视总线直到检测到一个从"显性"位到"隐性"位的跳变。此时，总线上的每一个节点完成了过载标志的发送，并开始发送其余 7 个"隐性"位。

5）帧间空间

数据帧（或远程帧）与先行帧的隔离是通过帧间空间实现的，无论此先行帧类型如何（数据帧、远程帧、错误帧、过载帧）。所不同的是，过载帧与错误帧之前没有帧间空间，多个过载帧之间也不是由帧间空间隔离的。

帧间空间包括间歇、总线空闲的位场。如果"错误认可"的节点已作为前一报文的发送器，则其帧间空间除了间歇、总线空闲外，还包括称作"挂起传送"（暂停发送）（suspend transmission）的位场。

对于不是"错误认可"的节点，或作为前一报文的接收器的节点，其帧间空间如图 7-6-9 所示。

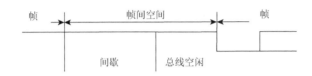

图 7-6-9 非"错误认可"帧间空间

对于作为前一报文发送器的"错误认可"的节点，其帧间空间如图 7-6-10 所示。

图 7-6-10 "错误认可"帧间空间

（1）间歇。

间歇包括 3 个"隐性"位。间歇期间，所有的节点均不允许传送数据帧或远程帧，唯一要做的是标示一个过载条件。

如果 CAN 节点有一报文等待发送并且节点在间歇的第三位采集到"显性"位，则此位被解释为帧的起始位，并从下一位开始发送报文的标识符首位，而不用首先发送帧的起始位或成为一个接收器。

（2）总线空闲。

总线空闲的时间是任意的。只要总线被认定为空闲，任何等待发送报文的节点都会访问总线。在发送其他报文期间，有报文被挂起，对于这样的报文，其传送起始于间歇之后的第一位。

总线上检测到的"显性"位可解释为帧的起始。

（3）挂起传送。

"错误认可"的节点发送报文后，节点就在下一报文开始传送之前或总线空闲之前发出 8 个"隐性"位跟随在间歇的后面。如果与此同时另一节点开始发送报文（由另一个节点引起），则此节点就作为这个报文的接收器。

7.7 蓝牙通信接口

蓝牙技术是由世界 5 家顶级的通信/计算机公司——Ericsson、Nokia、Toshiba、IBM、Intel 于 1998 年 5 月联合宣布的一种命名为"蓝牙"的无线通信技术，即蓝牙是一种短程（2.4GHz）无线技术，用于简化网络设备之间以及设备与互联网之间的通信[6]。它还可简化网络设备与其他计算机之间的数据同步。由于蓝牙不是为传输大流量负载而设计的，因此它并不适于替代 LAN 或广域网（wide area network，WAN）。

7.7.1 技术特点

（1）全球通用：蓝牙工作在 2.4GHz 的 ISM（industry science medicine）频段，开放的接口标准，全球任何单位、任何个人均可开发。

（2）同时可传输语音和数据：采用电路交换和分组交换技术，支持异步数据传输、三路语音信道及二者同时传输的信道。

非实时的异步无连接链路（asynchronous connectionless link，ACL）：异步，支持对称/非对称、分组交换、多点连接传输数据。

实时的同步面向连接链路（synchronous connection-oriented link，SCO）：同步、对称、电路交换、点到点传输语音。

（3）可建立起临时的对等连接：相对独立工作。通过时分双工（time division duplexing，TDD）技术，一个比特流（bit torrent，BT）设备可同时与几个不同微网保持同步。

（4）功耗低：蓝牙设备工作时有两种状态。

通信连接状态：激活模式（active）、呼吸模式（sniff）、保持模式（hold）和休眠模式（park）。

待机状态：寻呼（page）、寻呼扫描（page scan）、查询（inquiry）、查询扫描（inquiry scan）、主站响应（master response）、从站响应（slave response）。

（5）差错控制：为提高可靠性，抑制长距离链路的随机噪声，采用 3 种纠错方案，即 1/3FEC、2/3FEC 和自动重发请求（automatic repeat request，ARQ）。根据不同需求选取不同方案，但数据报头始终采用 1/3FEC 方案。

（6）具有很好的抗干扰能力：2.402～2.48GHz 频段分为 79 个频点。

蓝牙设备在某个频点发送数据后，再跳到另一个频点发送，频点序列是伪随机的，1600 次/秒频率改变，每个频率持续 625μs。

（7）安全控制：在链路层，安全通过对方认证和信息加密而得到维护。

（8）体积小，成本低。

7.7.2 系统组成

1. 蓝牙系统组成

蓝牙系统由无线电单元、链路控制单元、链路、链路管理支持单元以及主机终端接口等组成。

蓝牙系统的协议栈主要由作为物理层的基带以及链路层的链路管理器和控制器所组成。更上层的协议接口取决于这些层次所实现的方式及应用的使用。

2. 系统协议体系构成

蓝牙技术由一组称为协议栈的技术协议规定。

蓝牙协议栈分为4个部分：核心协议（Baseband、LMP、L2CAP、SDP）、电缆替代协议（RFCOMM）、电话传输控制协议（TSC Binary、AT COMMAND）和选用协议（PPP、UDP/TCP/IP、OBEX、WAP、vCard、vCal、IrMC、WAE 等）[7]。

蓝牙协议体系结构是由蓝牙技术联盟制定的，所有蓝牙设备的各项应用必须要符合蓝牙技术规范中的物理层和数据链路层。也就是说，蓝牙设备都需要遵守核心协议（加无线部分），而其他协议根据应用的需要而定。

7.7.3 蓝牙的应用

蓝牙的应用场合非常广泛，为了保证互通性，蓝牙标准规定了 30 多种应用（Profile）。每个应用规定了具体的建立连接的协议和规范。

结合收集的应用环境，优先选择以下几个 Profiles：

（1）Audio Gateway Profile（AG）：用于无线耳机。

（2）Hands-free Profile（HF）：用于车载免提功能。

（3）Synchronization Server Profile（SYNC）：用于同步服务器配置文件。

（4）Object Push Profile（OPP）：用于设备之间传输数据对象。

（5）File Transfer Profile（FTP）：用于文件传输。

参 考 文 献

[1] 辛鹏，刘朝亮. 探讨计算机与单片机的串行通信技术[J].电子技术与软件工程，2016（10）：43.

[2] 郑国灿，张毅，卞德森. RS-232、RS-422 与 RS-485 标准及应用技术[C]//中国电影电视技术学会影视科技论文集. 2002：82-87.

[3] 阮颐，宋清亮，王甲，等. USB Type-C 与 PD 技术概述与应用[J].集成电路应用，2017，34（4）：31-36.

[4] 胡晓晓，王旭东，杨时川. 基于迈腾 B8 舒适系统典型案例的车载网络系统检测与维修[J]. 汽车实用技术，2023，48（12）：159-163.

[5] 闫国瑞，苏晨光，林博轩，等. 应用扩展帧的航天器 CAN 总线应用层协议设计[J]. 航天器工程，2022，31（1）：89-97.

[6] 崔鑫彤，李海龙. 智能家居技术专利分析[J]. 科技与创新，2023（8）：36-38.

[6] 陈雅会，庄奕琪. 基于 Bluetooth's SPP 应用框架的文件传输技术的研究与实现[J]. 通信技术，2007，40（11）：241-243.

第 8 章　系统的数据处理

在微机化测控系统中，经 A/D 转换器接口送入微机的数据，是对被测量进行测量得到的原始数据。这些原始测量数据送入微机后通常要先进行一定的处理，然后才能输出用作显示器的显示数据或控制器的控制数据。本章主要介绍微机化测试系统或测控系统中微机对原始测量数据进行处理的常规内容及相应的算法。算法是指为了获得某种处理结果而规定的一套详细的解题方法和步骤。算法是程序设计的核心，在具体编程前总要先确定算法。测量数据处理算法（因直接与测量技术有关，故又称测量算法）及其编程是微机化测试系统或测控系统软件的重要内容。

8.1　量　程　切　换

量程自动切换是实现自动测量的重要组成部分，它使测量过程自动迅速地选择在最佳量程上，这样既能防止数据溢出和系统过载，又能防止读数精度损失。下面用图 8-1-1 来说明。图 8-1-1 是模拟信号输入通道略去增益为 1 的环节后的简化框图，也就是说，图 8-1-1 只包含了模拟信号输入通道中导致信号幅度变化而影响量程选择的三个环节。假设被测量为 x，传感器灵敏度为 S，从传感器到 A/D 间信号输入通道的总增益（即各放大环节增益的连乘积）为 K，A/D 转换器满度输入电压为 E，满度输出数字为 N_{FS}（例如，8 位自然二进制码 A/D 满度输出数字为 FFH，3 位 BCD 码 A/D 满度输出数字为 1999 等），则被测量 x 对应的输出数字 N_x 为

$$N_x = \frac{V_x}{q} = \frac{xSK}{E / N_{FS}} \tag{8-1-1}$$

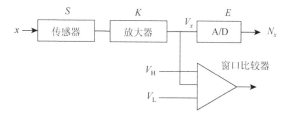

图 8-1-1　数字测量简化过程

因 A/D 量化最大绝对误差为 q，故相对误差即读数精度为

$$\delta_x = \frac{q}{V_x} = \frac{1}{N_x} = \frac{E / N_{FS}}{xSK} \tag{8-1-2}$$

为了不使数据溢出，须满足以下条件：

$$xSK \leqslant E \tag{8-1-3}$$

为了不使该数据精度受损失，若要求读数精度不低于 δ_0，即 $\delta_x \leqslant \delta_0$，则应满足以下条件：

$$N_x \geqslant \frac{1}{\delta_0} \tag{8-1-4}$$

为了既不使数据溢出，又不使读数精度受损失，通道总增益 K 必须同时满足以上两个条件，即

$$\frac{E/N_{FS}}{\delta_0 xS} \leqslant K \leqslant \frac{E}{xS} \tag{8-1-5}$$

对于多路集中采集式测试系统，各路的被测量 x 和传感器灵敏度 s 都不相同。因此由式（8-1-5）确定的通道总增益 K 也不相同，为满足各路信号对通道总增益的要求，还应在多路开关之后设置 PGA，当多路开关接通第 i 道时，PGA 的增益应满足：

$$\frac{E/N_{FS}}{\delta_0 x_i S_i} \leqslant K_i \leqslant \frac{E}{x_i S_i} \tag{8-1-6}$$

式中，K_i 为第 i 道总增益。

即使单路信号测试系统，如果被测信号幅度随时间延续而增大或减小，放大器的增益也要相应地减小或增大，所以也要设置 PGA 或瞬时浮点放大器，以便在不同时段使用不同的增益来满足式（8-1-6）的要求。

综上所述可知，针对不同的信号幅度，测试系统必须切换不同的放大增益，才能保证式（8-1-6）得到满足，这就称为"最佳量程"。当放大器增益满足式（8-1-6）时，就意味着测试系统工作在"最佳量程"。为此，可在图 8-1-1 中，设置一个窗口比较器，其窗口比较电平分别为

$$V_H = E \tag{8-1-7}$$

$$V_L = \frac{E}{N_{FS}\delta_0} \tag{8-1-8}$$

若 $V_x > V_H$，则意味着"过量程"，应该改用小的增益，即切换到较大量程；若 $V_x < V_H$，则意味着"欠量程"，应该改用大的增益，即切换到较小量程。

如果测试结果用 m 位十进制数显示，则可用显示器上小数点的移动反映量程的变化，这时通道总增益 K 可分 m 挡并以十倍率变化。窗口下比较电平 V_L 应不高于上比较电平 V_H 的 1/10，即 $V_L \leqslant V_H/10$。在实际工作中为避免噪声干扰影响比较结果的稳定，一般可以取 $V_H = 0.95E$。

为了实现量程切换，除了输入通道中采用数控放大器（PGA、瞬时浮点放大器）外，也可以在通道中串入数控衰减器。数控衰减器可由电阻分压网络和多路开关 MUX 构成，如图 8-1-2 所示。

通过控制 MUX 可改变衰减器的衰减系数。微机根据窗口比较器的比较结果来控制数控增益放大器或数控衰减器中的 MUX 动作，以实现量程切换，微机控制量程自动切换的程序流程如图 8-1-3 所示。

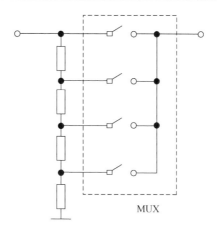

图 8-1-2　衰减器电路图

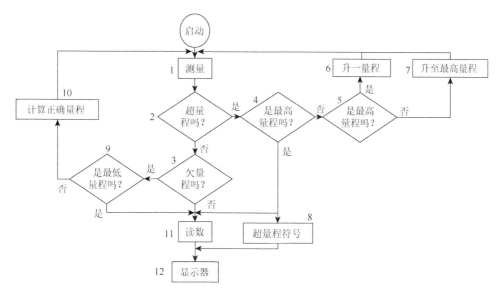

图 8-1-3　微机控制量程自动切换程序流程图

8.2　标 度 变 换

测控系统通常需要在系统面板上显示被测对象的测量结果,以便仪器操作人员观察和了解。被测信号在被测控系统的测量探头探测接收后,要经历很多环节的处理,才能在系统面板上显示出来,这些环节连成的通道就是被测信号从接收到显示所经历的通道,称为测量通道。如果忽略那些不影响显示结果的环节,测量通道可用图 8-2-1 所示的简化框图来表示。

图 8-2-1 中 (a) 和 (b) 表示非微机化普通电测仪器仪表的情况, (c) 和 (d) 表示微机化测控系统的情况。由图可见,测量结果的显示有模拟和数字两种形式。无论是模拟显示还是数字显示,在测量通道中被测量都经历了多次转换,即多次量纲变化。因此,

为了使操作人员能从显示器上直接读取带有被测量量纲单位的数值，就必须进行必要的变换，这种变换称为标度变换。

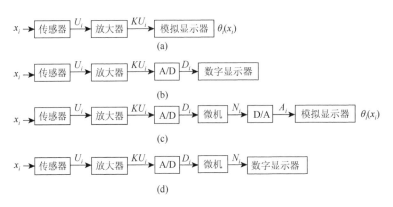

图 8-2-1　测量通道简化框图

8.2.1　模拟显示的标度变换

最常见的模拟显示器是模拟表头（如 mA 表、mV 表），表头指针的偏转角 θ 与被测量 x 呈对应关系。只要将表头的刻度改换成对应测量 x 的刻度就可实现标度变换。通常的做法是在规定条件下依次给仪器施加标准输入量 $x_1, x_2, \cdots, x_n$，在表头指针偏转 $\theta_1, \theta_2, \cdots, \theta_n$ 所指度盘处各刻一条线，并在刻线处依次标出 $x_1, x_2, \cdots, x_n$ 的值。这样，当指针偏转到 θ_i 处或其附近时，操作员便可以从指针所指处读到被测量的值为 x_i。普通万用表上电阻、电流和电压刻度就是这种标度变换的典型实例。

如图 8-2-1（a）所示，模拟测量通道中不包含任何非线性环节，那么表头指针的偏转角 θ 也就与被测量 x 呈线性关系，刻度盘的刻度也就可采用非线性均匀刻度，这样不仅读数很方便而且读数误差也比较小。

但是很多传感器的输入/输出特性都不是线性的，如果测量通道中不采取相应的非线性校正措施，那么指针的偏转角与被测量 x 也就不呈线性关系。在这样的情况下，表头的刻度也就必须采用相应的非线性刻度。这样读数既不符合人们的习惯也不方便，还容易产生较大的读数误差。

为了在传感器存在非线性情况下，仍使刻度盘采用线性刻度，就必须增设非线性校正电路。例如，一个流量测量仪表，采用差压式流量传感器，差压 ΔP 与流量的平方 Q^2 成正比，即 $\Delta P = K_1 Q^2$，后接差压变送器，差压变送器输出 A 与差压 ΔP 成正比，即 $A = K_2 \Delta P$，最后接模拟显示仪表，指针偏转角 θ 与模拟输入量 A 成正比，即 $\theta = K_3 A$。于是有

$$\theta = K_3 A = K_3 (K_2 \Delta P) = K_3 (K_2 K_1 Q^2) = K_3 K_2 K_1 Q^2 \tag{8-2-1}$$

这就是说，指针偏角与流量的平方 Q^2 成正比。

如果在模拟显示仪表与差压变送器之间增设一个开方器，则有

$$\theta = K_3 \sqrt{A} = K_3 \sqrt{K_2 \Delta P} = K_3 \sqrt{K_2 K_1 Q^2} = Q K_3 \sqrt{K_2 K_1} \tag{8-2-2}$$

可见，增设开方器后，指针偏转角 θ 便与流量 Q 呈线性关系，该流量仪表就可采用线性刻度了。

在图 8-2-1（c）和（d）所示测量通道中，可用微机软件实现非线性校正，不必增设非线性校正硬件电路。

8.2.2 数字显示的标度变换

图 8-2-1（b）和（d）所示数字测量通道中，通常要求数字显示器能显示被测量 x 的数值 N_i，即

$$N_i = \frac{x_i}{x_0} \tag{8-2-3}$$

式中，x_0 为被测对象的测量单位（如温度的单位℃，质量的单位 kg 等）。但是 A/D 转换结果 D_i 与被测量的数值 N_i 并不一定相等。例如，被测温度为 200℃。经热电偶转换成热电势，再经放大和 A/D 转换得到的数字为 15，这个 A/D 转换结果 15 虽然与 200℃温度是对应的，但数字上并不是相等的。因此，不能当作温度值显示或打印，必须把 A/D 转换结果变换成供显示或打印的温度值 200，这个变换就是数字显示的标度变换。

8.2.3 线性通道的标度变换

对于那些不包含任何非线性环节的数字化测量通道，图 8-2-1（b）和（d）中 A/D 转换结果 D_i 与被测量 $x_i = x_0 N_i$ 存在如下线性关系：

$$D_i = \frac{KU_i}{q} = \frac{KU_i}{E/N_{FS}} = \frac{x_i SK}{E/N_{FS}} = \frac{x_0 N_i SK}{E/N_{FS}} \tag{8-2-4}$$

式中，S 为传感器灵敏度（即被测量转换成电压的转换系数）；E 为 A/D 转换器满量程输入电压；N_{FS} 为 A/D 转换器满量程输出数字。

只要适当选择和调整放大器增益 K 使它满足以下条件：

$$\frac{x_0 KS}{E/N_{FS}} = 1 \tag{8-2-5}$$

就可使 A/D 转换结果 D_i 与被测量 x_i 的数值 N_i 相等，在这种情况下才可以将 A/D 转换结果作为被测量的数值去显示或打印。当然也可以不调整放大增益，而通过调整传感器灵敏度（例如，调整应变电桥的供桥电压）或调整 A/D 转换器基准电压 E 来使式（8-2-5）的条件得到满足。上述办法都比较简单，一般通过调整线性相位就可实现。

当被测信号来自电位器式、电桥式或其他需要激励电源的传感器的时候，如果让 A/D 转换器的基准电压输入端和传感器用同一个电压源激励，则转换结果将不受激励电压波动的影响。图 8-2-2 是对一个电阻电桥输出信号进行比例转换的原理电路。由于电桥输出存在一个共模电压（$V_R/2$），需要一个具有高 CMRR 的仪用放大器，先将差动信号转换成不含共模电压的单端输出信号，再送入 A/D 转换器进行转换。设被测物理量 x 使电阻

传感器的阻值产生的相对变化为 $\Delta R / R_0 = \alpha x$，$\alpha$ 为电阻传感器的灵敏系数，仪用放大器的差动增益为 K，则差动放大器的输出电压为

$$V_0 = \frac{V_R}{4} \alpha x K \qquad (8\text{-}2\text{-}6)$$

由于 A/D 转换器与电桥共用同一电源（β 为分压 $E = \beta V_R$ 的系数，图中 $\beta = 1$），A/D 转换器的输出数码与 V_R 无关，这就消除了激励电源 $D_i = \dfrac{V_0}{q} = \dfrac{V_0}{E / N_{\mathrm{FS}}} = \dfrac{\alpha K N_{\mathrm{FS}}}{4\beta} x_i$ 波动对测量精度的影响。

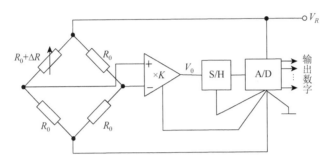

图 8-2-2　比例 A/D 转换器抵消激励电源波动的影响

在线性测量通道中，被测量的值 N_i 与 A/D 转换结果 D_i 存在如图 8-2-3 所示的线性关系，由图可得如下标度变换公式：

$$N_i = D_{\mathrm{L}} + (D_i - D_{\mathrm{L}}) \frac{N_{\mathrm{H}} - N_{\mathrm{L}}}{D_{\mathrm{H}} - D_{\mathrm{L}}} \qquad (8\text{-}2\text{-}7)$$

式中，N_{H}、N_{L} 分别为线性测量范围的上、下限；D_{H}、D_{L} 分别为 N_{H}、N_{L} 对应的 A/D 转换结果；D_i 为被测量 N_i 对应的 A/D 转换结果。

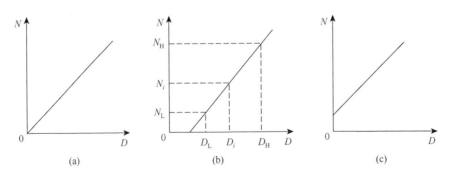

图 8-2-3　线性通道的标度变换曲线

如图 8-2-1（d）所示通道中，可以由微机按照上列公式从 A/D 转换结果 D_i 计算出被测量的数值 N_i 再送到数字显示器显示。通常在仪器的校准实验中，给仪器输入两个标准的被测量 $x_{\mathrm{H}} = x_0 N_{\mathrm{H}}$ 和 $x_{\mathrm{L}} = x_0 N_{\mathrm{L}}$，记下对应的 A/D 转换结果 D_{H} 和 D_{L}，把这两对校准实验数据 $(N_{\mathrm{H}}, D_{\mathrm{H}})$ 和 $(N_{\mathrm{L}}, D_{\mathrm{L}})$ 存在内存中，当 A/D 转换结果 D_i 需进行标度变换时，微机只

需要按式（8-2-7）编写的程序读取内存中的参数(N_H, D_H)和(N_L, D_L)，就可由 A/D 转换结果D_i计算出测量的数值N_i。计算出这个数值N_i后再由微机送显示或打印。

式（8-2-7）也可改写为如下形式：

$$N_i = AD_i + B \tag{8-2-8}$$

式中，$A = \dfrac{N_H - N_L}{D_H - D_L}$；$B = D_L(1 - A)$。

按式（8-2-7）进行标度变换时，只需进行一次乘法和一次加法。在编程前，先根据(N_H, D_H)和(N_L, D_L)求出A和B，然后编写按式（8-2-8）由D_i计算N_i的程序。如果A和B允许改变，则将其放在 RAM 中。如果A和B不变，则A和B可在编程时写入 EPROM。测量时便可读取 RAM 或 EPROM 中的A和B，调用按式（8-2-8）编写的程序，由D_i计算出N_i。

8.2.4　非线性通道的标度变换

如前所述，很多传感器的输入/输出特性都是非线性的，在这种情况下测量通道的 A/D 转换结果D_i与被测量x_i也就不是线性关系，因此就不能再用上述线性通道的标度变换方法。

一种解决方案是在非线性测量通道中增设线性校正电路，将非线性通道改造为线性通道。例如，在前面介绍的差压式流量测量通道中增设开方器后，就可按照线性通道的标度变换公式（8-2-7）进行标度变换。如果不在差压流量传感器和差压变送器后增设开方器，而直接进行 A/D 转换，则由式（8-2-1）可知，转换结果D_i将与被测流量Q_i的平方成正比，即

$$D_i = KQ_i^2 \tag{8-2-9}$$

若流量测量上、下限分别为Q_m、Q_o，对应的 A/D 转换结果为D_m、D_o，则应按式（8-2-10）进行标度变换：

$$Q_i = Q_o + (Q_m - Q_o)\frac{\sqrt{D_i} - \sqrt{D_o}}{\sqrt{D_m} - \sqrt{D_o}} \tag{8-2-10}$$

有些非线性测量通道的 A/D 转换结果与被测量x写不出像式（8-2-10）那样简单的标度变换公式。可以在图 8-2-1（b）中增设 EPROM 线性化器，如图 8-2-4 所示。首先通过校准实验获得每个标准输入$x_i = x_0 N_i$产生的 A/D 转换数据D_i，把标准输入值N_i写入以D_i为地址的 EPROM 存储单元中，这样当 A/D 转换器产生一个数据D_i时，就能以D_i作为访问地址从 EPROM 的该地址存储单元中读出与D_i相对应的N_i值。这种标度变换方案的优点是变换速度快；缺点是需要的标准数据太多，因为以一个n位的二进制 A/D 转换数据D_i作为地址能访问的存储单元有2^n个，这就需要获得和存储2^n个校准实验数据。

图 8-2-4　EPROM 线性化器

对于图 8-2-1（d）所示的微机化测量通道，既不必设置开方器等非线性校正电路，也不必像图 8-2-4 那样增设专门的 EPROM 线性化器，只需用微机对 A/D 转换数据 D_i 进行非线性校正处理，就可实现标度变换，即求出被测量的真值 N_i。关于非线性校正处理将在 8.4 节中专门讨论。

8.3　零位和灵敏度的误差校正

对于一个理想的线性测试系统来说，如果把被测量的真值 y 作为它的输入，把 x 作为它的输出，即 A/D 转换结果。由式（8-2-3）可见，完全可以由输出读数 x 按式（8-3-1）确定被测量的真值 y：

$$y = \frac{x}{k_0} \tag{8-3-1}$$

式中，k_0 为该通道的标称灵敏度或增益。但是实际的线性测试系统由于温度变化和元器件老化总难免存在零位误差和灵敏度误差——统称系统误差。零位误差就是指输入 y 为零时输出 x 不为零而为 x_0；灵敏度误差就是指实际灵敏度 k 与标称灵敏度 k_0 的偏差，即 $k = k_0 + \Delta k_0$。在这两项误差都存在的情况下，被测量真值 y 所产生的输出读数 x 为

$$x = yk + x_0 \tag{8-3-2}$$

y' 与 y 的偏差即测量误差为

$$y' - y = y\frac{\Delta k}{k_0} + \frac{x_0}{k_0} \tag{8-3-3}$$

由式（8-3-3）可见，测量误差是因为灵敏度误差 Δk 和零位误差 x_0 产生的。为了校正这两项误差，必须导出由输出读数 x 无误差地确定被测量 y 的公式，即误差校正后的输入/输出关系式，这项工作就称为建立误差校正模型。为此按式（8-3-2）导出由 x 求 y 的公式为

$$y = a_1 x + a_0 \tag{8-3-4}$$

$$\begin{cases} a_1 = \dfrac{y_2 - y_1}{x_2 - x_1} \\ a_0 = \dfrac{y_1 x_2 - y_2 x_1}{x_2 - x_1} \end{cases} \tag{8-3-5}$$

将式（8-3-5）代入式（8-3-4）可得

$$y = y_1 + (x - x_1)\frac{y_2 - y_1}{x_2 - x_1} \tag{8-3-6}$$

若选取 $y_1 = 0$，$x_1 = x_0$，则式（8-3-6）化简为

$$y = \frac{x - x_0}{x_2 - x_0} y_2 \tag{8-3-7}$$

依据式（8-3-7）可设计出电压测量系统的系统误差校正电路，如图 8-3-1 所示。测试前先将开关置于位置"1"使输入接地，测得输出电压为 x_0，再将开关置于位置"2"接已知标准输入电压 y_2，测得输出电压为 x_2。最后将开关置于位置"3"，接未知待测输入电压 y，若测得输出电压为 x，则可按式（8-3-7），由已知的 x_0、x_2 和 x 计算出被测输入电压的真值 y。

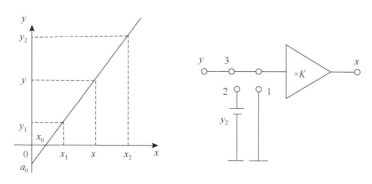

图 8-3-1　线性系统误差校正

式（8-3-2）或式（8-3-4）就是在分析线性测试系统存在的灵敏度误差和零位误差后建立的"误差校正模型"，而式（8-3-6）或式（8-3-7）就是从这个误差校正模型导出的误差修正公式，按误差修正公式计算出来的被测量的值就是没有误差的"真值" y，而不是式（8-3-3）中的 y'。

8.4　非线性校正

微机化测试系统或测控系统的基本任务或基础工作就是"测量"，也就是要准确地测出被测量的"真值"。然而，如前所述，在图 8-2-1 中，A/D 转换结果与被测量的真位显然是对应的，但它们的量纲并不相同，数值上也不相等，因此，不能把它当作测量的"真值"送去显示或用于控制。需要通过微型机处理并从 A/D 转换数据求出被测量的"真值"。这项工作称为"标定"或"校正"。如前所述，非线性测试系统的"标定"，也称为非线性校正。为书写简便起见，本节用 x 表示由 A/D 转换器送入微型机的原始测量数据，用 y 表示被测量的"真值"，用 z 表示经过"标定"处理后，微机输出给显示器或控制器的数据，希望非线性校正处理结果能使 $z=y$ 或误差 $\varepsilon=|z-y|$ 在允许范围之内。

在测试系统没有外界干扰的情况下，被测量的输入值 y 与 A/D 转换数据 x 之间存在一一对应的函数关系 $y=f(x)$，但是对于包含非线性环节的测试系统来说，常常写不出 $y=f(x)$ 的具体计算公式。即便是近似的线性系统，实际上也存在一定的非线性。因此，在测试系统制成后，一般都要进行标定实验或校准实验，也就是在规定的实验条件下，给测试系统的输入端逐次加入已知的标准的被测量 $y_1, y_2, \cdots, y_n$，并记下对应的输出读数（A/D 转换结果）$x_1, x_2, \cdots, x_n$。这样就获得 n 对输入/输出数据（x_i, y_i）（$i=1, 2, \cdots, n$），这些"标定"数据就是 $y=f(x)$ 的离散形式描述。

有的测试系统可以推导出 $y = f(x)$ 的数学公式，但公式很复杂。下面就介绍 $y = f(x)$ 公式复杂和 $y = f(x)$ 只有离散数据两种情况下，由 A/D 转换结果 x 求取显示数据 z（要求 $z = y$，或 $z \approx y$）的方法——非线性校正（也就是非线性系统标定）的软件算法。

8.4.1　查表法

查表法就是将"标定"实验获得的 n 对数据（x_i, y_i）（$i = 1, 2, \cdots, n$）在内存中建立一张输入/输出数据表，再根据 A/D 转换结果 x 通过查表查得 y，并将查得的 y 作为显示数据 z。具体步骤如下。

（1）在系统的输入端逐次加入已知的标准被测量 $y_1, y_2, \cdots, y_n$，并记下对应的输出读数 $x_1, x_2, \cdots, x_n$。

（2）把标准输入值 y_i（$j = 1, 2, \cdots, n$）存储在存储器的某一单元，把 x_i 作为存储器中这个存储单元的地址，把对应的 y_i 值作为该单元的存储内容，这样就在存储器中建立了一张标定数据表。

（3）实际测量时，让微机根据输出读数 x_i 去访问该存储地址，读出该地址中存储的 y_i 即为对应的被测量的真值，将从表中查得的 y_i 作为显示数据 z，应该说是不存在误差的。

（4）若实际测量的输出读数 x 在两个标准读数 x_i 和 x_{i-1} 之间，可按最邻近的一个标准读数 x 或 x_{i-1} 去查找对应的 y_i 或 y_{i-1} 作为被测量的近似值。很显然，这个结果带有一定的残余误差。如果要减少误差，就还要在查表基础上计算内插来进行误差修正。最简单的内插是线性内插，即按式（8-4-1）从查表查得的 y_i 或 y_{i-1} 计算出作为显示的数据：

$$z = y_i + \frac{y_{i+1} - y_i}{x_{i+1} - x_i}(x - x_i) \approx y \qquad (8\text{-}4\text{-}1)$$

查表法的优点是不需要进行计算或只需简单的计算；缺点是需要在整个测量范围内通过实验测得很多的测试数据。数据表中数据个数 n 越多，精确度则越高。此外，对非线性严重的测试系统来说，按式（8-4-1）计算出的显示值 z 与被测量真值 y 的误差可能也比较大。

能不能不采用查表法，完全通过公式计算从 A/D 转换数据 x 求出等于或接近被测量真值 y 的显示数据 z 呢？回答是肯定的。关键问题是要先确定由 x 计算 z 的数学公式，即建立数学模型 $z = \varphi(x)$。下面介绍两种建立这种数学模型的方法。

8.4.2　插值法

插值法是从标定或校准实验的 n 对测定数据（x_i, y_i）（$i = 1, 2, \cdots, n$）中，求得一个函数 $\varphi(x)$ 作为实际的输出读数 x 与被测量真值 y 的函数关系[$y = f(x)$]的近似表达式。这个表达式 $\varphi(x)$ 必须满足以下两个条件。

第一，$\varphi(x)$ 的表达式比较简单，便于计算机处理。

第二，在所有的校准点（也称插值点）$x_1, x_2, \cdots, x_n$ 上满足：

$$\varphi(x_i) = f(x_i) = y_i, \quad i = 1, 2, \cdots, n \qquad (8\text{-}4\text{-}2)$$

满足式（8-4-2）的 $\varphi(x)$ 称为 $f(x)$ 的插值函数，x_i 称为插值节点。这种方法不仅适合于从校准数据（x_i, y_i）求得便于计算的近似表达式，而且也适合从已知的较复杂的解析表达式 $y = f(x)$ 求与其近似的但便于计算的表达式 $z = \varphi(x)$。

在插值法中，$\varphi(x)$ 的选择有多种方法。因为多项式是最容易计算的一类函数，常选择 $\varphi(x)$ 为 m 次多项式，并记 m 次多项式为 $P_m(x)$，即

$$\varphi(x) = P_m(x) = \sum_{i=0}^{m} a_i x^i \qquad (8\text{-}4\text{-}3)$$

一般来说，阶数 m 越高，逼近 $f(x)$ 的精度越高，但阶数的增高将使计算复杂，计算时间也迅速增加，因此拟合多项式的阶数一般不超过三阶。例如，热敏电阻的阻值 $R(\text{k}\Omega)$ 与温度 $t(℃)$ 的关系如表 8-4-1 所示。

表 8-4-1　热敏电阻的温度电阻特性标准测试数据

温度 $t/℃$	阻值 $R/\text{k}\Omega$	温度 $t/℃$	阻值 $R/\text{k}\Omega$
10	8.0000	26	6.0606
11	7.8431	27	5.9701
12	7.6923	28	5.8823
13	7.5471	29	5.7970
14	7.4074	30	5.7142
15	7.2727	31	5.6337
16	7.1428	32	5.5554
17	7.0174	33	5.4793
18	6.8965	34	5.4053
19	6.7796	35	5.3332
20	6.6670	36	5.2630
21	6.5574	37	5.1946
22	6.4516	38	5.1281
23	6.3491	39	5.0631
24	6.2500	40	5.0000
25	6.1538	—	—

热敏电阻的阻值 R 与温度 t 之间的关系式是非线性的且无法用解析式表达，可用三阶多项式来逼近，即令

$$t = \varphi(R) = P_3(R) = a_3 R^3 + a_2 R^2 + a_1 R + a_0 \qquad (8\text{-}4\text{-}4)$$

并取 $t = 10℃$，$17℃$，$27℃$，$39℃$ 这四点为插值点，便可以从表 8-4-1 得到 4 个方程式：

$$a_3 \times 8.0000^3 + a_2 \times 8.0000^2 + a_1 \times 8.0000 + a_0 = 10$$
$$a_3 \times 7.0174^3 + a_2 \times 7.0174^2 + a_1 \times 7.0174 + a_0 = 17$$

$$a_3 \times 5.9701^3 + a_2 \times 5.9701^2 + a_1 \times 5.9701 + a_0 = 27$$

$$a_3 \times 5.0631^3 + a_2 \times 5.0631^2 + a_1 \times 5.0631 + a_0 = 39$$

解上述方程组，得

$$a_3 = -0.2346989 , \quad a_2 = 6.120273$$

$$a_1 = -59.260430 , \quad a_0 = 212.7118$$

因此，所求的变换多项式为

$$t = -0.2346989R^3 + 6.120273R^2 - 59.260430R + 212.7118 \qquad (8\text{-}4\text{-}5)$$

将实际测出的电阻值 R 代入式（8-4-5），即可求出被测温度 t。将热敏电阻通过恒定电流时的压降用 A/D 转换器转换成数据 D，并建立一张不同温度下的 A/D 数据表，就可仿照上面的方法，求出类似于式（8-4-5）的从 D 计算 t 的插值方程。

通常，给出的离散点总是多于求解插值方程所需要的离散数，因此，在用多项式插值方法求解离散点的插值函数时，首先必须根据所需要的近似精度来决定多项式的次数。它的具体次数与所要接近的函数有关，一般来说，自变量的允许范围越大（即插值区间越大），达到同样精度时的多项式次数也越高。对于无法预先决定多项式次数的情况，可采用试探法，即先选取一个较小的 m 值，看看逼近误差是否接近所要求的精度，如果误差太大，则把 m 加 1，再试一次，直到误差接近精度要求为止。在满足精度要求的前提下，m 不应取得太大，以免增加计算时间。一般最常用的多项式插值是线性插值和抛物线（二次）插值。

1. 线性插值

线性插值是在一组数据（x_i, y_i）中选取两个有代表性的点（x_0, y_0）、（x_1, y_1），然后根据插值原理，求出插值方程：

$$P_1(x) = \frac{x - x_1}{x_0 - x_1} y_0 + \frac{x - x_0}{x_1 - x_0} y_1 = a_1 x + a_0 \qquad (8\text{-}4\text{-}6)$$

$P_1(x)$ 表示对 $f(x)$ 的近似值。当 $x_i \neq x_0$、x_1 时，$P_1(x_i)$ 与 $f(x_i)$ 有拟合误差 V_i：

$$V_i = | P_1(x_i) - f(x_i) | , \qquad i = 1, 2, \cdots, n \qquad (8\text{-}4\text{-}7)$$

在全部 x 的取值区间 $[a, b]$ 上，若始终有 $V_i \varepsilon < \varepsilon$ 存在，ε 为允许的拟合误差，则直线方程 $P_1(x) = a_1 x + a_0$ 就是理想的校正方程。实时测量时，每采样一个值，就用该方程计算 $P_1(x)$，并把 $P_1(x)$ 当作被测量值的校正值，即作为显示值。

显然，对于非线性程度严重或测量范围较宽的非线性特性，采用上述直线方程进行校正，往往很难满足仪表的精度要求。这时可采用分段直线方程来进行非线性校正。分段后的每一段非线性曲线用一个直线方程来校正，即

$$P_{1i}(x) = a_{1i} x + a_{0i}, \quad i = 1, 2, \cdots, n \qquad (8\text{-}4\text{-}8)$$

折线的节点有等距与非等距两种取法。

1）等距节点分段直线校正法

等距节点分段直线校正法适用于非线性特性曲率变化不大的场合。每一段曲线都用一个直线方程代替。分段数 N 取决于非线性程度和仪表的精度要求。非线性越严重或精

度要求越高，则 N 越大。为了实时计算方便，常取 $N=2^m$，$m=0,1,\cdots$。式（8-4-8）中的 a_{1i} 和 a_{0i} 可离线求得。采用等分法，每一段折线的拟合误差 V_i 一般各不相同。拟合结果应保证：

$$\max[V_{i,\max}]\leqslant\varepsilon,\quad i=1,2,3,\cdots,n \tag{8-4-9}$$

$[V_{i,\max}]$ 为第 i 段的最大拟合误差。求得 a_{1i} 和 a_{0i} 存入内部 ROM 中。实时测量时只要选用程序判断输入 x 位于拆线的哪一段，然后取得该段对应的 a_{1i} 和 a_{0i} 进行计算，即可得到被测量的相应近似值。

下面给出用 MCS-51 汇编语言编写的等距节点非线性校正实时计算程序。

采样子程序 SAMP 的采样结果在 R2 中（8 位）等分四段，a_{1i} 和 a_{0i} 在 BKTAB 开始的单元中，为单字节。a_{0i} 为整数，a_{1i} 为小于 0 的小数，校正结果存入 R2、K3 中。

```
LINE:   ACALL   SAMP                    ;采样
        MOV     A,R2                    ;求段号
        MOV     B,A                     ;xi暂存B
        ANL     A,#11000000B            ;求段号
        SWAP    A
        RR      A
        RR      A
        ADD     A,A
        MOV     R7,A
        ADD     A,#0EH
        MOVC    A,@A+PC                 ;取 a0i
        MOV     R3,A
        MOV     A,R7
        ADD     A,#0AH
        MOVC    A,@A+PC                 ;取 a1i
        MUL     AB
        MOV     A,B
        ADD     A,R3                    ;a1ixi+a0i
        MOV     R3,A
        CLR     A
        ADDC    A,#00H
        MOV     R2,A
        RET
BKTAB:  DB;a01,a11,a02,…,a04,a14
```

2）非等距节点分段直线校正法

对于曲率变化大和切线斜率大的非线性特性，若采用等距节点的方法进行非线性校正，欲使最大误差满足精度要求，分段数 N 就会变得很大，而误差分配很不均匀。同时，

N 增加，使 a_{1i} 和 a_{0i} 的数目相应增加，占用内存较多。这时宜采用非等距节点分段直线校正法，即在线性较好的部分，节点间距离取得大些，反之则取得小些，从而使误差达到均匀分布。

如图 8-4-1 所示，用不等分的三段折线达到了校正精度。若采用等距节点方法，则可能要四段或五段。

$$P_1(x)=\begin{cases}a_{11}x+a_{01}, & 0\leqslant x<a_1\\ a_{12}x+a_{02}, & a_1\leqslant x<a_2\\ a_{13}x+a_{03}, & a_2\leqslant x\leqslant a_3\end{cases}\qquad(8\text{-}4\text{-}10)$$

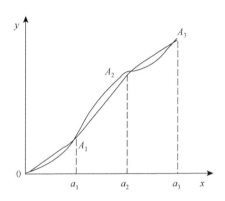

图 8-4-1　非等距节点分段直线校正

设双字节采样值在 SAMP 开始的单元中。a_{1i} 为双字节小数，a_{0i} 为双字节整数。MULT22 为双字节乘法子程序，R7、R6 内为被乘数，R5、R4 内为乘数，积在 PRODT 开始的四个单元中。R0 指出积的 PRODT＋2 地址。线性化结果（汉字节）存于 DATA 和 DATA＋1 单元中，MCS-51 程序如下：

```
LINEAR:   CLR    C
          MOV    A,# a1L              ;a1L-x1(a1L是a1的低位)
          SUBB   A,SAMP
          MOV    A,# a1H              ;a1H-xH(a1H是a1的高位)
          SUBB   A,SAMP+1
          JNC    LINE1               ;转第1段处理
          CLR    C
          MOV    A,# a1L              ;a2L-xL(a2L是a2的低位)
          SUBB   A,SAMP
          MOV    A,# a2H              ;a2H-xH(a2H是a2的高位)
          SUBB   A,SAMP+1
          JNC    LINE2               ;转第2段处理
LINE3:    MOV    R4,# a13L           ;转第3段处理,取a13
          MOV    R5,# a13H
```

```
            MOV    R2,# a03L               ; 取 a03
            MOV    R3,# a03H
   LOOP:    MOV    R6,SAMP                  ; 取 x
            MOV    R7,SAMP+1
            MOV    R0,#PRODT+2
            ACALL  MULT22                   ;求 a1ix
            MOV    R1,#DATA
            MOV    A,@R0                    ; a1ix+a0i
            MOV    @R1,A
            INC    R0
            INC    R1
            MOV    A,@R0
            ADDC   A,R3
            MOV    @R1,A
            RET
   LINE1:   MOV    R4,# a11L                ;转第 1 段处理
            MOV    R5,# a11H
            MOV    R2,# a01L
            MOV    R3,# a01H
            AJMP   LOOP
   LINE2:   MOV    R4,# a12L
            MOV    R5,# a12H
            MOV    R2,# a02L
            MOV    R3,# a02H
            AJMP   LOOP
```

2. 抛物线插值

若输入/输出特性很弯曲，而测量精度又要求比较高，可考虑采用抛物线插值。

如图 8-4-2 所示的曲线可以把它划分成Ⅰ、Ⅱ、Ⅲ、Ⅳ四段，每一段都分别用一个二阶抛物线方程 $y = a_i x^2 + b_i x + c_i$（$i = 1, 2, 3, 4$）来描绘。其中，抛物线方程的系数 a_i、b_i、c_i 可通过下述方法获得。每一段找出三个点 x_{i-1}、x_{i1}、x_i（含两分段点），例如，在线段Ⅰ中找出 x_0、x_{11}、x_1 点及对应 y 值 y_0、y_{11}、y_1，在线段Ⅱ中找出 x_1、x_{21}、x_2 点及对应 y 值 y_1、y_{21}、y_2 等。然后解下列联立方程：

$$\begin{cases} y_{i-1} = a_i x_{i-1}^2 + b_i x_{i-1} + c_i \\ y_{i1} = a_i x_{i1}^2 + b_i x_{i1} + c_i \\ y_i = a_i x_i^2 + b_i x_i + c_i \end{cases} \tag{8-4-11}$$

求出系数 a_i、b_i、c_i（$i = 1, 2, 3, 4$）。编程时应将系数 a_i、b_i、c_i 以及 x_0、x_1、x_2、

x_3、x_4 一起存放在指定的 ROM 中。进行校正时，先根据测量值 x 的大小找到所在分段，再从存储器中取出对应段的系数 a_i、b_i、c_i，最后运用公式 $y = a_i x^2 + b_i x + c_i$ 进行计算，就可求得 y 值。具体流程图如图 8-4-3 所示。

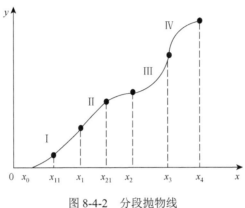

图 8-4-2　分段抛物线

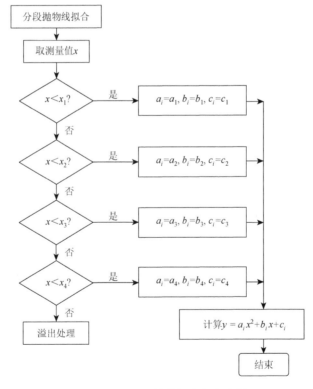

图 8-4-3　分段抛物线拟合程序流程

多项式插值的关键是决定多项式的次数，需根据经验描点观察数据的分布或凑试。在决定多项式次数 n 后，应选择 $n+1$ 个自变量 x 和函数值 y。由于一般给出的离散数组函数关系对的数目均大于 $n+1$，故应选择适当的插值节点 x_i 和 y_i。插值节点的选择与插值多项式的误差有很大关系，在同样的 n 值的条件下，选择适合的（x_i, y_i）可减小误差。在开始时，可先选择等分值的（x_i, y_i），再根据误差的分布情况，改变（x_i, y_i）的取值。考虑到实时计算，多项式的次数一般不宜选得过高。对于一般难以靠提高多项式的次数来提高拟合精度的非线性特性，可采用分段插值的方法加以解决。

8.4.3　拟合法

上述插值法的特点是 $z = \varphi(x)$ 曲线通过校准点（x_i, y_i），即 $z_i = \varphi(x_i) = f(x_i) = y_i$，而拟合法并不要求标定曲线 $z = \varphi(x)$ 通过校准点，而是要求 $z = \varphi(x)$ 逼近 $y = f(x)$，即二者误差最小或在允许范围之内。因此，曲线 $z = \varphi(x)$ 称为拟合曲线。

1. 最小二乘法

运用 n 次多项式或 n 个直线方程（代数插值法）对非线性特性进行逼近，可以保证在 $n+1$ 个节点上校正误差为零，即逼近曲线（或 n 段折线）恰好经过这些节点。但是如果这些数据是实验数据，含有随机误差，则这些校正方程并不一定能反映出实际的函数关系，即使能够实现，往往次数太高，使用起来不方便。因此，对于含有随机误差的实验数据的拟合，通常选择"误差平方和最小"[1]这一标准来衡量逼近结果，使逼近模型比较符合实际关系，在形式上也尽可能简单，这一逼近想法的数学描述如下。

设被逼近函数为 $f(x_i)$，逼近函数为 $\varphi(x_i)$，x_i 为 x 上的离散点，逼近误差为

$$V(x_i) = | f(x_i) - \varphi(x_i) |$$

记

$$\varphi = \sum_{i=1}^{n} V^2(x_i) \qquad (8\text{-}4\text{-}12)$$

令 $\varphi \to \min$，即在最小二乘意义上使 $V(x)$ 最小化，这就是最小二乘法原理。为了使接近函数简单，通常选择 $\varphi(x)$ 为多项式。

下面介绍用最小二乘法实现直线拟合和曲线拟合。

1）直线拟合

设有一组实验数据如图 8-4-4 所示。现在要求一条最接近这些数据点的直线。直线可有很多，关键是找一条最佳的。设这组实验数据的最佳拟合直线方程（回归方程）为

$$z = a_0 + a_1 x$$

式中，a_0 和 a_1 称为回归系数。

$$\varphi_{a_0,a} = \sum_{i=1}^{n} V_i^2 = \sum_{i=1}^{n} [y_i - (a_0 + a_1 x_i)]^2$$

根据最小二乘原理，要使 $\varphi_{a_0,a}$ 最小，按通常求极值的方法，取对 a_0、a_1 的偏导数，并令其为 0，得

$$\frac{\partial \varphi}{\partial a_0} = \sum_{i=1}^{n} [-2(y_i - a_0 - a_1 x_i)] = 0$$

$$\frac{\partial \varphi}{\partial a_1} = \sum_{i=1}^{n}[-2x_i(y_i - a_0 - a_1 x_i)] = 0$$

又可得如下方程组（称为正则方程组）：

$$\sum_{i=1}^{n} y_i = n a_0 + a_1 \sum_{i=1}^{n} x_i$$

$$\sum_{i=1}^{n} x_i y_i = a_0 \sum_{i=1}^{n} x_i + a_1 \sum_{i=1}^{n} x_i^2$$

解得

$$a_0 = \frac{\left(\sum_{i=1}^{n} y_i\right)\left(\sum_{i=1}^{n} x_i^2\right) - \left(\sum_{i=1}^{n} x_i y_i\right)\left(\sum_{i=1}^{n} x_i\right)}{n\left(\sum_{i=1}^{n} x_i^2\right) - \left(\sum_{i=1}^{n} x_i\right)^2} \qquad (8\text{-}4\text{-}13)$$

$$a_1 = \frac{n\left(\sum_{i=1}^{n} x_i y_i\right) - \left(\sum_{i=1}^{n} x_i\right)\left(\sum_{i=1}^{n} y_i\right)}{n\left(\sum_{i=1}^{n} x_i^2\right) - \left(\sum_{i=1}^{n} x_i\right)^2} \qquad (8\text{-}4\text{-}14)$$

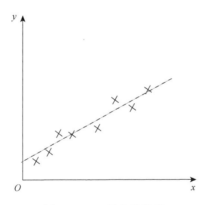

图 8-4-4　一组实验数据

只要将各测量数据（校正点数据）代入正则方程组，即可解得回归方程的回归系数 a_0 和 a_1，从而得到这组测量数据在最小二乘意义上的最佳拟合直线方程。

2）曲线拟合

为了提高拟合精度，通常对 n 个实验数据对（x_i，y_i）（$i = 1, 2, \cdots, n$）选用 m 次多项式

$$z = \varphi(x) = a_0 + a_1 x + a_2 x^2 + \cdots + a_m x^m = \sum_{j=0}^{m} a_j x^j \qquad (8\text{-}4\text{-}15)$$

来描述这些数据的近似函数关系式（回归方程）。如果把（x_i，y_i）的数据代入多项式，就可得

$$V_i = y_i - \sum_{j=0}^{m} a_j x_i^j, \quad i = 1, 2, \cdots, n$$

式中，V_i 为在 x_i 处由回归方程（8-4-15）计算得到的值与测量得到的值的误差。由于回归方程不一定通过该测量点（x_i, y_i），所以 V_i 不一定为零。

根据最小二乘原理，为求取系数 a_j 的最佳估计值，应使误差 V_i 的平方和最小，即

$$\varphi(a_0, a_1, \cdots, a_m) = \sum_{i=1}^{n} V_i^2 = \sum_{i=1}^{n} \left(y_i - \sum_{j=0}^{m} a_j x_i^j \right)^2 \rightarrow \min$$

由此可得如下正则方程组：

$$\frac{\partial \varphi}{\partial a_k} = -2 \sum_{i=1}^{n} \left[\left(y_i - \sum_{j=0}^{m} a_j x_i^j \right) x_i^k \right] = 0, \quad k = 0, 1, 2, \cdots, m$$

即计算 $a_0, a_1, \cdots, a_m$ 的线性方程组为

$$\begin{bmatrix} n & \sum x_i & \cdots & \sum x_i^m \\ \sum x_i & \sum x_i^2 & \cdots & \sum x_i^{m+1} \\ \vdots & \vdots & & \vdots \\ \sum x_i^m & \sum x_i^{m+1} & \cdots & \sum x_i^{2m+1} \end{bmatrix} \begin{bmatrix} a_0 \\ a_1 \\ \vdots \\ a_m \end{bmatrix} = \begin{bmatrix} \sum y_i \\ \sum x_i y_i \\ \vdots \\ \sum x_i^m y_i \end{bmatrix} \quad （8\text{-}4\text{-}16）$$

式中，$\sum$ 为 $\sum\limits_{i=1}^{n}$ 。

求解式（8-4-16）可得 $m+1$ 个未知数 a_j 的最佳估计值。

拟合多项式的次数越高，拟合结果越精确，但计算复杂，所以一般取 $m<7$。

除用 m 次多项式来拟合外，也可以用其他函数（如指数函数、对数函数、三角函数等）来拟合。另外，拟合曲线还可用这些实际数据点作图，从各个数据点的图形（称为散点图）的分布形状来分析，选配适当的函数关系或经验公式来进行拟合。当函数类型确定后，函数关系中的一些待定系数仍常用最小二乘法来确定。

2. 最佳一致逼近法

插值法要求逼近函数 $z = \varphi(x)$ 与被逼近函数 $y = f(x)$ 在节点处具有相同的函数值（甚至导数值），但在非节点处 $\varphi(x)$ 就不能很好地接近 $f(x)$。而实际问题往往是要求 $\varphi(x)$ 在整个测量区间的每一点上都很好地逼近 $f(x)$，这样用插值法就不能取得满意的效果。针对这种要求，可采用最佳一致逼近法来满足这一要求和求取逼近模型。

最佳一致逼近就是保证 $f(x)$ 与 $\varphi(x)$ 之间最大误差小于给定精度 ε，即保证下列不等式成立：

$$\max |\varphi(x) - f(x)| < \varepsilon \quad （8\text{-}4\text{-}17）$$

式中，$a \leqslant x \leqslant b$，$a$、$b$ 为测量区间的端点。

取 $\varphi(x)$ 为多项式，记作 $P_n(x)$。数学分析已经证明，对于在区间 $[a, b]$ 上的连续函数 $f(x)$，对任意给定的误差 ε，总存在多项式 $P_n(x)$，使式（8-4-17）成立。同时，也已证明，在固定多项式次数 n 的前提下，对于在 $[a, b]$ 上的连续函数 $f(x)$，其一致逼近的 n 次多项式 $P_n(x)$ 的集合中，存在且唯一存在一个最佳一致的逼近多项式 $P_n(x)$。

但是，通常要求取某一连续函数的最佳一致逼近多项式 $P_n(x)$ 是十分困难的。下面介绍比较简单的线性最佳一致逼近的求法。

1）线性最佳一致逼近

线性最佳一致逼近就是找到这样一条直线 $P_1^*(x) = a_0 + a_1 x$，$P_1^*(x)$ 与所有相当于 x_i 点的纵处标 $y_i[f(x_i)]$ 之差的绝对值，与其他任一直线相比，$\max[|P_1^*(x) - f(x)|]$ 最小。式中，a_0 和 a_1 待定。

线性最佳一致逼近的几何意义是：作一条平行于弦 AB 并与 $f(x)$ 相切的直线，切点为 C。取 AC 之中点 D，过 D 点作 AB 的平行线 $P_1^*(x)$，即为 $f(x)$ 的线性最佳一致逼近直线方程，如图 8-4-5 所示。

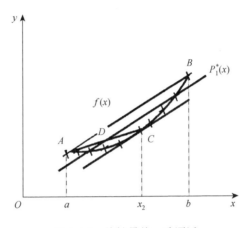

图 8-4-5　线性最佳一致逼近

下面介绍线性最佳一致逼近方程中待定系数 a_0 和 a_1 的求法。

设被逼近因数 $f(x)$ 单调上凸或下凹，其线性最佳一致逼近方程为

$$P_1^*(x) = a_0 + a_1 x \qquad (8\text{-}4\text{-}18)$$

则可以证明，式（8-4-18）中的待定系数 a_0 和 a_1 可由下列两式求得

$$a_1 = \frac{f(b) - f(a)}{b - a} \qquad (8\text{-}4\text{-}19)$$

$$a_0 = \frac{f(a) - f(x_2)}{2} - a_1 \frac{a + x_2}{2} \qquad (8\text{-}4\text{-}20)$$

式中，x_2 为满足 $P_1^*(x) - f'(x_2) = 0$ 的 x 值，即 x_2 是图 8-4-5 切点 C 的横坐标。另外，既然线性最佳一致逼近的数学模型是直线方程，那么离线求出 a_0 和 a_1 后，用汇编语言实现实时校正计算就十分简单了。

2）分段线性最佳一致逼近

与分段折线校正法相似，当用单个线性最佳一致逼近方程无法满足非线性校正的精度要求时，可采用分段线性最佳一致逼近方法，其节点的选取也有等距与不等距两种。一旦节点确定，每两个节点之间的曲线（或离散点）就可以用一个直线方程来逼近。若连同两端点共有 $N+1$ 个节点，就有 N 个逼近直线方程，如图 8-4-6 所示。

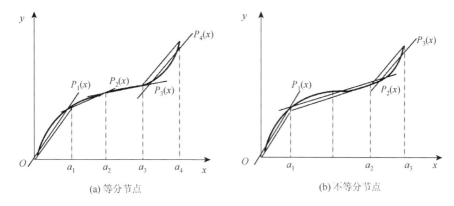

图 8-4-6　直线逼近

(a) 等分节点　　　　　　　　　　　　(b) 不等分节点

对于单调上凸或下凹的非线性特性，完全可以套用分段线性插值的求法。只要在编程时把原来的判断条件 $V_{\max} > \varepsilon$ 改成 $V_{\max} > 2\varepsilon$，然后在所求得的直线方程的截距上加（或减）ε 即可。至于非单调上凸或下凹的非线性特性，情况要复杂得多，不能简单地套用上述方法求节点，故这里不再介绍。

8.5　数字滤波技术

1. 程序判断滤波法

当从传感器或者变送器采样的信号混杂了严重的干扰信号时，可采用程序判断滤波。程序判断的方法是根据经验确定出两次采样输入的信号可能出现的最大偏差 ΔY，若超过此偏差值，则表明该输入信号中窜入干扰信号，应当舍去；若小于此偏差值，可将信号作为本次采样值。

根据滤波方法的不同，程序判断滤波可分为限幅滤波和限速滤波[2]。

1）限幅滤波

限幅滤波的做法是把两次相邻的采样值相减，求出其增量（以绝对值表示），然后与两次采样允许的最大差值（由控制对象的实际情况决定）ΔY 进行比较，若小于或等于 ΔY，则取本次采样值；若大于 ΔY，则仍然取上次采样值，即

$$|Y(k)-Y(k-1)| \leqslant \Delta Y$$

则 $Y(k) = Y(k)$，取本次采样值。

$$|Y(k)-Y(k-1)| > \Delta Y$$

则 $Y(k) = Y(k-1)$，取前次采样值。式中，$Y(k)$ 为第 k 次的采样值；$Y(k-1)$ 为第 $k-1$ 次的采样值；ΔY 为相邻两次采样值所允许的最大偏差，其大小取决于采样周期 T_s 及 Y 值的变化动态响应。

限幅滤波程序流程图如图 8-5-1 所示。

限幅滤波主要用于变化比较缓慢的参数，如温度、物理位置等测量系统，也对时间短、干扰幅值大的脉冲性干扰的去除非常有效。使用这种滤波方法的关键是 ΔY 的选择。

如果 ΔY 太大，无法过滤干扰信号，系统误差增大；如果 ΔY 太小，很多有用信号会被过滤掉，系统采样效率会降低，不能完全跟踪系统参数的变化。因此，ΔY 的选取是非常重要的，一般可以根据经验数据或由实验数据获得。

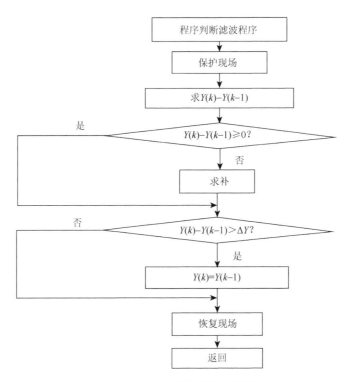

图 8-5-1 限幅滤波程序流程图

2）限速滤波

限幅滤波是取两次采样值来决定采样结果，而限速滤波则最多可用三次采样值来决定采样结果。其方法是当 $|Y(2)-Y(1)|>\Delta Y$ 时，再采样一次，取得 $Y(3)$，然后根据 $|Y(3)-Y(2)|$ 与 ΔY 的大小关系来决定本次采样值。其判别采样原理如下：

当 $|Y(2)-Y(1)|\leqslant\Delta Y$ 时，选择 $Y(2)$；

当 $|Y(2)-Y(1)|>\Delta Y$ 时，保留 $Y(2)$。

但不采用，继续采样取得 $Y(3)$：

当 $|Y(3)-Y(2)|\leqslant\Delta Y$ 时，选择 $Y(3)$；

当 $|Y(3)-Y(2)|>\Delta Y$ 时，取 $[Y(3)+Y(2)]/2$。

限速滤波是一种折中的办法，既照顾了采样的实时性，又考虑了采样值变化的连续性，这种方法的缺点也很明显。

（1）ΔY 的确定不够灵活，必须根据现场的情况不断变换新值；

（2）不能反映采样点数 $N>3$ 时各采样值受干扰的情况，所以其应用范围受到限制。

在实际使用中，可用 $[|Y(1)-Y(2)|+|Y(2)-Y(3)|]/2$ 取代 ΔY，这样也具备限速滤波的特性，虽然增加了计算机的开销及运算工作量，但灵活性大大提高。

限速滤波程序流程图如图 8-5-2 所示。

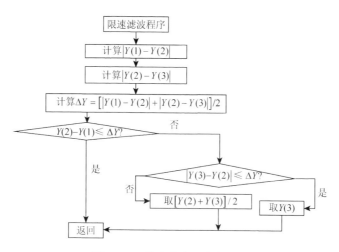

图 8-5-2 限速滤波程序流程图

2. 中值滤波

中值滤波是指对某一参数连续采样 n 次（一般 n 取奇数），然后将 n 次采样值从小到大排列，或从大到小排列，再取中间值作为本次采样值。

中值滤波对于去掉由偶然因素引起的波动，或采样器不稳定而引起的脉动干扰比较有效，若变化量缓慢，采用中值滤波比较有效，但是对快速变化过程的参数，如流量，则不宜采用中值滤波。

中值滤波有两种速度相对较快的方法：一种是直接取 n 次采样的中间值；另一种是对 n 次连续采样值按大小排序后，从首尾各截去 1/3，将大小居中的数据进行平均，作为有效检测数据。

3. 算术平均值滤波

算术平均值滤波是要寻找一个 $Y(k)$，使该值与各采样值之间误差的平方和最小，即

$$s = \min\left[\sum_{i=1}^{n} e^2(i)\right] = \sum_{i=1}^{n}[Y(u) - X(i)]^2 \qquad (8\text{-}5\text{-}1)$$

由一元函数求极值原理，得

$$Y(k) = \frac{1}{N}\sum_{i=1}^{n} X(i) \qquad (8\text{-}5\text{-}2)$$

式（8-5-2）等号左边表示第 k 次 n 个采样值的算术平均值；$X(i)$ 表示第 i 次采样值，n 表示采样次数，式（8-5-2）便是算术平均值滤波公式。由上可知，算术平均值滤波的实质是把一个采样周期内 N 次采样值相加，然后除以 n，便得到该采样周期的采样值。

算术平均值滤波主要用于对压力、流量等周期脉动的采样值进行平滑加工，但对脉冲性干扰的平滑作用不理想。因而它不适用于脉冲性干扰比较严重的场合。采样次数 n

取决于平滑度和灵敏度。随着 n 值的增大，平滑度将提高，灵敏度降低。通常对流量参数滤波时，n 取 12 次，对压力取 4 次，至于温度，如噪声干扰可不平均。

4. 加权平均值滤波

算术平均值滤波对于 n 次采样值来说，所占比例是相同的，即取每次采样值的 $1/N$。但有时为了提高滤波效果，将给采样值不同的权重，然后求和，此方法称为加权平均法。一个 n 项加权平均式为 $\overline{Y}(k) = \sum_{i=1}^{n} C_i X(i)$，式中，$C_1, C_2, \cdots, C_n$ 为各次采样值的系数，它体现了各次采样值在平均值中所占的比例，应满足下列关系 $\sum_{i=1}^{n} C_i = 1$。这些系数可以根据具体情况决定。一般采样次数越靠后，取的比例越大，这样可增加新的采样值在平均值里的比例。这种滤波方法可以根据需要突出信号的某一部分，抑制信号的另一部分。如果用最小二乘法来求取加权系数，可以使滤波后的数据以最小误差逼近原始数据。

5. 移动平均值滤波

算术平均值滤波法每计算一次数据，需要 n 次测量，对于测量速度较慢或者计算速率较高的实时系统，该办法是无法使用的。移动平均值滤波是根据先进先出的原理，在计算机中开辟一片存储空间，将测量数据按先后顺序进行排队，长度为 N。每进行一次新的测量，把测量结果放入存储空间的队尾，并将旧数据的首项顶出，这样在存储空间中始终有 N 个"最新"的数据。计算平均值时，只需将这 N 个数据进行算术平均，就可得到新的算术平均值。

6. 一阶滞后滤波法（RC 低通数字滤波）

前面的滤波法总体上可以看成静态滤波，主要用于变化过程较快的参数，如压力、流量等。但对于慢速随机变量，采用短时间内连续采样平均值的方法，其滤波效果并不理想。

为了提高滤波效果，可以用数字滤波形式来实现硬件低通滤波器的功能。

由图 8-5-3 可写出低通滤波器的传递函数：

$$G(s) = Y(s)/X(s) = 1/(s + 1)$$

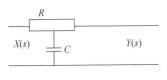

图 8-5-3　RC 低通数字滤波

式中，s 为 RC 低通数字滤波器的时间常数，$s = RC$。由上式可得，RC 低通数字滤波器实际上是一阶滞后滤波系统。将上式离散化后得到

$$Y(k) = (1-\alpha)Y(k-1) + \alpha X(k) \qquad （8-5-3）$$

式中，$X(k)$ 为第 k 次采样值；$Y(k-1)$ 为第 $k-1$ 次滤波结果输出值。

7. 复合滤波法

为了提高滤波的效果，有时可以把两种或两种以上的滤波方法结合起来使用。把这种

方法称为复合滤波。例如，把中值滤波和算术平均值滤波的方法结合起来，可得到一种复合滤波程序，其方法是把采样值首先按大小排队，然后去掉最大值和最小值，再把剩下的值逐个相加，最后求取平均值。也可以采用双重滤波，即把采样值经过两次滤波（如低通滤波后），这样结果更接近理想值，这实际上相当于多重 RC 滤波器。

8. 高通滤波器和带通滤波器

1）高通滤波器

一阶滞后滤波法是一种低通滤波器，可简化为

$$Y(k) = AY(k-1)+BX(k) \tag{8-5-4}$$

一阶滞后滤波法的基本思想是将本次输入和上次输出取平均值，因而在输入中，那些快速突变的参数均被滤掉，仅保留缓慢变化的参数，因此又称为低通滤波。与此相反的做法是，只考虑快速突变的参数，而对于慢速变化的参数不予考虑，或者说，将已经获得的参数在新参数中减掉，数学表达式为

$$Y(k) = BX(k)-AY(k-1) \tag{8-5-5}$$

式（8-5-5）即为高通滤波公式，式中系数 A、B 应满足 $A+B=1$。当输入频率达到奈奎斯特频率时，高通滤波器的增益趋于 $B/(1-A)=1$。

2）带通滤波器

带通滤波器可以滤除大于某一频率 f_2 和小于某一频率 f_1 的波，此时 $f_2>f_1$，带通滤波的构成可由一个理想的低通滤波和一个理想的高通滤波器组成，根据低通滤波器式（8-5-4）和高通滤波器式（8-5-5）可知：

$$Y(k) = A_1Y(k-1) + B_1X(k) \tag{8-5-6}$$

$$Z(k) = B_2Y(k) - A_2Z(k-1) \tag{8-5-7}$$

将式（8-5-6）代入式（8-5-7）中，得到

$$Z(k) = B_1B_2X(k) + A_1B_2Y(k-1) - A_2Z(k-1) \tag{8-5-8}$$

取式（8-5-7），把 k 用 $k-1$ 代替，得

$$B_2Y(k-1) = Z(k-1) + A_2Z(k-2) \tag{8-5-9}$$

将式（8-5-9）代入式（8-5-8）得带通滤波公式如下：

$$Z(k) = B_1B_2X(k) + (A_1 - A_2)Z(k-1) + A_1A_2Z(k-2) \tag{8-5-10}$$

9. 几种数字滤波性能的比较

每种滤波程序都有自己的特点，可根据具体的测量参数进行合理的选用。

1）滤波效果

一般来说，对于变化比较慢的参数，如温度，可选用程序判断滤波及一阶滞后滤波方法。对于变化比较快的脉冲参数，如压力、流量等，可选择算术平均值滤波法和加权平均值滤波法，特别是加权平均值滤波法。至于要求比较高的系统，需要用复合滤波法。在算术平均值滤波法和加权平均值滤波法中，其滤波效果与所选择的采样次数 n 有关。n 越大，滤波效果越好，但花费的时间也越长。高通和低通滤波程序是比较特殊的滤波程序，使用时一定要根据特点选用。

2）滤波时间

在考虑滤波效果的前提下，应尽量采用执行时间比较短的程序，若计算机计算时间允许，可采用效果更好的复合滤波程序。

注意，不适当地应用数字滤波（例如，可能将待控制的偏差值滤掉），反而会降低控制效果，甚至失控，因此必须注意。

参 考 文 献

[1]   金伟，刘志杰，景凤宣. 基于最小二乘法逼近的 B 样条曲线插值法[J]. 贵州师范大学学报（自然科学版），2015，33（1）：98-102.

[2]   王韬，涂标. 数据采集系统中常见的干扰源和数字滤波方法的概述[J]. 通信电源技术，2017，34（3）：47-49.

第9章　系统的抗干扰技术

在理想情况下，一个电路或系统的性能仅由该电路或系统的结构及所用元器件的性能指标来决定。然而在许多场合，用优质元件构成的电路或系统却达不到额定的性能指标，有的甚至不能正常工作。究其原因，常常是噪声干扰造成的。噪声是指电路或系统中出现的非期望的电信号。噪声对电路或系统产生的不良影响称为干扰。在检测系统中，噪声干扰会使测量指标产生误差；在控制系统中，噪声干扰可能导致误操作。因此，为使测控系统正常工作，必须研究抗干扰技术。

9.1　噪声干扰的形成

形成噪声干扰必须具备三个要素：噪声源、对噪声敏感的接收电路及噪声源到接收电路间的耦合通道。因此，抑制噪声干扰的方法也相应地有三个：降低噪声源的强度，使接收电路对噪声不敏感，抑制或切断噪声源与接收电路间的耦合通道。多数情况下，须在这三个方面同时采取措施。

9.1.1　噪声源

电路或系统中出现的噪声干扰，有的来源于系统内部，有的来源于系统外部。

1. 内部噪声源

1）电路元器件产生的固有噪声

电路或系统内部一般都包含电阻、晶体管、运算放大器等元器件，这些器件都会产生噪声，如电阻的热噪声、晶体管闪烁噪声、散弹噪声等。

2）感性负载切换时产生的噪声干扰

在控制系统中通常包含许多感性负载，如交、直流继电器，接触器，电磁铁和电动机等。它们都具有较大的自感。当切换这些设备时，由于电磁感应的作用，线圈两端会出现很高的瞬态电压，由此会带来一系列的干扰问题。感性负载切换时产生的噪声干扰十分强烈，单从接收电路和耦合介质方面采取被动的防护措施难以取得切实的效果，必须在感性负载上或开关触点上安装适当的抑制网络，使产生的瞬态干扰尽可能减小。

3）接触噪声

接触噪声是由两种材料之间的不完全接触而引起电导率起伏所产生的噪声。例如，晶体管焊接处接触不良（虚焊或漏焊），继电器触点之间、插头与插座之间、电位器滑臂与电阻丝之间的不良接触都会产生接触噪声。

2. 外部噪声源

1）天体和天电干扰

天体干扰是由太阳或其他恒星辐射电磁波所产生的干扰。天电干扰是由雷电、大气的电离作用、火山爆发及地震等自然现象所产生的电磁波和空间电位变化所引起的干扰。

2）放电干扰

放电干扰包括电动机的电刷和整流子间的周期性瞬间放电，电焊、电火花加工机床、电气开关设备中的开关通断放电，电气机车和电车导电线与电刷间的放电等。

3）射频干扰

射频干扰是指电视广播、雷达及无线电收发机等，对邻近电子设备的干扰。

4）工频干扰

工频干扰是指大功率输、配电线与邻近测试系统的传输线通过耦合产生的干扰。

9.1.2　噪声的耦合方式

1. 静电耦合（电容性耦合）

两个电路之间存在的寄生电容，会产生静电效应而引起干扰。设导线 1 是干扰源，导线 2 为测试系统传输线，C_1、C_2 分别为导线 1、导线 2 的寄生电容，C_{12} 是导线 1 和导线 2 之间的寄生电容，R 为导线 2 被干扰电路的等效输入阻抗。根据电路理论，此时干扰源 $\dot{U}_1$ 在导线 2 上产生的对地干扰电压为

$$\dot{U}_n = \frac{j\omega C_{12}R}{1 + j\omega(C_{12} + C_2)R}\dot{U}_1 \tag{9-1-1}$$

通常

$$\omega(C_{12} + C_2)R \ll 1$$

则

$$\dot{U}_n \approx j\omega C_{12}R\dot{U}_1$$
$$U_n \approx \omega C_{12}RU_1 \tag{9-1-2}$$

从式（9-1-2）可以看出，当干扰源的电压 U_1 和角频率 ω 一定时，要降低静电电容性耦合效应就必须减小电路的等效输入阻抗 R 和寄生电容 C_{12}。小电流、高电压噪声源对测试系统的干扰主要是通过这种电容性耦合产生的。

2. 电磁耦合（电感性耦合）

电磁耦合是由于两个电路间存在互感，如图 9-1-1 所示。图中导线 1 为干扰源，导线 2 为测试系统的一段电路，设导线 1、2 间的互感为 M。当导线 1 中有电流 I_1 变化时，根据电路理论，通过电磁耦合产生的互感干扰电压为

$$\dot{U}_n = j\omega M\dot{I}_1 \tag{9-1-3}$$

从式（9-1-3）可以看出：干扰电压 $\dot{U}_n$ 正比于干扰源角频率 ω、互感系数 M 和干扰

源电流 $\dot{I}_1$。大电流、低电压干扰源的干扰耦合方式主要为这种电感性耦合。

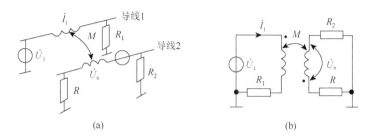

图 9-1-1　两个电路之间的互感

3. 漏电流耦合（电阻性耦合）

测试时由于绝缘不良，流经绝缘电阻 R 的漏电流使电测装置引起干扰。例如，用应变片测量时，通常要求应变片与结构之间的绝缘电阻在 $100\text{M}\Omega$ 以上，其目的就是使漏电流干扰的影响尽量减少，如图 9-1-2 所示。

干扰电压为

$$\dot{U}_n = \frac{Z_i}{Z_i + R}\dot{U}_1 \approx \frac{Z_i}{R}\dot{U}_1 \qquad (9\text{-}1\text{-}4)$$

式中，$\dot{U}_1$ 为干扰源电压；Z_i 为被干扰测量电路的输入阻抗；R 为漏电阻。

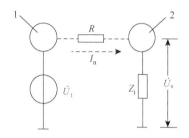

图 9-1-2　电阻性耦合的等效电路

4. 共阻抗耦合

共阻抗耦合是指两个或两个以上电路有公共阻抗时，一个电路中的电流变化在公共阻抗上产生的电压。这个电压会影响与公共阻抗相连的其他电路的工作，称为其干扰电压。

共阻抗耦合的主要形式有以下几种。

1）电源内阻抗的耦合干扰

当用一个电源同时对几个电路供电时，电源内阻 R_0 和线路电阻 R 就成为几个电路的公共阻抗，某一电路中电流的变化在公共阻抗上产生的电压就成为对其他电路的干扰源，如图 9-1-3 所示。

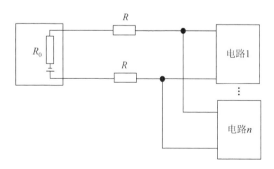

图 9-1-3　电源内阻抗耦合干扰

为了抑制电源内阻抗的耦合干扰，可采取如下措施：①减小电源的内阻；②在电路中增加电源退耦合滤波电路。

2）公共地线耦合干扰

由于地线本身具有一定的阻抗，当其中有电流通过时，在地线上必产生电压，该电压就成为对有关电路的干扰电压。图 9-1-4 画出了通过公共地线耦合干扰的示意图。图中，R_1、R_2、R_3 为地线电阻，A_1、A_2 为前置电压放大器，A_3 为功率放大器。A_3 级的电流 I_3 较大，通过地线电阻 R_3 时产生的电压为 $U_3 = I_3 R_3$，U_3 就会对 A_1、A_2 产生干扰。

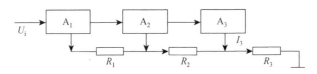

图 9-1-4　公共地线耦合干扰

3）输出阻抗耦合干扰

当信号输出电路同时向几路负载供电时，任何一路负载电压的变化都会通过线路公共阻抗（包括信号输出电路的输出阻抗和输出接线阻抗）耦合而影响其他路的输出，产生干扰。

图 9-1-5 表示一个信号输出电路同时向三路负载提供信号的示意图。图中，Z_S 为信号输出电路的输出阻抗，Z_O 为输出接线阻抗，Z_L 为负载阻抗。

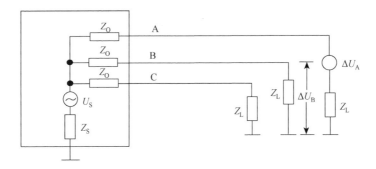

图 9-1-5　输出阻抗耦合干扰

如果 A 路输出电压产生变化 ΔU_A，它将在负载 B 上引起 ΔU_B 的变化，ΔU_B 就是干扰电压。一般 $Z_L \gg Z_S \gg Z_O$，故由图 9-1-5 可得

$$\Delta U_B \approx \frac{Z_S}{Z_L} \Delta U_A \qquad (9\text{-}1\text{-}5)$$

式（9-1-5）表明，减小输出阻抗 Z_S，可以减小由输出阻抗耦合产生的干扰 ΔU_B。

9.1.3　噪声的干扰模式

噪声源产生的噪声通过各种耦合方式进入系统内部，造成干扰。根据噪声进入系统电路的存在模式可将噪声分为两种形态，即差模噪声和共模噪声。

1. 差模噪声

差模噪声是指能够使接收电路的一个输入端相对于另一输入端产生电位差的噪声。由于这种噪声通常与输入信号串联，因此也称为串模噪声。这种干扰在测量系统中是常见的，例如，在热电偶温度测量回路的一个臂上串联一个由交流电源激励的微型继电器时，在线路中就会引入交流与直流的差模噪声。

2. 共模噪声

共模噪声是相对于公共的电位基准点，在系统的接收电路的两个输入端上同时出现的噪声。当接收器具有较低的共模抑制比时，也会影响系统测量的结果。例如，用热电偶测量金属板的温度时，金属板可能对地有较高的电位差 U_c。

在电路两个输入端对地之间出现共模噪声电压 U_{cm}，只是使两输入端相对于接地点的电位同时涨落，并不改变两输入端之间的电位差，因此，对存在于两输入端之间的信号电压本来不会有什么影响，但在电路输出端情况就不一样了。由于双端输入电路总存在一定的不平衡性，输入端存在的共模噪声 U_{cm}，将在输出端形成一定的电压 U_{on}，即

$$U_{on} = U_{cm} K_c \qquad (9\text{-}1\text{-}6)$$

式中，K_c 为电路的共模增益。

因为 U_{on} 与输出信号电压存在的形式相同，所以会对输出信号电压形成干扰，其干扰效果相当于在两输入端之间存在如下差模干扰电压：

$$U_{dm} = \frac{U_{on}}{K_d} = U_{cm} \frac{K_c}{K_d} = \frac{U_{cm}}{\text{CMRR}} \qquad (9\text{-}1\text{-}7)$$

式中，K_d 为电路的差模增益。

CMRR 为电路的共模抑制比，其值为

$$\text{CMRR} = \frac{K_d}{K_c} \qquad (9\text{-}1\text{-}8)$$

或

$$\text{CMRR} = \frac{U_{cm}}{U_{dm}} \qquad (9\text{-}1\text{-}9)$$

图 9-1-6 画出常见的双线传输电路，图中，r_1、r_2 分别为两传输线的内阻，R_1、R_2 分别为两传输线输出端即后接电路的两输入端对地电阻，由图可见：

$$U_{on} = U_{cm} \left(\frac{R_1}{r_1 + R_1} - \frac{R_2}{r_2 + R_2} \right) \qquad (9\text{-}1\text{-}10)$$

当电路满足平衡条件，即

$$r_1 = r_2 \qquad (9\text{-}1\text{-}11)$$
$$R_1 = R_2 \qquad (9\text{-}1\text{-}12)$$

时，$U_{on} = 0$，即 U_{cm} 不在输出端对信号形成干扰；但不满足平衡条件时，$U_{on} \neq 0$，U_{cm} 将在输出端对信号形成干扰电压 U_{on}。

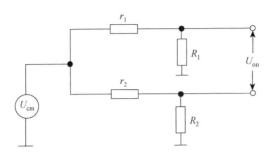

图 9-1-6　双线传输电路

9.2　硬件抗干扰技术

9.2.1　接地技术

1. 接地的基本概念

"地"是电路或系统中为各个信号提供参考电位的一个等电位点或等电位面,"接地"就是将某点与一个等电位点或等电位面之间用低电阻导体连接起来,构成一个基准电位[1]。

1)测控系统中的地线种类

测控系统中的地线有以下几种。

(1)信号地:在测试系统中,原始信号是用传感器从被测对象获取的,信号(源)地是指传感器本身的零电位基准线。

(2)模拟地:模拟信号的参考点,所有组件或电路的模拟地最终都归结到供给模拟电路电流的直流电源的参考点上。

(3)数字地:数字信号的参考点,所有组件或电路的数字地最终都归结到供给数字电路电流的直流电源的参考点上。

(4)负载地:大功率负载或感性负载的地线。当这类负载被切换时,它的地电流中会出现很大的瞬态分量,对低电平的模拟电路乃至数字电路都会产生严重干扰,通常把这类负载的地线称为噪声地。

(5)系统地:为避免地线公共阻抗的有害耦合,模拟地、数字地、负载地应严格分开,并且要最后汇合在一点,以建立整个系统的统一参考电位,该点称为系统地。系统或设备的机壳上的某一点通常与系统地相连接,供给系统各个环节的直流稳压或非稳压电源的参考点也都接在系统地上。

2)共地和浮地

如果系统地与大地绝缘,则该系统称为浮地系统。浮地系统的系统地不一定是零电位。如果把系统地与大地相连,则该系统称为共地系统,共地系统的系统地与大地电位相同。这里所说的"大地"就是指地球。众所周知,地球是导体,而且体积非常大,因而其静电容量也非常大,电位比较稳定,所以人们常常把它的电位作为绝对基准电位,也就是零电位。为了连接大地,可以在地下埋设铜板或插入金属棒或利用金属排水管道作为连接大地的地线。

常用的工业电子控制装置宜采用共地系统，它有利于信号线的屏蔽处理，机壳接地可以免除操作人员的触电危险。例如，采用浮地系统，要么使机壳与大地完全绝缘，要么使系统地不接机壳。在前一种情况下，当机壳较大时，它与大地之间的分布电容和有限的漏电阻使得系统地与大地之间的可靠绝缘非常困难。而在后一种情况下，贴地布线的原则（系统内部的信号传输线、电源线和地线应贴近接地的机柜排列，机柜可起到屏蔽作用）难以实施。

在共地系统中有一个设备接大地的问题，需要注意的是，不能把系统地接到交流电源的零线上，也不应连到大功率用电设备的安全地线上，因为它们与大地之间存在随机变化的电位差，其幅值变化范围从几十毫伏到几十伏。因此共地系统必须另设一条接地线。为防止大功率交流电源地电流对系统地的干扰，建议系统地的接地点和交流电源接地点间的最小距离不应少于 800 m，所用的接地棒应按常规的接地工艺深埋，且应与电力线垂直。

3）接地方式——单点接地与多点接地

两个或两个以上的电路共用一段地线的接地方法称为串联接地。例如，R_1、R_2、R_3 串联，R_1 接近系统地，电路 1 在 R_1 与 R_2 之间，电路 2 在 R_2 与 R_3 之间，电路 3 直接给 R_3 供电。R_1、R_2 和 R_3 分别为各段地线的等效电阻，I_1、I_2 和 I_3 分别是电路 1、电路 2 和电路 3 的入地（返回）电流。因为地电流在地线等效电阻上会产生压降，所以三个电路与地线的连接点的对地电位具有不同的数值，它们分别是

$$V_A = (I_1 + I_2 + I_3)R_1$$
$$V_B = I_A + (I_2 + I_3)R_2$$
$$V_C = V_B + I_3 R_3$$

显然，在串联接地方式中，任一电路的地电位都受到其他电路地电流变化的调制，使电路的输出信号受到干扰。这种干扰是由地线公共阻抗耦合作用产生的。离接地点越远，电路中出现的噪声干扰越大，这是串联接地方式的缺点。但是，与其他接地方式相比，串联接地方式布线最简单，费用最省。

串联接地通常用来连接地电流较小且相差不太大的电路。为使干扰最小，应把电平最低的电路安置在离接地点（系统地）最近的地方，与地线相接。

另一种接地方式是并联单点接地，即各个电路的地线只在一点（系统地）汇合，各电路的对地电位只与本电路的地电流和地线阻抗有关，因而没有公共阻抗耦合噪声。

这种接地方式的缺点在于所用地线太多，对于比较复杂的系统，这一矛盾更加突出。此外，这种方式不能用于高频信号系统。因为这种接地系统中地线一般都比较长，在高频情况下，地线的等效电感和各个地线之间杂散电容耦合的影响是不容忽视的。当地线的长度等于信号波长（光速与信号频率之比）的奇数倍时，地线呈现极高阻抗，变成一个发射天线，将对邻近电路产生严重的辐射干扰。一般应把地线长度控制在 1/20 信号波长之内。

上述两种接地都属于一点接地方式，该方式主要用于低频系统。在高频系统中，通常采用多点接地方式。在这种系统中，各个电路或元件的地线以最短的距离就近连到接地汇流排（通常是金属底板）上，因地线很短（通常远小于 25mm），底板表面镀银，所

以它们的阻抗都很小。多点接地不能用在低频系统中，因为各个电路的地电流流过地线汇流排的电阻会产生公共阻抗耦合噪声。

一般的选择标准是，当信号频率低于 1MHz 时，应采用单点接地方式，频率高于10MHz 时，多点接地系统是最好的。对于频率处于 1～10MHz 的系统，可以采用单点接地方式，但地线长度应小于信号波长的 1/20；如果不能满足这一要求，应采用多点接地。

在实际的低频系统中，一般都采用串联和并联相结合的单点接地方式，这样既兼顾了抑制公共阻抗耦合噪声的需要，又不致使系统布线过于复杂。为此，需把系统中所有地线根据电流变化的性质分成若干组，性质相近的电路共用一根地线（串联接地），然后将各组地线汇集于系统地上（并联接地）。

2. 接地环路与共模干扰

当信号源和系统地都接大地时，两者之间就构成了接地环路。由于大地电阻和地电流的影响，任何两个接地点的电位都不相等。通常信号源和系统之间的距离可达数米至数十米，此时这两个接地点之间的电位差的影响将不能忽视。在工业系统中，这个电压常常是一个幅值随机变化的 50Hz 的噪声电压。在图 9-2-1（a）所示的系统中，信号源 U_S 通过两根传输线与系统中的单端放大器的输入端相接。由于地电压 U_G 的存在，改变了放大器输入电压。设两根传输线的电阻分别是 R_1 和 R_2，信号源内阻为 R_S。放大器输入电阻为 R_i，两个接地点间的地电阻为 R_G，由等效电路 ［图 9-2-1（b）］ 可以求得放大器输入端 A、B 之间出现的噪声电压 U_n，其值为

$$U_n = \frac{R_2//(R_i + R_1 + R_S)}{R_G + R_2//(R_i + R_1 + R_S)} \cdot \frac{R_S}{R_i + R_1 + R_S} \cdot U_G$$

通常 $R_S \gg R_i \gg R_1 \gg R_G$，所以

$$U_n = \frac{R_2}{R_G + R_2} \cdot \frac{R_S}{R_i + R_1 + R_S} \cdot U_G \qquad (9\text{-}2\text{-}1)$$

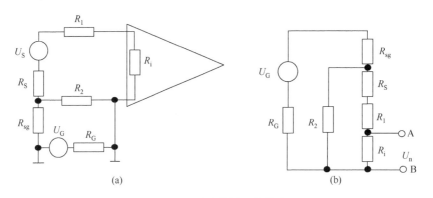

图 9-2-1　测试装置一点接地

若 $R_1 = R_2 = 10\Omega$，$R_i = 1\text{k}\Omega$，$R_S = 10\text{k}\Omega$，$R_G = 0.1\Omega$，$U_G = 1\text{V}$，则 $U_n = 899\text{mV}$，U_G 几乎全部加到了系统的输入端。

U_n 与 U_S 串联作为放大器输入信号的一部分，形成了噪声干扰。这个干扰是由于两个信号输入电路上所加的共模电压 U_G 引起的，故称为共模干扰。但是，电路中的共模电压不一定都能产生共模干扰，它必须通过信号电路的不平衡阻抗转化为差模（常模）电压之后，才构成干扰。

在信号源和放大器两端（直接或间接）接地的情况下，共模电压 U_G 是下列因素产生的：两个接地点之间存在电位差，信号源对地存在某一电压（例如，应变电阻电桥等平衡供电式传感器就是这样），低频噪声磁场在接地闭合回路中产生的感性耦合以及噪声对两根信号传输线的容性和感性耦合。

由前面的讨论可以看到两点接地所造成的共模干扰。如果改为一点接地，并保持信号源与地隔离，如图 9-2-1 所示。图中 R_{sg} 为信号源对地的漏电阻，一般 $R_{sg} \gg R_2 + R_G$，$R_2 \ll R_S + R_1 + R_i$，因此放大器输入端的噪声电压为

$$U_n = \frac{R_i}{R_i + R_1 + R_S} \cdot \frac{R_2}{R_{sg}} \cdot U_G \ll U_G \qquad (9\text{-}2\text{-}2)$$

可见，该电压比信号源接地时的干扰电压大有改善。

3. 系统接地设计

接地设计的两个基本要求是：

（1）消除各电路电流流经一个公共地线阻抗时所产生的噪声点；

（2）避免形成接地环路，引进共模干扰。

一个系统中包括多种地线，每一个环节都与其中的一种或几种地线发生联系。处理这些地线的基本原则是尽量避免或减少由接地所引起的各种干扰，同时要便于施工，节省成本。系统接地设计通常包括以下几个主要方面。

1）输入信号传输线屏蔽接地点的选择

信号传输线屏蔽层必须妥善接地，才能有效地抑制电场噪声对信号线的电容性耦合，但同时必须防止通过屏蔽层构成低阻接地环路。当放大器接地而信号源浮地时，屏蔽层的接地点应选在放大器的低输入端 [在图 9-2-2（a）中的 C 处连接]，此时出现在放大器输入端 1、2 之间的噪声电压 $V_{12} = 0$，如图 9-2-2（c）所示；如果在 B 处连接，噪声电压 $V_{12} = (V_{G1} + V_{G2})C_1/(C_1 + C_2)$，如图 9-2-2（b）所示；如果在 D 处连接，$V_{12} = V_{G1}C_1/(C_1 + C_2)$，如图 9-2-2（d）所示；若在 A 处把信号源低端与屏蔽层相连，因屏蔽不接地，则没有屏蔽效果。

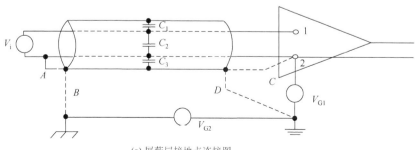

(a) 屏蔽层接地点连接图

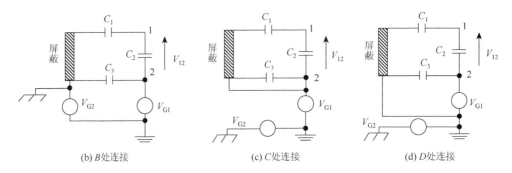

(b) B处连接   (c) C处连接   (d) D处连接

图 9-2-2　浮地信号源和接地放大器的输入信号线屏蔽层的连接

当信号源接地而放大器浮地时，信号传输线的屏蔽应接到信号源的低端 [见图 9-2-3（a）中的 A 处接地]，此时出现在放大器输入端 1、2 之间的噪声电压 $V_{12}=0$，如图 9-2-3（b）所示；若把屏蔽在 B 处接地，$V_{12}=V_{G1}C_1/(C_1+C_2)$，如图 9-2-3（c）所示；如屏蔽在 D 处接地，则 $V_{12}=(V_{G1}+V_{G2})C_1/(C_1+C_2)$，如图 9-2-3（d）所示；如把屏蔽连接到放大器的低端 2 [见图 9-2-3（a）中的 C 处]，因为它不接地，所以没有屏蔽效果。

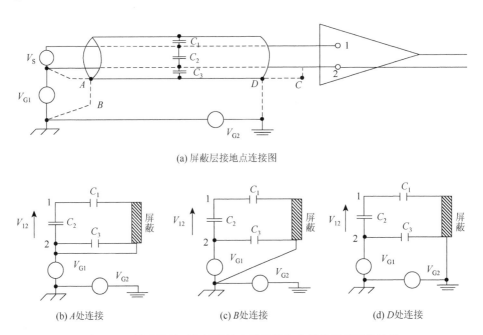

(a) 屏蔽层接地点连接图

(b) A处连接   (c) B处连接   (d) D处连接

图 9-2-3　接地信号源和浮地放大器的输入信号线屏蔽层的连接

在图 9-2-2 和图 9-2-3 中，C_1、C_2 和 C_3 分别为信号线 1、2 与屏蔽之间以及信号线之间的杂散电容。V_{G1} 为信号源或放大器低端与地之间可能存在的电压，V_{G2} 为地电位差。

2）电源变压器静电屏蔽层的接地

系统中的电源变压器初、次级绕组间设置的静电屏蔽层（此为习惯名称，其实它主要用来抑制交流电源线中检测的高频噪声对次级绕组的电容性耦合）的屏蔽效果与屏蔽层的接地点的位置直接相关。在共地系统中，为更好地抑制电网中的高频噪声，屏蔽层应接系统直流电源地，如图 9-2-4（a）所示。在浮地系统中，如仍按这种接法，则因高频噪声不能入地而失去屏蔽作用，此时应将屏蔽层改接到交流电源地上，如图 9-2-4（b）所示。

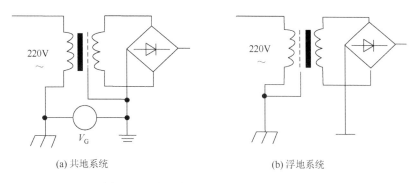

(a) 共地系统　　　　　　　　　　(b) 浮地系统

图 9-2-4　电源变压器静电屏蔽层的接地点

3）直流电源接地点的选择

一个系统通常需要多种直流电源，有供给模拟电路工作用的和供给数字电路工作用的电源，它们都是稳压电源；此外可能还需要某些非稳压直流电源，以供显示、控制等用。不同性质的电源地线不能任意互联，而应分别汇集于一点，再与系统地相接。

4）印刷电路板的地线布局

在包含 A/D 或 D/A 转换器的单元印刷电路板上，既有模拟电源，又有数字电源，处理这些电源地线的原则如下。

（1）模拟地和数字地分设，通过不同的引脚与系统地相连，各个组件的模拟地和数字地引脚分别连到电路板上的模拟地线和数字地线上。

（2）尽可能减少地线电阻，因此地线宽度要选取得大一些(支线宽度通常为2～3mm，干线宽度为 8～10mm)，但又不能随意增大地线面积，以免增大电路和底线之间的寄生电容。

（3）模拟地线可用来隔离各个输入模拟信号之间以及输出和输入信号之间的有害耦合。通常可在需要隔离的两个信号线之间增设模拟地线。数字信号也可用数字地线进行隔离。

5）机柜地线的地线布局

在中、低频率系统中，地线布局须采用单点接地方案，其原则如下。

（1）各个单元电路的各种地线不得混接，并且与机壳浮离（直至系统地才能相会）。

（2）单元电路板不多时，可采用并联单点接地方案。此时可把各单元的不同地线直接与有关电源参考端分别连接。

（3）当系统比较复杂时，各印刷板一般被分装在多层框架上，此时则应采取串联单点接地方案。可在各个框架上安装几个横向汇流排，分别用以分配各种直流电源，沟通各个印刷板的各种地线；而各个框架之间安装若干纵向汇流排连接所有的横向汇流排。在可能情况下，要把模拟地、数字地和噪声地汇流排适当拉开距离，以免产生噪声干扰。

9.2.2　屏蔽技术

由于检测仪表或控制系统的工作现场往往存在强电设备，这些设备的磁力线或电力线会干扰仪表或系统的正常工作。为了防止这种干扰，可利用低电阻的导电材料或高磁导率的铁磁材料制成容器，对易受干扰的部分实行屏蔽，以达到阻断或抑制各种场干扰的目的。

1. 屏蔽的类型和原理

1）静电屏蔽

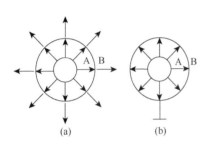

根据电学原理，在静电场作用下，如果空心导体腔内没有静电荷，导体内和空腔内任何一点处的场强都等于零，剩余电荷只能分布在外表面。因此，如果把某一物体放入空心导体的空腔内，该物体就不受任何外电场的影响，这就是静电屏蔽的原理。

如果空心导体（如金属盒）B 的空腔内放有一个带电体 A（图 9-2-5），由于静电感应，在金属盒 B 的内外表面将分别出现等量异号的感应电荷，B 外表面的电荷所产生的电场就会对外界产生影响，如图 9-2-5（a）所

图 9-2-5　静电屏蔽

示。为了消除这种影响，可将金属盒 B 接地，则外表面的感应电荷将因接地而消失，相应的电场也随之消失，这就解决了金属盒内带电体对盒外的影响，如图 9-2-5（b）所示。

通过以上分析可知，用一个金属屏蔽盒罩住被干扰的电路，且将金属盒接地，则可消除外部的静电干扰。

为了达到较好的静电屏蔽效果，应选用低电阻材料作屏蔽盒，一般以铜或铝为佳。屏蔽盒都应良好接地，伸出屏蔽盒以外的导线应越短越好。

2）电磁屏蔽

电磁屏蔽主要是抑制高频电磁场的干扰。高频电磁场能在导电性能良好的金属导体内产生涡电流，人们利用涡电流产生的反磁场来抵消高频干扰磁场，从而达到电磁屏蔽的目的。

电磁屏蔽的材料也应选用低内阻的金属材料，如铜、铝或镀银铜板等。为了兼顾静电屏蔽的作用，屏蔽罩应接地。

3）磁屏蔽

磁屏蔽主要用来防止低频磁场干扰，因为电磁屏蔽对低频磁场干扰的屏蔽效果很差。人们利用高导磁材料（如坡莫合金）制成屏蔽罩，使低频磁场干扰的磁力线大部分在屏蔽罩内构成回路，泄漏到屏蔽罩外的干扰磁通就很少，从而达到抑制低频磁场干扰的目的。

2. 屏蔽的结构形式

屏蔽的结构形式主要有屏蔽罩、屏蔽栅网、屏蔽铜箔、隔离舱和导电涂料等。屏蔽

罩一般用无孔隙的金属薄板制成。屏蔽栅网一般用金属编织网或有孔金属薄板制成。既有屏蔽作用,又有通风作用。屏蔽铜箔一般是利用多层印刷电路板的一个铜箔面板作为屏蔽板。隔离舱是将整机金属箱体用金属板分隔成多个独立的隔舱,从而将各部分电路分别置于各个隔舱之内,用以避免各电路部分的电磁干扰与噪声影响。导电涂料是在非金属的箱体内、外表上喷一层金属涂层。

此外,还有编织网做成的电缆屏蔽线,用金属涂层覆盖密封电子组件屏蔽等。

在某些应用场合,单一材料的屏蔽不能在强磁场下保证有足够高的磁导率,不能满足衰减磁场干扰的要求,此时可采用两种或多种不同材料做成多层屏蔽结构,低磁导率、高饱和值的材料安置在屏蔽罩的外层,而高磁导率、低饱和值的材料则放在屏蔽罩的内层,且层间用空气隔开为佳。

9.2.3　长线传输的干扰及抑制

在进行测量或控制时,被测(或被控制)对象与测控系统往往相距较远,可能是几十米、几百米甚至上千米,在这样的距离上进行信号传输,抗干扰问题尤为突出。有必要研究长线传输中常见的干扰及其抑制措施。

1. 长线感应干扰及抑制

由传感器来的信号线有时长达百米甚至上千米,干扰源通过电磁或静电耦合在信号线上的感应电压数值是相当可观的。例如,一路输电线与信号线平行敷设时,信号线上的电磁感应电压和静电感应电压分别可达到毫伏级,然而来自传感器的有效信号电压通常仅有几十毫伏甚至可能比感应的干扰电压还小些;除此之外,同样由于被测对象与测控系统相距甚远,信号地与系统地这两个接地点之间的电位差即地电压 U_m 有时可达几伏至十几伏甚至更大。因此在远距离信号传输的情况下,如果采取如图 9-2-6(a)所示单线传输单端对地输入的方式,那么传输线上的感应干扰电压 U_n 和地电压 U_m 都会与被测信号 U_S 相串联,形成差模干扰电压,其中 U_n 形成的差模干扰电压为

$$U_{nn} = U_n \frac{R}{r_S + r_m + r + R} \tag{9-2-3}$$

U_m 形成的差模干扰电压为

$$U_{nm} = U_m \frac{R}{r_S + r_m + r + R} \tag{9-2-4}$$

式中,r_S、r_m、r、R 分别为信号源内阻、两地之间的地电阻、传输电线电阻和系统输入电阻,一般有 $r_m \ll r \ll r_S \ll R$,代入式(9-2-3)和式(9-2-4)得 $U_{nn} \approx U_n$,$U_{nm} \approx U_m$。由此可见,地电压和感应干扰电压几乎全都无抑制地成为对信号的干扰电压,二者之和可能会相当大,甚至可能超过信号电压,使信号电压被干扰电压淹没。为了避免这种后果,远距离信号传输通常不采取单线传输单端对地输入的方式,而是采取双线传输双端差动输入的方式。对比图 9-2-6(a)和(b)可见,由于增设一条同样长度的传输线,两

根传输线上拾取的感应干扰电压相等，即 $U_{n1} = U_{n2} = U_n$；同时又由于输入端采取双端差动输入方式，而且一般有 $r_m \ll r \ll r_S \ll R$，因此 U_m 形成的差模干扰电压减小为

$$U_{nm} = U_m \left(\frac{R}{r+R} - \frac{R}{r_S + r + R} \right) \ll U_m \qquad (9\text{-}2\text{-}5)$$

U_n 形成的差模干扰电压减小为

$$U_{nn} = U_n \left[\left(1 - \frac{r_m}{r+R} \right) \frac{R}{r_S + r + R + r_m} - \frac{R}{r+R+r_m} \left(1 - \frac{r_m}{r_S + r + R} \right) \right] \approx 0 \qquad (9\text{-}2\text{-}6)$$

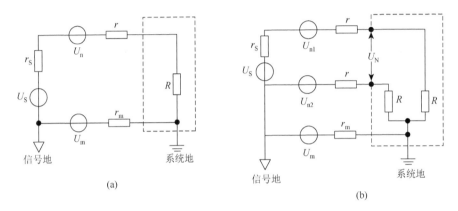

图 9-2-6　被测信号传输与输入方式

在前面的讨论中，需要假定两根传输线完全处于相同的条件，即产生的感应干扰电压完全相同——纯共模电压，而且两根传输线内阻相同，对地分布电容和漏电阻也相同。满足这些条件的双线传输称为"平衡传输"。为了实现双线平衡传输，通常采用双绞线。双绞线由于双线绞合较紧，各方面处于基本相同条件，因此有很好的平衡特性，而且双绞线对电感耦合噪声有很好的抑制作用。

同样是采用双线传输信号，但被传输信号的形式不同，抗干扰的效果是不一样的。一般来说，数字信号抗干扰能力比模拟信号抗干扰能力强。因此，数字信号传输优于模拟信号传输。频率信号是一种准数字信号，抗干扰性能也很好，也适用于应用双绞线远距离传输。此外，长线传输时，用电流传输代替电压传输，也可获得较好的抗干扰能力，特别是在过程控制系统中，常常采用变送器或电压/电流转换器产生 4～20mA 的电流信号，经长线传送到接收端，再用一个精密电阻或电流/电压转换器转换成电压信号，然后送入 A/D 转换器。电流传送方式不会受到传输导线的压降、接触电阻、寄生热电偶和接触电势的影响，也不受各种电压性噪声的干扰，所以，它常被用作抑制噪声干扰的一种手段。

2. 反射干扰及抑制

数字信号的长线传输不仅容易耦合外界噪声，而且还会因传输线两端阻抗不匹配而出现信号在传输线上反射的现象，使信号波形产生畸变。这种影响称为"非耦合性干扰"或"反射干扰"。抑制这种干扰的主要措施是解决好阻抗匹配和长线驱动两个问题。

　　1）阻抗匹配

　　为了避免因阻抗不匹配产生反射干扰，就必须使传输线始端的源阻抗等于传输线的特性阻抗（称始端阻抗匹配）或使传输线终端的负载阻抗等于传输线特性阻抗（称终端阻抗匹配）。常用的双绞线的特性阻抗 R_p 为 $100\sim200\Omega$，绞距越小则阻抗越低。双绞线的特性阻抗可用示波器观察的方法大致测定。测定电路如图 9-2-7 所示，调节可变电阻 R，当 R 与 R_p 相等（匹配）时，A 门的输出波形畸变最小，反射波几乎消失，这时的 R 值可认为是该传输线的特性阻抗 R_p。

　　（1）终端并联阻抗匹配。终端匹配电阻 R_1、R_2 的值按 $R_p = R_1 // R_2$ 的要求选取。一般，R_1 为 $220\sim330\Omega$，而 R_2 可在 $270\sim390\Omega$ 范围内选取。这种匹配方法由于终端阻值低，相当于加重负载，使高电平有所下降，故高电平的抗干扰能力有所下降。

　　（2）始端串联阻抗匹配。匹配电阻 R 的取值为 R_p 与 A 门输出低电平时的阻抗 R_{SOL}（约 20Ω）之差。这种匹配方法会使终端的低电压抬高，相当于增加了输出阻抗，降低了低电平的抗干扰能力。

图 9-2-7　传输线特性阻抗测试

　　（3）终端并联隔直流匹配。因电容 C 在较大时只起隔直流作用，并不影响阻抗匹配，所以只要求匹配电阻 R 与 R_p 相等即可。它不会引起输出高电平的降低，故增加了高电平的抗干扰能力。

　　（4）终端接钳位二极管匹配。利用二极管 D 把 B 门端低电平钳位在 0.3V 以下，可以减小波的反射和振荡，提高动态抗干扰能力。

　　2）长线驱动

　　长线如果用 TTL 直接驱动，有可能使电信号幅值不断减小，抗干扰能力下降及存在串扰和噪声，结果使电路传错信号。因此，在长线传输中，须采用驱动电路和接收电路。

　　驱动电路：将 TTL 信号转换为差分信号，再经长线传至接收电路。为了使多个驱动电路能共用一条传输线，一般驱动电路都附有禁止电路，以便在该驱动电路不工作时，禁止其输出。

　　接收电路：具有差分输入端，把接收到的信号放大后，再转换成 TTL 信号输出。由于差动放大器有很强的共模抑制能力，而且工作在线性区，所以容易做到阻抗匹配。

9.2.4　共模干扰抑制

　　由式（9-1-7）可见，要抑制共模干扰，必须从两方面着手：一方面要设法减少共模

电压 U_{cm}，另一方面要设法减少共模增益 K_c 或提高共模抑制比 CMRR[2]。接地和屏蔽是减少 U_{cm} 的主要方法，下面介绍其他抑制共模干扰的措施。

1. 隔离技术

当信号源和系统地都接大地时，两者之间就构成了接地环路。两个接地点之间的电位差即地电压（等于大地电阻与大地电流的乘积），随两者的距离增大而增大。尤其在高电压电力设备附近，大地的电位梯度可以达到每米几伏甚至几十伏。地电压 U_G 经过信号源 R_S、连线电阻 R_l 和负载电阻 R_L 产生地电流，并在 R_L 上形成干扰电压 U_n，如式（9-2-1）所示，该"隔离器"对差模信号是"畅通"的，而对"共模信号"却呈现很大的电阻，相当于使式（9-2-1）中 R_l 增为无穷大，即断开地环路，那么由式（9-2-1）可见，共模干扰电压 U_n 将大大减小，同时流过信号源的漏电流也大大减小。

1）隔离变压器

在两根信号线上加进一只隔离变压器，由于变压器的次级输出电压只与初级绕组两输入端的电位差成正比，因此它对差模信号是"畅通"的，对共模信号则是一个"陷阱"。采取隔离变压器断开地环路适用于 50Hz 以上的信号，在低频，特别是超低频时非常不适用。因为变压器为了能传输低频信号，必然要有很大的电感和体积，初次级之间圈数很多就会有较大的寄生电容，共模信号就会通过变压器初次级间的寄生电容而在负载上形成干扰。隔离变压器的初次级绕组间要设置静电屏蔽层并且接地，这样就可减少初次级寄生电容，以达到抑制高频干扰的目的。当信号频率很低，或者共模电压很高，或者要求共模漏电流非常小时，常在信号源和检测系统输入通道之间（通常在输入通道前端）插入一个隔离放大器。

2）纵向扼流圈

在两根信号线上接入一只纵向扼流圈（也称中和变压器），由于扼流圈对低频信号电流阻抗很小，对纵向的噪声电流却呈现很高的阻抗。因此，这种做法特别适用于超低频。在两根导线上流过的信号电流是方向相反、大小相等的。而流经两根导线的噪声电流则是方向相同、大小相等的。这种噪声电流称为纵向电流，也称为共模电流。

图 9-2-8 中，U_S 为信号源电压，R_{C1}、R_{C2} 为连接线电阻，R_L 为电路 2 的输入电阻，纵向扼流圈由电感 L_1、L_2 和互感 M 表示。若扼流圈的两个线圈完全相同，而且绕在同一铁心上耦合紧密，则 $L_1 = L_2 = M$。U_G 为地线环路经磁耦合或者由地电位差形成的共模噪声电压。下面就对电路 U_S 和 U_G 的响应加以简单分析。若 $U_G = 0$，根据基尔霍夫定律，可得

$$U_S = j\omega L_1 I_1 + j\omega M I_2 + (R_L + R_{C1})I_1 \qquad（9\text{-}2\text{-}7）$$

$$0 = j\omega L_2 I_2 + j\omega M I_1 + R_{C2}I_2 \qquad（9\text{-}2\text{-}8）$$

将式（9-2-7）与式（9-2-8）相减，并将 $L_1 = L_2 = M$ 代入得

$$U_S = I_1 R_L + I_1 R_{C1} - I_2 R_{C2} \qquad（9\text{-}2\text{-}9）$$

因 $R_{C1} = R_{C2}$，故有

$$U_S = I_1 R_L + R_{C1}(I_1 - I_2) \qquad（9\text{-}2\text{-}10）$$

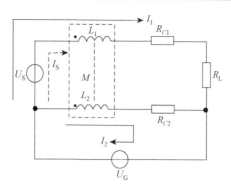

图 9-2-8　纵向扼流圈等效电路

因 $I_1 - I_2 < I_1$，且 $R_{C1} \ll R_L$ 故有

$$U_S \approx I_1 R_L = I_S R_L \qquad (9\text{-}2\text{-}11)$$

可见，扼流圈的加入对信号传输没有影响。

再来看扼流圈对共模噪声电压 U_G 的响应。令 $U_S = 0$，由图 9-2-8 得

$$U_G = j\omega L_1 I_1 + j\omega M I_2 + I_2(R_L + R_{C1}) \qquad (9\text{-}2\text{-}12)$$

$$U_G = j\omega L_2 I_2 + j\omega M I_1 + I_2 R_{C2} \qquad (9\text{-}2\text{-}13)$$

将式（9-2-12）、式（9-2-13）相减并将 $L_1 = L_2 = M$ 代入可得

$$I_2 = I_1 \frac{R_L + R_{C1}}{R_{C2}}$$

将上式代入式（9-2-13）得

$$U_G = I_1 \left[\frac{R_L + R_{C1}}{R_{C2}} \left(j\omega L_2 + R_{C2}\right) + j\omega M \right]$$

I_1 在 R_L 上形成的干扰电压 U_n 为

$$U_n = I_1 R_L = \frac{U_G R_{C2}}{\dfrac{R_L + R_{C1}}{R_L}\left(j\omega L_2 + R_{C2}\right) + \dfrac{R_{C2}}{R_L} j\omega M} \qquad (9\text{-}2\text{-}14)$$

因为 $L_2 = M$，$R_L \gg R_{C1}$，$R_L \gg R_{C2}$，故式（9-2-14）近似为

$$U_n \approx \frac{R_{C2}}{j\omega L_2 + R_{C2}} U_G \ll U_G \qquad (9\text{-}2\text{-}15)$$

由式（9-2-15）可知，噪声的角频率 ω 越低，要求 R_{C2} 越小或要求 L 越大，干扰电压 U_n 才可能越小。

　　3）光电耦合器

　　光电耦合器由一只发光二极管和一只光电晶体管装在同一密封管壳内构成。发光二极管把电信号转换为光信号，光电晶体管把光信号再转换为电信号，这种"电—光—电"转换在完全密封条件下进行，不会受到外界光的影响。由于电路 1 的信号是靠光传递的，切断了两电路之间电的联系，因此两电路之间的地电位差就不会再形成干扰了。

光电耦合器的输入阻抗很低，一般为 $100 \sim 1000\Omega$，而干扰源的内阻一般很大，通常为 $105 \sim 106\Omega$。根据分压原理可知，这时能馈送到光电耦合器输入端的噪声自然很小。即便有时干扰电压的幅度较大，但所能提供的能量很小，光电晶体管也只在一定光强下才能工作。因此，即使电压幅值很高的干扰，没有足够的能量也不能使二极管发光，从而干扰被抑制。

光电耦合器的输入端与输出端的寄生电容极小，一般仅为 $0.5 \sim 2$pF，而绝缘电阻又非常大，通常为 $1011 \sim 1013\Omega$，因此光电耦合器一边的各种干扰噪声都很难通过光电耦合器馈送到另一边。

由于光电耦合器的线性范围比较小，所以它主要用于传送数字信号。

接入光电耦合器的数字电路如图 9-2-9 所示，其中 R_i 为限流电阻，D 为反向保护二极管。可以看出，输入 V_i 值并不要求一定与 TTL 逻辑电平一致，只要经 R_i 限流之后，符合发光二极管的要求即可。R_L 是光敏三极管的负载电阻（R_L 也可接在光敏三极管的射极端）。

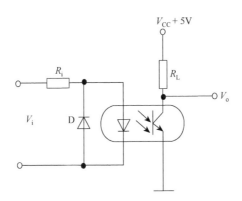

图 9-2-9　接入光电耦合器的数字电路

当 V_i 使光敏三极管导通时，V_o 为低电平（即逻辑 0），反之为高电平（即逻辑 1）。R_i 和 R_L 的选取说明如下：若光电耦合器选用 GO103，发光二极管在导通电流 $I_F = 10$mA 时，正向压降 $V_F \leqslant 1.3$V，光敏三极管导通时的压降 $V_{CE} = 0.4$V，设输入信号的逻辑 1 电平为 V_i，即 12V，并取光敏三极管导通电流 $I_C = 2$mA 时，R_i 和 R_L 可由下式计算：

$$R_i = (V_i - V_F) / I_F = (12-1.3)\text{V}/10\text{mA} = 1.07\text{k}\Omega$$
$$R_L = (V_{CC} - V_{CE}) / I_C = (5-0.4)\text{V}/2\text{mA} = 2.3\text{k}\Omega$$

需要强调指出的是，在光电耦合器的输入部分和输出部分必须分别采用独立的电源，如果两端共用一个电源，则光电耦合器的隔离作用将失去意义。

2. 浮置技术（浮地技术）

浮置是把仪器中的信号放大器的公共线不接外壳或大地的抑制干扰措施。

浮置与屏蔽接地相反，浮置是阻断干扰电流的通路，明显地加大了系统的信号放大器公共线与地（或外壳）之间的阻抗，减小了共模干扰电流。

如图 9-2-10 所示的方案将系统输入放大器进行双层屏蔽，使其浮地，这样流过信号回路的不平衡电阻上的共模电流便大大减小，从而可以取得优异的共模抑制能力。在需要高度测量低电平信号时，或者已经采用各种措施，共模抑制仍不能满足要求，可以采用这种方法。屏蔽罩 1、2 和放大器的模拟地之间是绝缘的，屏蔽罩 2 接大地。Z_1 是仪表模拟地和屏蔽罩 1 之间的杂散电容 C_1 和绝缘电阻 R_1 所构成的漏阻抗，Z_2 是屏蔽罩 1 和屏蔽罩 2 之间的杂散电容 C_1 和绝缘电阻 R_2 所构成的漏阻抗。具有内阻 R_1 的被测信号 U_1 用双芯屏蔽线与仪表连接，两芯组的电阻为 r_1、r_2，导线屏蔽层的电阻为 R_C，导线屏蔽层的两端分别与被测信号地及屏蔽罩 1 相接。仪表放大器两个输入端 A、B 对仪表模拟地的电阻分别为 R_{L1}、R_{L2}。在现场中，被测信号与测量仪器之间常常相距几十米甚至上百米。由于地电流等因素的影响，信号接地点和仪器接地点之间的电位差 U_G 可达几十伏甚至上百伏，它在仪表放大器两个输入端 A、B 间形成的电压将对信号产生干扰。

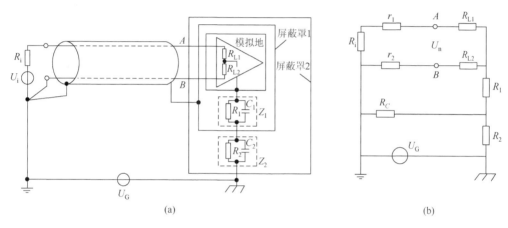

图 9-2-10　双层浮地屏蔽抑制干扰的原理

现在来分析图 9-2-10（a）方案是怎样消除 U_G 对信号产生干扰的，U_G 在仪表放大器两个输入端 A、B 间形成的干扰 U_n 为

$$U_n = U_G \frac{R_C}{R_2+R_C} \times \frac{(R_{L2}+r_2)/(R_{L1}+r_1+R_i)}{R_1+(R_{L2}+r_2)/(R_{L1}+r_1+R_i)} \times \left(\frac{R_i+r_1}{R_{L1}+R_i+r_1} - \frac{r_2}{R_{L2}+r_2} \right) \quad (9\text{-}2\text{-}16)$$

很显然，双芯屏蔽线的电阻 r_1、r_2、r_C 都远小于信号源电阻 R_i，而 R_i 又远小于输入端 A、B 对仪表模拟地的电阻 R_{L1} 和 R_{L2}，R_{L1}、R_{L2} 又远小于绝缘电阻 R_1、R_2，因此式（9-2-16）可简化为

$$U_n = U_G \frac{R_C}{R_2} \times \frac{R_{L1}}{2R_1} \times \frac{R_i}{R_{L1}} = U_G \frac{R_C R_i}{2R_1 R_2} \quad (9\text{-}2\text{-}17)$$

设 $R_i = 2k\Omega$，$R_{L2} = 100k\Omega$，$R_C = 10\Omega$，$R_1 = R_2 = 10^7\Omega$，代入式（9-2-17）计算可得

$$U_n = U_G \times 10^{-10} \ll U_G$$

双层浮地屏蔽的共模抑制效果主要取决于漏阻抗 Z_1 和 Z_2 的数值。而增大 Z_1 和 Z_2 还在于减少杂散电容 C_1 和 C_2。为此须对放大器的电源变压器的结构进行必要的改进。通常采用超屏蔽电压器，即将变压器的原边绕组和副边绕组分别加以屏蔽，原边屏蔽接

屏蔽罩 2（或机壳），副边屏蔽接屏蔽罩 1。这样可使模拟地到机壳的杂散电容 C_3 减小到几皮法。

因为 CMRR 与杂散电容 C_1 和 C_2 的容抗直接相关，所以系统的 CMRR 随着共模噪声频率的升高而降低。

在高精度数字仪表中广泛应用双层浮地屏蔽措施来抑制共模干扰。在这类仪表的面板上通常装有四个接收端子：信号高、低输入端，（内）屏蔽端和机壳（接地）端。在使用过程中，能否根据信号源接地情况正确地连接这四个信号端，将直接关系到仪表的共模抑制能力能否充分发挥的问题。

3. 浮动电容切换法

在数据采集系统中，如果输入信号上叠加的共模电压较大，超过了 MUX 或 PGA（或 S/H）的额定输入电压值。可以采用浮动电容多路切换器，它由两级模拟开关组成，通常可用于在干簧或湿簧继电器中作为开关，触点耐压数值可根据实际需要来选择。其工作过程是：当开关 S_{1-i}（第 i 路的两个开关）导通时，S_2 是断开的，差动输入信号作用于存储电容 C 上。当 S_{1-i} 断开后，电容 C 只保留了差动输入电压，而共模输入由于自举效应而抵消。之后，开关 S_2 接通，电容 C 上的差动电压加到 PGA 输入端。在某些模拟 I/O 系统中采用这种方法来避免共模电压的影响。

9.2.5 差模干扰的抑制

差模噪声是可与被测信号叠加在一起的噪声，它可能是信号源产生的，也可能是引线感应耦合来的。正因为差模噪声与被测信号叠加在一起，所以就会对信号形成干扰，即差模干扰。抑制差模干扰除了从源头上采取措施，即切断噪声耦合途径（如将引线屏蔽等）外，还利用干扰与信号的差别把干扰消除掉或减到最小。这方面常用的措施有以下几条。

1. 频率滤波法

频率滤波法就是利用差模干扰与有用信号在频率上的差异，采用高通滤波器滤除比有用信号频率低的差模干扰，采用低通滤波器滤除比有用信号频率高的差模干扰，采用 50Hz 陷波器滤除工频干扰。频率滤波是模拟信号调理中的一项重要内容，这里不再重复。

2. 积分法

双积分式 A/D 转换器可以削弱周期性差模干扰。众所周知，双积分式 A/D 转换器的工作原理是两次积分：第一次积分是对被测电压定时积分，积分时间为定值 $T_1 = N_t T_c$（T_c 为时钟周期），第二次积分是对基准电压 U_t 定压积分，从第一次积分的终了值积分到零，这段时间 T_2 的计数值即为 A/D 转换结果 N_x，即

$$U_x = \frac{T_2}{T_c} = \frac{\bar{U}_x \cdot T_1}{U_r \cdot T_c} = \frac{\bar{U}_x}{U_r} \cdot N_r \tag{9-2-18}$$

式中，$\overline{U}_x$ 为被测电压 U_x 在 T_1 期间的积分平均值，即

$$\overline{U}_x = \frac{1}{T_1}\int_0^{T_1} U_x \mathrm{d}t \qquad (9\text{-}2\text{-}19)$$

假设被测信号 U_S 上叠加有干扰电压 U_n，即 $U_x = U_S + U_n$，并假定 $N_n = U_{nm}\sin(\omega t - \phi)$，则转换结果为

$$N_x = \frac{\overline{U}_S + \overline{U}_n}{U_r}\cdot N_r \qquad (9\text{-}2\text{-}20)$$

误差项为

$$\varepsilon = \overline{U}_n = \frac{1}{T_1}\int_0^{T_1} U_{nm}\sin(\omega t - \varphi)\mathrm{d}t = -\frac{U_{nm}}{T_1\omega}2\sin\frac{\omega T_1}{2}\times\sin\left(\varphi - \frac{\omega T_1}{2}\right) \qquad (9\text{-}2\text{-}21)$$

令

$$T_1 = k/f \qquad (9\text{-}2\text{-}22)$$

将式（9-2-22）及 $\omega = 2\pi f$ 代入式（9-2-21）得

$$\varepsilon = \overline{U}_n = -\frac{U_{nm}}{k\pi}\sin k\pi\sin(\varphi - k\pi)$$

显然

$$\left|\varepsilon\right|_{\max} = \frac{U_{nm}}{k\pi}\sin k\pi \qquad (9\text{-}2\text{-}23)$$

干扰抑制效果为

$$\text{NMR} = -20\lg\left|\frac{U_{nm}}{\varepsilon_{\max}}\right| = -20\lg\frac{k\pi}{\sin k\pi} \qquad (9\text{-}2\text{-}24)$$

当定时积分时间 T_1 选定为干扰噪声周期的整数倍，即式（9-2-22）中 k 为整数时，$\text{NMR} = \infty$，例如，要抑制最常见的干扰为 50Hz 工频，则应选双积分 A/D 转换器的定时积分时间为

$$T_1 = k\times 20\text{ms} \qquad (9\text{-}2\text{-}25)$$

3. 电平鉴别法

如果信号和噪声在幅值上有较大的差别，且信号幅值较大，噪声幅值较小，则可用电平鉴别法将噪声消除。

1）采用脉冲隔离门抑制干扰

利用硅二极管的正向压降对幅值小的干扰脉冲加以阻挡，而让幅值大的信号脉冲顺利通过。图 9-2-11 示出脉冲隔离门的原理电路。电路中的二极管最好选用开关管。

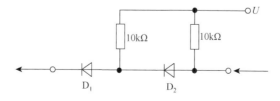

图 9-2-11 脉冲隔离门原理电路

2）采用削波器抑制干扰

当噪声电压低于脉冲信号波形的波峰值时，可以采用削波器，只让高于电压 U 的脉冲信号通过，而低于电压 U 的噪声则被削掉。

4. 脉宽鉴别法

如果噪声幅值较高，但噪声波形的脉宽要比信号脉宽窄得多，则可利用 RC 积分电路来有效地消除脉宽较窄的噪声。一般要求 RC 积分电路的时间常数要大于噪声的脉宽而小于信号的脉宽。

图 9-2-12 以波形图的形式说明了用积分电路消除干扰脉冲的原理。在图 9-2-12（a）中，宽的为信号脉冲，窄的为干扰脉冲。图 9-2-12（b）为对信号和干扰脉冲进行微分后的波形。图 9-2-12（c）为对图 9-2-12（a）进行积分后的波形。信号脉冲宽，积分后信号幅度高；干扰脉冲窄，积分后信号幅度小。用一阈值电平将幅度小的干扰脉冲去掉，即可起到抑制干扰脉冲的作用。

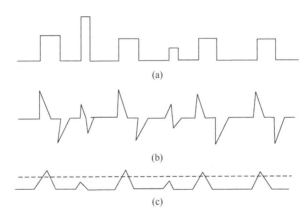

图 9-2-12　用积分电路消除干扰脉冲

9.2.6　供电系统抗干扰

1. 从供电系统窜入的干扰

从供电系统窜入的干扰一般有以下几种。

（1）大功率的感性负载或可控硅切换时，会在电网中产生强大的反电动势。这种瞬态高压（幅值可达 2kV，频率从几百 Hz 到 2MHz）可引起电源波形的严重畸变，电网中的瞬态高压对系统产生严重的干扰。其主要途径是：由电源进线经由电源变压器的初次级绕组间的杂散电容，进入系统电路，再从系统接地点入地返回干扰源。

（2）当采用整流方式供电时，滤波不良会产生纹波噪声，这是一种低频干扰噪声。

（3）当采用直流-直流变流变换器或开关稳定电源时，会出现高频的开关噪声干扰。

（4）电源的进线和输出线也很容易受到工业现场以及天电的各种噪声干扰。这些干扰噪声经电源线耦合到电路中，对系统产生干扰。

2. 供电系统抗干扰措施

为了保证系统稳定可靠的工作，可以采取如下措施，抑制来自电源的各种干扰[3]。

1）电源滤波和退耦

电源滤波和退耦是抑制电源干扰的主要措施。图 9-2-13 示出了一个采用电源滤波和退耦技术的电源系统。该电源系统在交流进线端接对称 LC 低通滤波器，用以滤除交流进线上引入的大于 50Hz 的高次谐波干扰，改善电源的波形。变阻二极管（也可跨接适当的压敏电阻）用来抑制进入交流电源线的瞬时干扰（或者大幅值的尖脉冲干扰）。电源变压器采用双重屏蔽措施，将初次级隔离起来，使混入初级的噪声干扰不致进入次级。整流滤波电路中采用了电解电容和无感高频电容的并联组合，以进一步阻止高频噪声进入电源系统。整流滤波后的直流电压再经稳压，可使干扰被抑制到最小（有的电源系统还在交流进线端设置交流减压器，用以保证交流供电的稳定性，抑制电网电压的波动）。考虑到一个电源系统可能同时向几个电路供电，为了避免电源内阻造成几个电路间相互干扰，在每个电路的直流电源进线与地之间接入了 RC 或 LC 的退耦滤波电路。

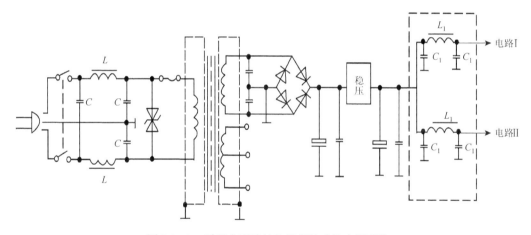

图 9-2-13　采用电源滤波和退耦技术的电源系统

2）采用不间断电源和开关式直流稳压电源

不间断电源（uninterruptible power supply，UPS）除了有很强的抗电网干扰的能力外，更主要的是万一电网断电，它能以极短的时间（<3ms）切换到后备电源上去，后备电源能维持 10min 以上（满载）或 30min 以上（半载）的供电时间，以便操作人员及时处理电源故障或采取应急措施，在要求很高的控制场合，可采用 UPS。

开关式稳压电源由于开关频率可达 10～20kHz，或者更高，因而扼流圈、变压器都可小型化，高频开关晶体管工作在饱和截止状态，效率可达 60%～70%，而且抗干扰性很强，因此，应该用开关式直流稳压电源代替各种稳压电源。

3）系统分别供电和采用电源模块单独供电

当系统中使用继电器、磁带机等电感设备时，向采集电路供应的线路应与向继电器等供电的线路分开，以避免在供电线路之间出现相互干扰。

在设计供电线路时，要注意对变压器和低通滤波器进行屏蔽，以抑制静电干扰。

近年来，在一些数据采集板卡上，广泛采用 DC-DC 电源电路模块，或三端稳压集成块，如 7805、7905、7812、7912 等组成的稳压电源单独供电。其中，DC-DC 电源电路由电源模块及相关滤波元件组成。该电源模块的输入电压为+5V，输出电压为与原边隔离的±15V 和+5V，原、副边之间隔离电压可达 1500V。采用电镀供电方式，与集中供电相比，具有以下一些优点。

（1）每个电源模块单独对应板卡进行电压过载保护，不会因某个稳压器的故障而使全系统瘫痪。

（2）有利于减小公共阻抗的相互耦合及公共电源的相互耦合，大大提高了供电系统的可靠性，也有利于电源的散热。

（3）总线上电压的变化，不会影响板卡上的工作可靠性。

4）供电系统馈线要合理布线

在数据采集系统中，电源的引入线和输出线以及公共线在布线时，均需采取以下抗干扰措施。

（1）电源前面的一段布线。该布线从电源引入口，经开关器件至低通滤波器之间的馈线，尽量用粗导线。

（2）电源后面的一段布线。该布线采用以下两种方法：

①均应采用双绞线，双绞线的绞距要小。如果导线较粗，无法扭绞时，应把馈线之间的距离缩到最短。

②交流线、直流稳压电源线、逻辑信号线和模拟信号线、继电器等感性负载驱动线、非稳压的直流线均应分开布线。

（3）电路的公共线。电路中应尽量避免出现公共线，因为在公共线上，某一负载的变化引起的压降，都会影响其他负载。若公共线不能避免，则必须把公共线加粗，以降低阻抗。

9.2.7 印刷电路板抗干扰

印刷电路板是测控系统中器件、信号线、电源线的高度集合体，印刷电路板设计得好坏，对抗干扰能力影响很大。故印刷电路板的设计绝不单纯是器件、线路的简单布局安排，还必须符合抗干扰的设计原则。通常应有下述抗干扰措施。

1. 合理布置印刷电路板上的器件

印刷电路板上器件的布置应符合器件之间电气干扰小和热驱动器件易于散的原则。

一般印刷电路板上同时具有电源变压器、模拟器件、数字逻辑器件、输出驱动器件等。为了减少器件之间的电气干扰，应将器件按照其功率的大小及抗干扰能力的强弱分类集中布置：将电源变压器和输出驱动器件等大功率强电器件作为一类集中布置；各类器件之间应尽量远离，以防止相互干扰。此外，每一类器件又可按照减小电气干扰原则再进一步分类布置。

印刷电路板上器件的布置还应符合易于散热的原则。为了使电路稳定可靠地工作，从散热角度考虑器件的布置时，应注意以下几个问题。

（1）对发热元器件要考虑通风散热，必要时要安装散热器。

（2）发热元器件要分散布置，不能集中。

（3）对热敏感元器件要远离发热元器件或进行热屏蔽。

2. 合理分配印刷电路板插脚

当印刷电路板是插入个人计算机及 S-100 等总线扩展槽中使用时，为了抑制线间干扰，对印刷电路板的插脚必须进行合理分配。例如，为了减小强信号输出线对弱信号输入线的干扰，将输入、输出线分置于印刷电路板的两侧，以便相互分离。地线设置在输入、输出信号线的两侧，以减小信号线寄生电容的影响，起到一定的屏蔽作用。

3. 印刷电路板合理布线

印刷电路板上的布线，一般应注意以下几点。

（1）印刷电路板是一个平面，不能交叉配线，但是，与其在板上寻求十分曲折的路径，不如采用通过元器件实行跨接的方法。

（2）配线不要做成环路，特别是不要沿印刷电路板周围做成环路。

（3）不要有长段的窄条并行，不得已而进行并行时，窄条间要再设置隔离用的窄条。

（4）旁路电容的引线不能太长，尤其是高频旁路电容，应考虑不用引线而直接接地。

（5）单元电路的输入线和输出线，应当用地线隔开，如图 9-2-14 所示。在图 9-2-14（a）中，由于输出线平行于输入线，存在寄生电容 C_0，将引起寄生耦合，所以，这种布线形式

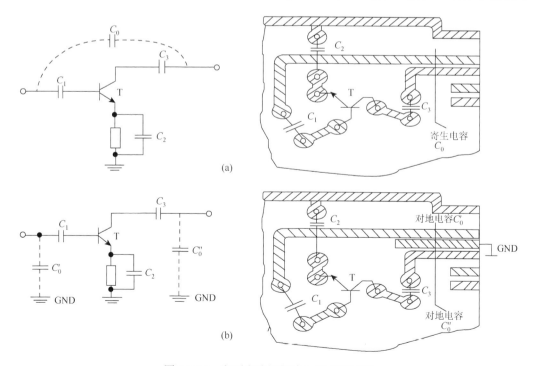

图 9-2-14　印刷电路板的输入/输出线布置

是不可取的。图 9-2-14（b）中，由于输出线和输入线之间有地线，起到屏蔽作用，消除了寄生电容 C_0，将引起寄生耦合，所以，这种布线形式是正确的。

（6）信号线尽可能短，优先考虑小信号线，采用双面走线，使线间距尽可能宽些。布线时元器件面和焊接面的各印刷引线最好相互垂直，以减小寄生电容。尽可能不在集成芯片引脚之间走线，易受干扰的部位增设地线或用宽地线环绕。

4. 电源线的布置

电源线、地线的走向应尽量与数据传输的方向一致，且应尽量加宽其宽度，这都有助于提高印刷电路板的抗干扰能力。

5. 印刷电路板的接地设计

印刷电路板的接地是一个重要问题，详见 9.2.1 节的讨论。

6. 印刷电路板的屏蔽

（1）屏蔽线。为了减少外界干扰作用于印刷电路板或者印刷电路板内部导线、元件之间出现的电容性干扰，可以在两个电流回路的导线之间另设一根导线，并将它与有关的基准单位（或屏蔽电位）相连，就可以发挥屏蔽作用。

图 9-2-15 中，干扰线通过寄生电容 C_{k1}，直接对连接信号发送器 SS 和信号接收器 SE 的信号线 SL 造成耦合干扰。

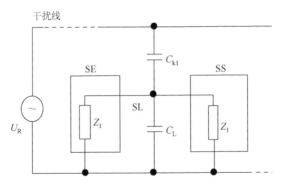

图 9-2-15　无导线屏蔽电路板

（2）屏蔽环。屏蔽环是一条导电通路，它位于印刷电路板的边缘并围绕着该电路板，且只在某一点上与基准电位相连。它可对外界作用于电路板的电容性干扰起屏蔽作用。

如果屏蔽环的起点与终点在印刷电路板上相连，将形成一个短循环，这将使穿过其中的磁场削弱，对电感性干扰起抑制作用。这种屏蔽环不允许作为基准电位线使用。

屏蔽环如图 9-2-16 所示。图 9-2-16（a）为抗电容性干扰屏蔽环，图 9-2-16（b）为抗电感性干扰屏蔽环。

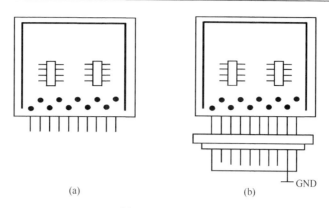

图 9-2-16　屏蔽环

7. 去耦电容的配置

集中电路工作在翻转状态时，其工作电流变化是很大的。例如，对于具有图 9-2-17 所示输出结构的 TTL 电路，在状态转换的瞬间，其输出部分的两个晶体管会有大约 10ns 的瞬间同时导通，这相当于电源对地短路，每一个门电路，在这一转换瞬间有 30ms 左右的冲击电流输出，它在引线阻抗上产生尖峰噪声电压，对其他电路形成干扰，这种瞬变的干扰不是稳压电源所能稳定的。

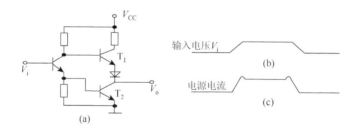

图 9-2-17　集成电路的工作状态

对于集成电路工作时产生的电流突变，可以在集成电路附近接旁路去耦电容将其抑制，如图 9-2-18 所示。其中，图 9-2-18（a）的 $i_1, i_2, \cdots, i_n$ 是同一时间内电平翻转时，在

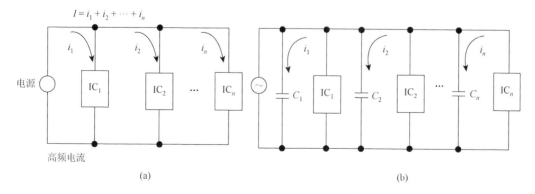

图 9-2-18　集成电路干扰的抑制

总地线返回线上流过的冲击电流；图 9-2-18（b）加了旁路去耦电容，使得高频冲击电流被去耦电容旁路，根据经验，一般可以每 5 块集成电路旁接一个 0.05μF 左右的陶瓷电容，而每一块大规模集成电路也最好能旁接一个去耦电容。

由以上讨论可知，在印刷电路板的各个关键部位配置去耦电容，是避免各个集成电路工作时对其他集成电路产生干扰的一种常规措施，具体做法如下。

（1）在电源输入端跨接 10～100μF 的电解电容。

（2）原则上，每个集成电路芯片都应配置一个 0.01μF 的陶瓷电容，如果遇到印刷电路板空间小，安装不下的情况，可每 4～10 个芯片配置一个 1～10μF 的限噪声用电容（钽电容）。这种电容的高频阻抗特别小（在 500kHz～20MHz 范围内，阻抗小于 1Ω），而且漏电流很小（0.5μA 以下）。

（3）对于抵抗能力弱，关断时电流变化大的器件和 ROM、RAM 器件，应在芯片的电源线和地线之间直接接入去耦电容。

（4）电容引线不能太长，特别是高频旁路电容不能带引线。

9.3　软件抗干扰技术

为了提高测控系统的可靠性，仅靠硬件抗干扰措施是不够的，需要进一步借助软件措施来抵抗某些干扰。

软件抗干扰技术是当系统受干扰后使系统恢复正常运行或输入信号受干扰后去伪存真的一种辅助方法。因此，软件抗干扰是被动措施，而硬件抗干扰是主动措施。但由于软件设计灵活，节省硬件资源，所以软件抗干扰技术越来越引起人们的重视。在微机化测控系统中，只要认真分析系统所处环境的干扰来源以及传播途径，采用硬件、软件相结合的抗干扰措施，就能保证测控系统长期稳定、可靠地运行。

采用软件抗干扰的最根本的前提条件是：系统中抗干扰软件不会因干扰而损坏。在单片机测控系统中，由于程序有一些重要常数都放置在 ROM 中，这就为软件抗干扰创造了良好的前提条件。因此，软件抗干扰设置的前提条件概括如下。

（1）在干扰作用下，微机系统硬件部分不会受到任何损坏，或易损坏部分设置有监测状态可供查询。

（2）程序区不会受干扰侵害。系统的程序及重要常数不会因干扰侵入而变化。对于单片机系统，程序及表格、常数均固化在 ROM 中，这一条件自然满足，而对于一些在 RAM 中运行用户应用程序的微机系统，无法满足这一条件。当这种系统因干扰造成运行失常时，只能在干扰过后，重新向 RAM 区调入应用程序。

（3）RAM 区中的重要数据不被破坏，或虽被破坏但可以重新建立。通过重新建立的数据，系统的重新运行不会出现不可允许的状态。例如，在一些控制系统中，RAM 中的大部分内容是为了进行分析、比较而临时寄存的，即使有一些不允许丢失的数据，也只占极少部分。这些数据被破坏后，往往只引起控制系统一个短期波动，在闭环反馈环节的迅速纠正下，控制系统能很快恢复正常，这种系统都能采用软件恢复。

软件抗干扰技术所研究的主要内容是：其一，采取软件的方法抑制叠加在模拟输入信号上的噪声对数据采集结果的影响，如数字滤波器技术；其二，由于干扰而使运行程序发生混乱，程序乱飞或陷入死循环时，采取位程序纳入正轨的措施，如软件冗余、软件陷阱、"看门狗"技术。这些方法可以用软件实现，也可以采用软件和硬件相结合的方法实现。

9.3.1 软件冗余技术

1. 指令冗余技术

MCS-51 所有指令均不超过 3 字节，且多为单字节指令。指令由操作码和操作数两部分组成，操作码指明 CPU 完成什么样的操作（如传送、算术运算、转移等），操作数是操作码的操作对象（如立即数、寄存器、存储器等）。单字节指令仅有操作码、隐含操作数；双字节指令的第一个字节是操作码，第二个字节是操作数；3 字节指令的第一个字节为操作码，后两个字节为操作数。CPU 取指令过程是先取操作码，后取操作数。如何区别某个数据是操作码还是操作数呢？这完全由取指令顺序决定。CPU 复位后，首先取指令的操作码，而后顺序取出操作数。当一条完整指令执行完后，紧接着取下一条指令的操作码、操作数。这些操作时序完全由程序计数器控制。因此，一旦程序计数器因干扰而出现错误，程序便脱离正常运行轨道，出现"乱飞"、操作数数值改变以及将操作数当作操作码的错误。当程序"乱飞"到某个单字节指令上时，"乱飞"程序自动纳入正轨；当程序"乱飞"到某双字节指令上时，若恰恰在取指令时刻落到其操作数上，该指令将操作数当作操作码，程序仍将出错；当程序"乱飞"到某个 3 字节指令上时，因为它们有两个操作数，误将其操作数当作操作码的出错概率更大。

为了使"乱飞"程序在程序区迅速纳入正轨，应该多用单字节指令，并在关键地方人为地插入一些单字节指令 NOP，或将有效单字节指令重写，称为指令冗余。

1）NOP 的使用

可在双字节指令和 3 字节指令之后插入两个单字节 NOP 指令，这可保证其后的指令不被拆散。因为"乱飞"程序即使落到操作数上，两个空操作指令 NOP 的存在，不会将其后的指令当操作数执行，从而使程序纳入正轨。

在对程序流向起决定作用的指令（如 RET、RETI、ACALL、LCALI、LJMP、JZ、JNZ、JC、JNC、DJNZ 等）和某些对系统工作状态起重要作用的指令（如 SETB、EA 等）之前插入两条 NOP 指令，可保证"乱飞"程序迅速纳入正轨，确保这些指令正确执行。

2）重要指令冗余

对程序流向起决定作用的指令（如 RET、RETI、ACALL、LCALI、LJMP、JZ、JNZ、JC、JNC 等）和某些对系统工作状态有重要作用的指令（如 SETB、EA 等）的后面，可重复写上这些指令，以确保这些指令的正确执行。

由以上可看出，采用冗余技术使程序计数器纳入正轨的条件是，程序计数器必须指向程序运行区，并且必须执行到冗余指令。

2. 时间冗余技术

时间冗余技术也是解决软件运行故障的方法。时间冗余方法是通过消耗时间资源达到纠错目的的。

1）重复检测法

输入信号的干扰是叠加在有效电平信号上的一系列离散尖脉冲，作用时间很短。当控制系统存在输入干扰，又不能用硬件加以有效抑制时，可以采用软件重复检测的方法，达到"去伪存真"的目的。

对接口中的输入数据信息进行多次检测，若检测结果完全一致，则是真输入信号；若相邻的检测内容不一致，或多次检测结果不一致，则是伪输入信号。两次检测之间应有一定的时间间隔 t，设干扰存在的时间为 T，重复次数为 K，则 $t = T/K$。

图 9-3-1 是重复检测法的程序框图。图中，K 为重复检测次数，t 为时间间隔，相邻的两次结果进行比较，相等时对 J 计数，不等时对 I 计数。当重复 K 次之后，对 I、J 结果进行判别，以确定输入信号的真伪。

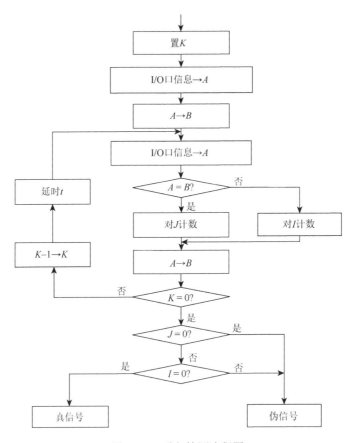

图 9-3-1　重复检测流程图

　　2）重复输出法

　　开关量输出软件抗干扰设计，主要采取重复输出法，这是一种提高输出接口抗干扰性能的有效措施。对于那些用锁存器输出的控制信号，这些措施很有必要。在允许的情况下，输出重复周期尽可能短些。当输出端口受到某种干扰而输出错误信号后，外部执行设备还来不及做出有效反应，正确的信息又输出了，这就可以及时地防止错误动作的发生。

　　在执行重复输出功能时，对于可编程接口芯片，工作方式控制字与输出状态字一并重复设置，位输出模块可靠地工作。

　　3）指令复执技术

　　这种技术是重复执行已发现错误的指令，如果故障是瞬时的，在指令重复执行期间，有可能不再出现，程序可继续执行。

　　复执就是程序中的每条指令都是一个重新启动点，一旦发现错误，就重新执行被错误破坏的现行指令。指令复执既可用编制程序来实现，也可用硬件控制来实现，基本的实现方法如下。

　　（1）当发现错误时，能保留现行指令的地址，以便重新取出执行。

　　（2）现行指令使用的数据必须保留，以便重新取出执行时使用。

　　指令复执类似于程序中断，但又有所区别。类似的是二者都要保护现场；不同的是，程序中断时，机器一般没有故障，执行完当前指令后保留现场，但指令复执，不能让当前指令执行完，否则会保留错误结果，因此，在传送执行结果之前就停止执行现行指令，以保存上一条指令执行的结果，且程序计数器要后退一步。

　　指令复执的次数通常采用次数控制和时间控制两种方式，如果在规定的复执次数或时间之内故障没有消失，称为复执失败。

　　4）程序卷回技术

　　程序卷回不是某一条指令的重复执行，而是一小段程序的重复执行。为了实现卷回，也要保留现场。程序卷回的要点如下。

　　（1）将程序分成一些小段，卷回时也要卷回一小段，不是卷回到程序起点。

　　（2）在第 n 段之末，将当时各寄存器、程序计数器及其他有关内容移入内存，并将内存中被第 n 段所更改的单元在内存中另开辟一块区域保存起来。如果在第 $n+1$ 段中不出问题，则将第 $n+1$ 段现场存档，并撤销第 n 段所存内容。

　　（3）如果在第 $n+1$ 段出现错误，就把第 M 段的现场送给机器的有关部分，然后从第 $n+1$ 段起点开始重复执行第 $n+1$ 段程序。

　　这种卷回方法可卷回若干次，直到故障排除或显示故障为止。

　　5）延时避开法

　　在工业中，实际应用的微机测控系统有很多强干扰，主要来自系统本身。例如，大型感性负载的通断，特别容易引起电源过电压、欠压、浪涌、下陷以及产生尖峰干扰等。这些干扰可通过电源耦合窜入微机电路。虽然这些干扰危害严重，但往往是可预知的，在软件设计时可采取适当措施避开这些危害。当系统要接通或断开大功率负载时，使 CPU 暂停工作，待干扰过去以后再恢复工作，这比单纯在硬件上采取抗干扰措施要方便许多。

9.3.2　软件陷阱技术

当"乱飞"的程序进入非程序区（如 EPROM 未使用的空间）或表格区时，采用冗余指令使程序不满足入轨条件，此时可以设定软件陷阱，拦截"乱飞"程序，将其迅速引向一个指定位置，在那里有一段专门对程序运行出错进行处理的程序。

1. 软件陷阱

软件陷阱，就是用引导指令强行将捕获到的"乱飞"程序引向复位入口地址 0000H，在此处将程序转向专门对程序出错进行处理的程序，使程序纳入正轨。软件陷阱可采用两种形式，如表 9-3-1 所列。

表 9-3-1　软件陷阱形式

形式	软件陷阱形式	对应入口形式
一	NOP NOP LJMP 0000H	0000H：LJMP MAIN 　；运行程序 … …
二	LJMP 0202H LJMP 0000H	0000H：LJMP MAIN 　；运行程序 … 0202H：LJMP 0000H …

形式一的机器码为 0000020000；

形式二的机器码为 020202020000。

根据"乱飞"程序落入陷阱区的位置不同，可选择每次执行空操作转到 0000H 和直转 0202 单元的形式一，使程序纳入正轨，指定运行到预定位置。

2. 软件陷阱的安排

1）未使用的中断区

当未使用的中断因干扰而开放时，在对应的中断服务程序中设置软件陷阱，就能及时捕捉到错误的中断。在中断服务程序中要注意：返回指令用 RETI，也可用 LJMP。中断服务程序如下：

```
NOP
NOP
POP    direct1          ;将断电弹出堆栈区
POP    direct2
LJMP   0000H            ;转到 0000H 处
```

中断服务程序也可为下列形式：

```
NOP
```

```
NOP
POP     direct1                    ;将原先断电弹出
POP     direct2
PUSH    00H                        ;断电地址改为 0000H
PUSH    00H
RETI
```

中断程序中 direct1、direct2 为主程序中非使用单元。

2）未使用的 EPROM 空间

现在使用的 EPROM 一般为 2764、27128 等芯片，很少全部用完。这些非程序用区可用 0000020000 或 020202020000 数据填满。注意，最后一条填入数据应为 020000，当"乱飞"程序进入此区后，便会迅速自动入轨。

3）非 EPROM 芯片空间

单片机系统地址空间为 64KB。一般说来，系统中除了 EPROM 芯片占用的地址空间外，还会余下大量空间。如果系统仅选用了一片 2764，其地址空间为 8KB，那么将有 56KB 地址空间闲置。当程序计数器"乱飞"而落入这些空间时，读入数据将为 FFH，这是"MOV R7，A"指令的机器码，将修改 R7 的内容。因此，当程序"乱飞"入非 EPROM 芯片区后，不仅无法迅速入轨，而且会破坏 R7 的内容。

图 9-3-2 中 74LS08 为四正与门。EPROM 芯片地址空间为 0000H～1FFFH，译码器 74LS138 中的 Y0 为其片选信号。空间 2000H～FFFFH 为非应用空间。当程序计数器落入 2000H～FFFFH 空间时，定有 Y0 为高电平。当取指令操作时，$\overline{PSEN}$ 为低电平，从而引出中断。在中断服务程序中设置软件陷阱，可将"乱飞"的程序计数器迅速拉入正轨。

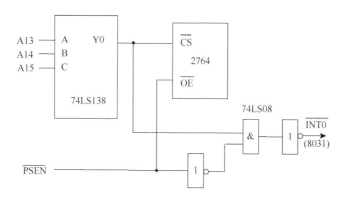

图 9-3-2　非 EPROM 区程序陷阱之一

在图 9-3-3 中，当程序计数器"乱飞"落入 2000H～FFFFH 空间时，74LS244 选通，读入数据为 020202H，这是一条转移指令，使程序计数器转入 0202H 入口，在主程序 0202H 设有出错处理程序。

4）运行程序区

前面曾指出，"乱飞"的程序在用户程序内部跳转时可用指令冗余技术加以解决，也可以设置一些软件陷阱，更有效地抑制程序"乱飞"，使程序运行更加可靠。程序设计时常采用模块化设计。按照程序的要求一个模块一个模块地执行，可以将陷阱指令组分散放置在用户程序各模块之间空余的单元里。在正常程序中不执行这些陷阱指令。保证用户程序运行。但"乱飞"程序一旦落入这些陷阱区，就马上将"乱飞"的程序拉到正确轨道。这种方法很有效，陷阱的多少一般依据用户程序而定。一般，每 1 kB 有几个陷阱就够了。

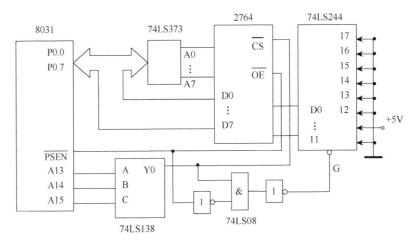

图 9-3-3　非 EPROM 区程序陷阱之二

5）中断服务程序区

设用户主程序运行区间为 ADD1～ADD2，并设定时器 T0 产生 10ms 定时中断。当程序"乱飞"入 ADD1～ADD2 区间时，若在此用户程序区外发生定时中断，可在中断服务程序中判定中断断点地址 ADDX。若 ADDX<ADD1 或 ADDX>ADD2，说明发生了程序"乱飞"，则应使程序返回到复值入口地址 0000H，使"乱飞"程序纳入正轨。假设 ADD1 = 0100H，ADD2 = 1000H，2FH 为断点地址高字节暂存单元，2EH 为断点地址低字节暂存单元。编写中断服务程序如下。

```
        POP     2FH         ;断点地址弹入 2FH,2EH
        POP     2EH
        PUSH    2EH         ;恢复断点
        PUSH    2FH
        CLR     C           ;断点地址与下限地址 0100H 比较
        MOV     A,2EH
        SUBB    A,#00H
        MOV     A,2FH
        SUBB    A,#01H
        JC      LOPN        ;断点小于 0100H 则转
        MOV     A,#00H      ;断点地址与上限地址 1000H 比较
```

```
                SUBB    A,2EH
                MOV     A,#10H
                SUBB    A,2FH
                JC      LOPN                    ;断点大于 1000H 则转中断处理内容
                ……
                RETI                            ;正常返回
        LOPN:   POP     2FH                     ;修改断点地址
                POP     2EH
                PUSH    00H                     ;故障断点地址为 0000H
                PUSH    00H
                RETI                            ;故障返回
```

6）RAM 数据保护的条件陷阱

单片机外 RAM 保存大量数据。这些数据的写入是使用 "MOVX @DPTR，A" 指令来完成的。当 CPU 受到干扰而非法执行该指令时，就会改写 RAM 中的数据，导致 RAM 中数据丢失。为了减小 RAM 中数据丢失的可能性，可在 RAM 与操作之前加入条件陷阱。不满足条件时不允许写操作，并进入陷阱，形成死循环，具体形式如下。

```
                MOV     A,#NNH
                MOV     DPTR,#****H
                MOV     6EH,#55H
                MOV     6FH,#0AAH
                LCALL   WRDP
                RET
        WRDP:   NOP
                NOP
                NOP
                CJNE    6EH,#55H,XJ             ;6EH 中不为 55H,则落入死循环
                CJNE    6FH,#0AAH,XJ            ;6FH 中不为 AAH,则落入死循环
                MOVX    @DPTR,A                 ;A 中数据写入 RAM****H 中
                NOP
                NOP
                NOP
                MOV     6EH,#00H
                MOV     6FH,#00H
                RET
        XJ:     NOP                             ;死循环
                NOP
                SJMP    XJ
```

落入死循环之后，可以通过下面讲述的 "看门狗" 技术使其摆脱困境。

9.3.3 "看门狗"技术

程序计数器受到干扰而失控,引起程序"乱飞",也可能使程序陷入"死循环",指令冗余技术、软件陷阱技术不能使失控的程序摆脱"死循环"的困境,通常采用程序监视技术,又称"看门狗"技术,使程序脱离"死循环"[4]。测控系统的应用程序往往用循环运行方式,每一次循环的时间基本固定。"看门狗"技术就是不断监视程序循环运行时间,若发现时间超过已知的循环设定时间,则认为系统陷入了"死循环"。然后强迫程序返回到0000H入口,在0000H处安排一段出错处理程序,使系统运行纳入正轨。

"看门狗"技术既可由硬件实现,也可由软件实现,还可由两者结合来实现。为了便于软件、硬件"看门狗"技术比较,本节先介绍硬件电路,实现"看门狗"功能。

1. 硬件"看门狗"电路

1)单稳态型"看门狗"电路

图9-3-4是采用74LS123(或74HC123)双可再触发单稳态多谐振荡器设计的"看门狗"电路。74LS123的引脚与功能表如图9-3-5所示。

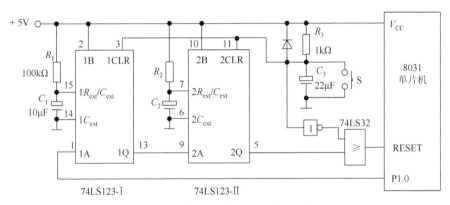

图9-3-4 单稳态型"看门狗"电路

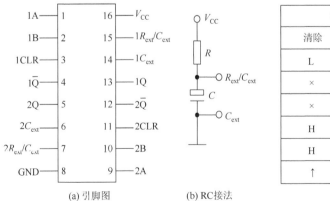

图9-3-5 74LS123引脚排列与功能

从功能宏可以看出，在清除端为高电平，B 端为高电平的情况下，若 A 输入负跳变，则单稳态触发器脱离原来的稳态（Q 为低电平）进入暂态，即 Q 端变为高电平。在经过一段延时后，Q 端重新回到稳定状态，这就使 Q 端输出一个正脉冲，其脉冲宽度由定时元件 R、C 决定。

当 $C > 1000\text{pF}$ 时，输出脉冲宽度计算式为

$$t_w = 0.45RC$$

式中，R 的单位为 Ω；C 的单位为 F；t_w 的单位为 s。

第一个单稳态电路的工作状态由单片机的 P1.0 口控制。在系统开始工作时，P1.0 口向 1A 端输入一个负脉冲，使 1Q 端产生正跳变，但并不能触发 74LS123-Ⅱ 动作，2Q 仍为低电平。P1.0 口负触发脉冲的时间间隔取决于系统控制主程序运行周期的长短。考虑系统参数的变化及中断、干扰等因素，必须留有足够的余量。本系统最长运行周期为 0.3s。74LS123-Ⅰ 的输出脉冲宽度为 450ms，若此期间内 1A 端再有负脉冲输入，则 1Q 端高电平就会在此刻重新实现 450ms 的延时。因此只要在 1A 端连续地输入间隔小于 450ms 的负脉冲，1Q 输出将始终维持在高电平上。这时 2A 保持高电平，74LS123-Ⅱ 单稳不动作，2Q 端始终维持在低电平。在单片机应用系统中可用任意 I/O 引脚为 1A 端输入负脉冲，本电路用 P1.0 引脚。

在实际应用系统中，软件流程都是设计成循环结构的，在应用软件设计中，"看门狗"电路负脉冲处理语句含在主程序环中，并且使扫描周期远远小于单稳态 74LS123-Ⅰ 的定时时间。

在系统实际运行中，只要程序在正常工作循环中就能保证单稳态 74LS123-Ⅰ 始终处于暂稳态，1Q 输出高电平，2Q 输出低电平。一旦程序由于干扰而"乱飞"或进入"死循环"，"看门狗"脉冲不能正常触发，经过 450 ms 后单稳态 74LS123-Ⅰ 脱离暂态，1Q 端回到低电平，并触发单稳态 74LS123-Ⅱ 翻转到暂态，在 2Q 端产生足够宽的正脉冲（0.9ms），使单片机可靠复位。一旦系统复位后，程序就可重新进入正常的工作循环中，使系统的运行可靠性大大提高。

2）计数器型"看门狗"电路

图 9-3-6 为计数器构成的"看门狗"电路，计数器 CD4020 为 14 位二进制串行计数器。计数器计数在时钟 $\overline{\text{CLK}}$ 下沿进行；将 RST 输出置于高电平或正脉冲，可使计数器的输出全部为"0"电平。

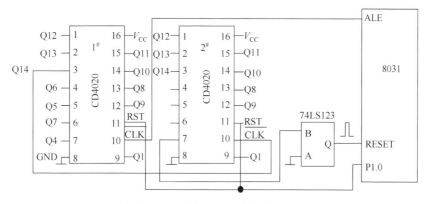

图 9-3-6　计数器型"看门狗"电路

若单片机晶振为 6MHz，则 ALE 信号周期为 1μs。$1^{\#}$ CD4020 的 Q14 脚定时为 $2^{14} \times 1\mu s = 16.384ms$。应用主程序在循环过程中，P1.0 脚定时发出清 0 脉冲（假定周期小于 262.144ms）就能保证 $2^{\#}$ CD4020 计数器 Q14 端输出为零，不影响程序正常运行。当"死循环"超过 262.144ms 时，Q14 为高电平，RESET 为高电平，系统复位。通过 $1^{\#}$ CD4020 输出端与 $2^{\#}$ CD4020 的 $\overline{CLK}$ 的连接方式，可获得不同的延时，如表 9-3-2 所示。

表 9-3-2　计数器串联延时

连接方式	延时(Q4 输)/ms
$1^{\#}$ Q14—$2^{\#}$ $\overline{CLK}$	262.144
$1^{\#}$ Q13—$2^{\#}$ $\overline{CLK}$	131.072
$1^{\#}$ Q12—$2^{\#}$ $\overline{CLK}$	65.536
$1^{\#}$ Q11—$2^{\#}$ $\overline{CLK}$	32.768
$1^{\#}$ Q10—$2^{\#}$ $\overline{CLK}$	16.384

3）采用微处理器监控器实现"看门狗"功能

近几年来，芯片制造商开发了许多微处理器监控芯片，它们具有"看门狗"功能，如 MAX690A、MAX692A、MAX705/706/813L 等。

在微机化测控系统中，为了保证微处理器稳定而可靠地运行，须配置电压监控电路；为了实现掉电数据保护，需备用电池及切换电路；为了使微机处理器尽快摆脱因干扰而陷入的死循环，需要配置"看门狗"电路。将完成这些功能的电路集成在一个芯片当中，称为微处理器监控器。这些芯片集成化程度高，功能齐全，具有广阔的应用前景。

图 9-3-7 为 MAX813L 框图。WDI 为"看门狗"输入端，该端的作用是启动"看门狗"定时器，开始计数。$\overline{RESET}$ 有效或 WDI 输入为高阻态时，"看门狗"定时器被清零

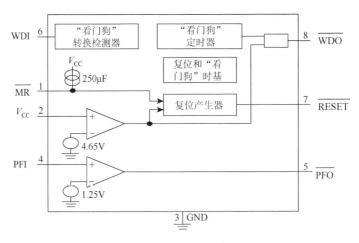

图 9-3-7　MAX813L 框图

且不计数。当复位信号 $\overline{\text{RESET}}$ 变为高电平，且 WDI 发生电平变化（即发生上升沿或下降沿变化）时，定时器开始计数，可检测的驱动脉宽短至 50ns。

若 WDI 悬空，则"看门狗"不起作用。

"看门狗"一旦被驱动之后，若在 1.6s 内不再重新触发 WDI，或 WDI 也不呈高阻态，也无复位信号，则会使定时器计数溢出，$\overline{\text{WDO}}$ 变为低电平。通常"看门狗"可使 CPU 摆脱死循环的困境，因为陷入死循环后不可能再发送 WDI 的触发脉冲，最多经过 1.6s 后，发出 $\overline{\text{WDO}}$ 信号。$\overline{\text{WDO}}$ 信号可与单片机 $\overline{\text{INT0}}$ 或 $\overline{\text{INT1}}$ 连接，单片机在中断服务程序中，将程序引到地址 0000H，系统重新进行正常运行。当 V_{CC} 降至复位门限之下时，不管"看门狗"定时器是否完成计数，$\overline{\text{WDO}}$ 均为低电平。

当 $\overline{\text{WDO}}$ 为低电平时，欲使其恢复高电平的条件是在 V_{CC} 高于复位门的情况下：

（1）采取手动复位，$\overline{\text{MR}}$ 有一低脉冲，发出复位信号，在复位信号的前沿、$\overline{\text{WDO}}$ 变为高电平，但"看门狗"被清零，且不计数；

（2）若 WDI 电平发生变化，"看门狗"被清零，且开始计数，同时 $\overline{\text{WDO}}$ 变为高电平。

若使 WDI 悬空，则"看门狗"失效，$\overline{\text{WDO}}$ 可用作低压标志输出。当 V_{CC} 降至复位门限以下时，$\overline{\text{WDO}}$ 为低电平，表示电压已降低。$\overline{\text{WDO}}$ 与 $\overline{\text{RESET}}$ 不同，$\overline{\text{WDO}}$ 没有最小脉宽。

图 9-3-8 为 MAX705/706/813L"看门狗"定时器的时序图。

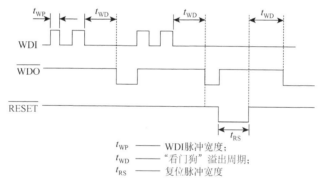

图 9-3-8　"看门狗"定时器时序图

2. 软件"看门狗"技术

由硬件电路实现的"看门狗"技术，可以有效地克服主程序或中断服务程序由于陷入死循环而带来的不良影响。但在工业应用中，严重的干扰有时会破坏中断方式控制字，导致中断关闭，这时前述的硬件"看门狗"电路的功能将不能实现。依靠软件进行双重监视，可以弥补上述不足。

软件"看门狗"技术的基本思路是：在主程序中对 T0 中断服务程序进行监视；在 T1 中断服务程序中对主程序进行监视；T0 中断监视 T1 中断。从概率观点，这种相互依存、相互制约的抗干扰措施将使系统运行的可靠性大大提高。

系统软件包括主程序、高级中断了程序和低级中断子程序三部分。假设将定时器 T0 设计成高级中断，定时器 T1 设计成低级中断，从而形成中断嵌套。现分析如下。

主程序完成系统测控功能的同时，还要监视 T0 中断因干扰而引起的中断关闭故障。A0 为 T0 中断服务程序运行状态观测单元，T0 中断运行时，中断一次，A0 便自动加 1。在测控功能模块运行程序（主程序的主体）入口处，先将 A0 之值暂存于 E0 单元。由于测控功能模块程序一般运行时间较长，设定在 T0 期间产生定时中断（设 T0 定时溢出时间小于测控功能模块运行时间），从而引起 A0 的变化。在测控功能模块的出口处，将 A0 的即时值与先前的暂存单元 E0 的值相比较，观察 A0 值是否发生变化。若 A0 值发生了变化，说明 T0 中断运行正常；若 A0 之值没变化，说明 T0 中断关闭，则转到 0000H 处，进行出错处理。

T1 中断程序：完成系统特定测控功能的同时，还监视主程序运行状态。在中断服务程序中设置一个主程序运行计时器 M，T1 每中断一次，M 便自动加 1。M 中的数值与 T1 定时溢出时间之积表示时间值。若 M 表示的时间值大于主程序运行时间 T（为可靠起见，T 要留有一定余量），说明主程序陷入死循环，T1 中断服务程序便修改断点地址，返回 0000H，进行出错处理。若 M 小于 T，则中断正常返回，M 在主程序入口处循环清 0。

T0 中断程序：监视 T1 中断服务程序的运行状态。该程序较短，因而受干扰破坏的概率很小。A1、B1 为 T1 中断运行状态检测单元。A1 的初始值为 00H，T1 每发生一次中断，A1 便自动加 1。T0 中断服务程序中若检测 A1>0，说明 T1 中断正常；若 A1=0，则 H1 单元加 1（B1 的初始值为 00H），若 B1 的累加值大于 Q，说明 T1 中断失效，失效时间为 T0 定时溢出时间与 Q 值之积。Q 值的选取取决于 T1、T0 定时溢出时间。例如，T0 定时溢出时间为 20ms，T1 定时溢出时间为 20ms，当 $Q=4$ 时，说明 T1 的允许失效时间为 40ms，在这样长的时间内，T1 没有发生中断，说明 T1 中断发生了故障。由于 T0 中断级别高于 T1 中断，所以 T1 的任何中断故障（死循环、故障关闭）都会因 T0 的中断而被检测出来。

当系统受到干扰后，主程序可能发生死循环，而中断服务程序也可能陷入死循环或因中断方式字的破坏而关闭中断。主程序的死循环可由 T1 中断服务程序进行监视；T0 中断的故障关闭可由主程序进行监视；T1 中断服务程序的死循环和故障关闭可由 T0 的中断服务程序进行监视。采用多重软件监测方法，大大提高了系统运行的可靠性。

值得指出，T0 中断服务程序若因干扰而陷入死循环，应用主程序和 T1 中断服务程序无法检测出来。因此，编程时应尽量缩短 T0 中断服务程序的长度，使发生死循环的概率大大降低。

3. 软硬件结合的"看门狗"技术

硬件"看门狗"技术能有效监视程序是否陷入死循环故障，但对中断关闭故障无能为力；软件"看门狗"技术对高级中断服务程序陷入死循环无能为力，但能监视全部中断关闭的故障。若将硬件"看门狗"和软件"看门狗"结合起来，可以互相取长补短，获得优良的抗干扰效果。

9.3.4 故障自动恢复处理程序

微机化测控系统的 CPU 因干扰而失控，导致程序"乱飞"、死循环，甚至使某些中断关闭，可以采用指令冗余、软件陷阱和"看门狗"技术，使系统尽快摆脱失控状态而转到初始入口 0000H。一般说来，因干扰故障转入 0000H 后，控制过程并不要求从头开始，而要求转入相应的控制模块。程序"乱飞"期间。有可能破坏内部 RAM 和外部 RAM 中一些重要信息，因此，必须检查后方可使用，程序转入 0000H 有两种方式：一种是上电复位，另一种是故障复位（如"看门狗"电路复位）。这两种入口方式要加以区分。此外，复位可由单片机 RESET 端为高电平分时复位，称为硬件复位，若在 RESET 为低电平情况下，由软件控制转到 0000H，称为软件复位，所有这些都是故障自动恢复处理程序所研究的内容。

1. 上电标志设定

程序的执行总是从 0000H 单元开始，即微机启动。进入 0000H 单元的方式有两种：其一是上电复位，即首次启动，又称冷启动；其二是故障复位，即再次启动，又称热启动。冷启动的特征是系统要彻底初始化。测控程序模块从头开始执行，即生产工艺过程从最初状态开始运行。热启动的特征是不需要全部进行初始化。测控程序不必从头开始执行，而应从故障部位开始，即生产工艺过程从故障点重新运行。怎样区别是冷启动，还是热启动？这是程序进入 0000H 后首先遇到的问题，即上电标志的判定。

MCS-51 单片机硬件复位对寄存器、程序计数器有影响。如果程序计数器为 0000H，程序状态字 PSW 为 00H，堆栈指针 SP 为 07H 等。

1）PSW.5 上电标志设定

PSW 中的第 5 位 PSW.5 是用户设定标志，它可以置位和清位，可供测试。用 PSW.5 可作为上电标志。程序如下：

```
            ORG     0000H
            AJMP    START
START:      MOV     C,PSW.5          ;判别 PSW.5 8 标志位
            JC      LHO             ;PSW.5=1 转向出错程序处理
            SETB    PSW.5           ;置 PSW.5=1
            LJMP    START0          ;转向系统初始化入口
LHO:        LJMP    START1          ;转向出错程序处理
```

应注意，PSW.5 标志判定仅适合于软件复位方式。

2）SP 建立上电标志

MCS-51 单片机硬件复位后堆栈指针 SP 为 07H。但在应用程序设计中，一般不会把 SP 设置在 07H 这么低的内部 RAM 地址，要将堆栈指针设置大于 07H。根据 SP 这个特点，可用 SP 作为上电标志。程序如下：

```
            ORG     0000H
            AJMP    START
START:      MOV     A,SP
            CJNE    A,#07H,LOOP1     ;SP 不为 07H 则转移
            LJMP    START0          ;转向系统初始化
```

```
LOOP1:     LJMP      START1                        ;转向出错程序处理
```

应注意，SP 标志仅适用于软件复位方式。在 START0 程序中设置 SP 内容大于 07H。

3）内 RAM 中的上电标志设定

单片机内 RAM 中单元上电复位时，其状态是随机的，可以选取内 RAM 中的某单元为上电标志。如果选用 56H、57H 单元为上电标志单元，上电标志字为 55H 和 AAH。程序如下：

```
           ORG       0000H
           AJMP      START
START:     MOV       A,56H
           CJNE      A,#55H,LOOP1                  ;56H 中不为 55H 则转
           MOV       A,57H
           CJNE      A,#0AAH,LOOP1                 ;57H 中不为 AAH 则转
           LJMP      START1                        ;转向出错程序处理
LOOP1:     MOV       56H,#55H
           MOV       57H,#0AAH
           LJMP      START0                        ;转向系统初始化
```

应注意，RAM 单元商店标志适用于硬件、软件复位方式。

4）硬件上电标志

每次上电时，由于电容 C 有一个充电过程，使单片机的 P1.7 脚上电后出现短暂的高电平。在启动程序中查询这个脚上的电平，若是高电平，则为冷启动；若为低电平，则为热启动。程序如下：

```
           ORG       0000H
           AJMP      START
START:     JB        P1.7,LOOP1                    ;P1.7=1 则转
           LJMP      START1                        ;P1.7=0 转出错误程序处理
LOOP1:     LJMP      START0                        ;转到系统初始化
```

2. RAM 中数据冗余保护与纠错

在单片机测控系统中，若 RAM 具有掉电保护，在电源开启和断电过程中有可能造成 RAM 中的数据丢失；当 CPU 受到干扰而造成程序"乱飞"时，也有可能破坏 RAM 中的数据。因此，系统复位后首先要检测 RAM 中的内容是否出错，并将被破坏的内容重新恢复。工程实践表明，干扰仅使 RAM 中的个别数据丢失，并不会冲毁整个 RAM 区。这就是用数据冗余的思想保护 RAM 中数据的依据。数据冗余是将系统中的重要参数实行备份保留。系统复位后，立即利用备份 RAM 对重要参数区进行自我检验和恢复，从而保护了 RAM 中的数据。

下面介绍一种四重冗余编码纠错方案，这种方案是将每个重要信息在四个互不相关的地址单元重复存放，建立三重备份数据（数据副本）。每个数据的编码也存在于四个互不关联的地址单元中，作为数据正确与否的依据。当系统由于干扰或停电后自动恢复程

序时，干扰作用使 RAM 中的数据出错后，通过上述差错和纠错的冗余设计，就可以将出错的数据进行自救恢复工作，对备份数据的建立应遵循如下原则：

（1）各备份数据间应相互远离分散设置，减少备份数据同时被破坏的概率。

（2）各备份数据应尽可能远离堆栈区，避免因堆栈操作错误造成数据被冲毁。

（3）备份不得少于 2 份，备份越多，可靠性越高。

3. 软件复位与中断激活标志

软件复位是指系统失控后由软件陷阱捕捉到"乱飞"程序，将其直接引向 0000H 单元，或者由软件"看门狗"技术将程序脱离死循环而引向 0000H 单元，系统受到干扰后，很可能是在执行中断服务过程中而导致程序"乱飞"。MCS-51 系统响应中断后会自动把相应的中断激活标志置位，阻止同级中断响应。清除中断激活标志的方法有两种：其一是系统硬件复位，其二是执行 RETI 指令。当系统在执行中断服务时，来不及执行 RETI 指令因干扰而跳出中断服务程序，程序"乱飞"过程中由软件陷阱而将程序引向 0000H，显然这时便不可能清除该中断的激活标志。这样就会使系统热启动时，不管中断允许标志是否置位，都不予响应同级中断的请求，由软件陷阱捕获来的程序一定要先消除 MCS-51 系列中两个中断激活标志，才能消除系统热启动后不响应中断的隐患。消除中断激活标志程序如下：

```
ERR:    LCR     EA                      ;关中断
        MOV     DPTR,#ERR1              ;返回 ERR1 地址
        PUSH    DPL
        PUSH    DPH
        RETI                            ;清除高级中断激活标志
EER1:   MOV     DPTR,#ERR2              ;返回出错处理程序入口地址
        PUSH    DPL
        PUSH    DPH
        RETI                            ;清除低级中断激活标志
```

4. 程序失控后恢复运行的方法

在一些生产过程或自动化生产线的控制系统中，要求生产工艺有严格的逻辑顺序性，当程序失控后，不希望（甚至不允许）从整个控制程序的入口处从头执行控制程序，而应从失控的那个程序模块恢复执行。

一般说来，主程序总是由若干功能模块组成的，每个功能模块入口设置一个标志。系统故障复值后，可根据这些标志选择进入相应的功能模块。例如，某系统有两个功能模块 1# 和 2#，其运行标志分别为 55H 和 AAH，并存于外部 RAM 0400H 单元。每个功能模块入口处先执行写入标志操作。为了防止程序失控后破坏相应 RAM 单元，可以采用数据冗余保护与纠错方法。系统故障复位后，在出错处理程序中首先检查和恢复 RAM 中的数据（MEMR 程序），再根据标志来确定进入对应的模块入口。

综上所述，微机测控系统由于受到严重干扰而发生程序"乱飞"、陷入死循环以及中

断关闭等故障。系统通过冗余指令技术、软件陷阱技术和"看门狗"技术等，使程序重新进入 0000H 单元，纳入正轨。因故障而进入 0000H 后，系统要执行上电标志判定、RAM 数据检查与恢复、清中断激活标志等一系列操作，然后根据功能模块的运行标志，确定入口地址。

9.4　硬件故障的自检

由于干扰引起的误动作多是偶发性的，因此应采取某种措施，使这种偶发的误动作不致直接影响系统的运行。因此，在总体设计上必须设法使干扰造成的故障能够尽快恢复正常。通常的方式是，在硬件上设置某些自动监测电路。这主要是为了对一些薄弱环节加强监控，以便缩小故障范围，增强整体的可靠性。在硬件上常用的监控和误动作检出方法通常有数据传输的奇偶检验（如输入电路有关代码的输入奇偶校验），存储器的奇偶校验以及运算电路、译码电路和时序电路的有关校验等。

参 考 文 献

[1]　何金良，曾嵘，高延庆. 电力系统接地技术研究进展[J]. 电力建设，2004，25（6）：1-3,7.

[2]　赵金奎. 共模干扰和差模干扰及其抑制技术[J]. 电子质量，2006（5）：72-76.

[3]　滕建平. 浅析电力系统调度自动化及其抗干扰控制措施[J]. 科协论坛（下半月），2013（3）：50-51.

[4]　胡屏，柏军. 单片机应用系统中的看门狗技术[J]. 吉林大学学报（信息科学版），2003，21（2）：205-208.

第10章 系统的设计及实例

【自学提示】

微机化测控系统是以微型机为核心的测控系统。微机化测控系统的设计不仅要求设计者熟悉该系统的工作原理、技术性能和工艺结构，而且要掌握微型机硬件和软件设计原理。为了保证产品质量，提高研制效率，设计人员应该在正确的设计思想指导下，按照合理的步骤进行开发。由于微机化测控系统种类繁多，设计所涉及的问题是各式各样的，不能一概而论。本章只就一些常见的共同的问题加以讨论。

10.1 应用系统的设计要求及原则

1. 达到或超过技术指标

设计任务书是设计和研制测控系统应达到的要求。设计任务书除了定性地提出要求实现的功能之外，还常常提出一些定量的技术指标。例如，测量范围、测量精度、分辨率、灵敏度、线性度、稳定度、响应（时间）、滞后时间、驱动功率和耗电量等。任务书所规定的这些"功能"和"指标"是设计与研制应达到的目标。为了达到规定的目标，必须把这些指标层层分解，逐级落实到研制过程的各个阶段和各个方面。只有各个阶段和各个方面的分项指标都达到了，测控系统整机的技术指标才能达到。

2. 尽可能提高性能价格比

为了获得尽可能高的性能价格比，应该在满足性能指标的前提下，追求最低成本。因此，要尽可能选用简单的设计方案和廉价的元器件。

有些功能的子任务既可以用硬件（不用或用很少的软件）实现，也可以用软件（不用或用很少的硬件）来实现，应比较硬件价格和软件研制成本来决定取舍。

3. 适应环境，安全可靠

任何设备无论在原理上如何先进，功能上如何全面，精度上如何高级，如果可靠性差，故障频繁，就不能在所使用的环境和条件下正常运行，则该设备就没有使用价值，更谈不上经济效益。因此，在微机化测控系统的设计过程中，要充分考虑到该系统所使用的环境和条件，特别是恶劣和极限的情况，同时要采取各种措施提高可靠性[1]。

就硬件而言，系统所用器件质量的优劣和结构工艺是影响可靠性的重要因素，故应合理地选择元器件和采用极限情况下实验的方法。合理地选择元器件是指在设计时对元器件的负载、速度、功耗、工作环境等技术参数应留有一定的安全量，并对元器件进行老化和筛选；极限情况下的实验是指在研制过程中，一台样机要承受低温、高温、冲击、振动、干扰、盐雾和其他实验，以证实其对环境的适应性[2]。

为了提高测控系统的可靠性，还可采用"冗余结构"的方法，即在设计时安排双重结构（主件和备用件）的硬件电路，这样当某部件发生故障时，备用件自动切入，从而保证了测控系统的长期连续运行。

对软件来说，应尽可能地减少故障。采用模块化设计方法，易于编程和调试，可减小故障率和提高软件的可靠性。同时，对软件进行全面测试也是检验错误排除故障的重要手段。与硬件类似，也要对软件进行各种"应力"实验。例如，提高时钟速度，增加中断请求率、子程序的百万次重复等，一切可能的参量都必须通过可能有害于测控系统的运行来进行考验。虽然这要付出一定代价，但必须经过这些实验才能证明所设计的测控系统是否合适。

4. 便于操作和维护

在测控系统的硬件和软件设计中，应当考虑操作方便，尽量降低对操作人员的专业知识的要求，以便产品的推广应用。控制开关或按钮不能太多、太复杂，操作程序应简单明了，输入/输出数字应用十进制表示。操作者无须专门训练，便能掌握测控系统的使用方法。

微机化测控系统还应有很好的可维护性。为此，测控系统结构要规范化、模件化，并配有现场故障诊断程序，一旦发生故障，能保证有效地对故障进行定位，以便调换相应的模件，使测控系统尽快恢复正常运行。

10.2　应用系统的设计研制过程

设计、研制一个微机化测控系统大致上可以分为三个阶段：确定任务、拟制设计方案阶段，硬件和软件研制阶段，联机总调、性能测定阶段。以下对各阶段的工作内容和设计原则作简要的叙述。

1. 确定任务、拟制设计方案

1）确定设计任务和整机功能

首先确定测控系统所要完成的任务和应具备的功能，以此作为测控系统硬件、软件的设计依据。另外，对测控系统的内部结构、外形尺寸、面板布置、使用环境以及制造维修的方便性也须给予充分的注意。设计人员在对测控系统的功能、可靠性、可维护性及性能价格比进行综合考虑的基础上，提出测控系统设计的初步方案，并将其写成测控系统功能说明书或设计任务书，功能说明书主要明确以下三个作用。

（1）可作为用户和研制单位之间的合约，或研制单位设计测控系统的依据。

（2）反映出测控系统的功能和结构，作为研制人员设计硬件、编制软件的基础。

（3）可作为将来验收时的依据。

2）完成总体设计

通过调查研究对方案进行论证，以完成微机化测控系统的总体设计工作。在此期间应绘制测控系统总图和软件总框图，拟定详细的工作计划。完成了总体设计之后，便可将测控系统的研制任务分解成若干个课题（子任务）去做具体的设计。

2. 硬件和软件的研制

在开发过程中，硬件和软件工作应该同时进行，在设计硬件、研制功能模板的同时，完成软件设计和应用程序的编制。两者同时并进，能使硬件、软件工作相互配合，充分发挥微机特长，缩短研制周期。

3. 联机总调、性能测定

研制阶段只是对硬件和软件分别进行了初步调试和模拟实验。样机装配好后，还必须进行联机实验，识别和排除样机中硬件和软件两方面的故障，使其能正常运行。待工作正常后，便可投入现场实验，使系统处于实际应用环境中，以考验其可靠性。在总调中还必须对设计所要求的全部功能进行测试和评价，以确定测控系统是否符合预定性能指标，并写出性能测试报告。若发现某一项功能或指标达不到要求时，则应变动硬件或修改软件，重新调试，直至满足要求为止。

研制一台微机化测控系统大致上需经历上述几个阶段。经验表明，测控系统性能的优劣和研制周期的长短同总体设计是否合理、硬件选择是否得当、程序结构的好坏、开发工具完善与否，以及设计人员对测控系统结构、电路和微机硬件与软件的熟悉程度等有关。在测控系统开发过程中，软件设计的工作量往往比较大，而且容易发生差错（特别是在用汇编语言编写时），应当尽可能采用结构化设计和模块化方法编制应用程序，这对查错、调试、增删程序十分有利。实践证明，设计人员若能在研制阶段把住硬件、软件的质量关，则总调阶段将能顺利进行，从而可及早制成符合设计要求的样机[3]。

在完成样机之后，还要进行设计文件的编制。这项工作是十分重要的，因为这不仅是测控系统研制工作的总结，而且是以后测控系统使用、维修以及再设计的需要。因此，人们通常把这一技术文件列入微机化测控系统的重要软件资料。

设计文件应包括：设计任务和测控系统功能的描述；设计方案的论证；性能测定和现场试用报告；使用者操作说明。

硬件资料包括硬件逻辑图、电路原理图、元件布置和接线图、接插件引脚图和印刷电路板图。

程序资料包括软件框图和说明、标号和子程序名称清单、参量定义清单、存储单元和输入/输出口地址分配表及程序清单。

10.3 总 体 设 计

总体设计通常出主设计师担任，微机化测控系统的总体设计任务包括对电路、结构和软件的总体考虑，通常包括以下四部分工作。

1. 设计方案的选定

微机化测控系统的整个设计过程是紧紧地围绕设计依据，即设计目标和一些约束条件展开的。根据设计依据，设计师首先应提出几种可能的方案，每种方案包括测控系统的工作原理、采用的技术、关键元器件的性能、工艺保证和实施措施；接着对各方案进行可行性探讨，包括关键部分的理论分析与计算，甚至做一些必要的模拟实验，确定该方案是否满足设计依据的要求；最后在可行的方案中选择 1～2 个性能/价格比较好又能兼顾设计师和生产技术工人比较熟悉的技术作为设计方案。

2. 工作总框图的绘制

一旦设计方案确定以后，首先采用自顶向下的方法将测控系统划分成几个主要功能部分，并分别绘制相应的硬件和软件工作框图。例如，微处理机电压表可划分成输入电路（包括衰减器、前置放大器、量程自动切换和自校准控制等）、A/D 转换器、面板操作（包括键盘和显示器）、对外接口电路、专用微型计算机和电源等硬件部分。微处理机电压表软件部分包括仪器监控程序、仪器初始化子程序、A/D 转换子程序、自校准子程序、软件扫描显示子程序、对外接输入工作子程序、仪器自检子程序和仪器功能所要求的数据处理子程序等主要功能模块。

3. 结构总体设计

微机化测控系统的总体结构应根据测控系统的规模和硬件的复杂程度不同而采用不同的结构，目前常用的结构有以下四种。

（1）大板结构。该结构是近几年随着大规模集成电路的发展而发展起来的。这是由于大规模集成电路芯片通常具有较强的功能和众多的引线脚，芯片与芯片之间的连线比较多，采用大板结构将有利于印刷电路板的设计，尤其是采用计算机辅助设计时更为方便和经济。同时，大板结构使整机的装配工艺大大简化，给调试和维修也带来不少方便，是目前较为流行的一种结构设计。对于电路不太复杂的微机化测控仪器仪表，整机往往由一块或两块（双层结构，一层为模拟电路，另一层为数字电路）大印刷电路板构成。

（2）分板式结构。该结构也是测控系统设计中常用的一种结构，它尤其适用于总线结构和大量采用中、小规模集成电路设计的测控系统。分板式结构的最大特点是按功能模块进行分板，一块印刷电路板往往独立完成 1 个功能任务（如 A/D 转换、前置放大等），然后通过总线将每块印刷电路板相互连接起来，所以分板式结构有利于设计任务的分工以及分板进行装配和调试，也有利于维修（制造厂可预先为用户准备一些容易发生故障的印刷电路板，一旦测控系统发生故障，只需要将发生故障的印刷电路板调换下来送回生产厂或修理部修理，而不影响测控系统的使用）。

（3）积木式结构。该结构是大型复杂测控系统常用的一种结构形式，通常选用标准机柜和标准机箱结构，如微型计算机控制大型数据采集装置。它由专用电源箱、带微型计算机的控制箱、数字式电压表、通道选择、显示器以及若干个输入通道箱等组成。这种结构有利于功能的更换和扩大，如根据装置的不同测试速度要求，可选用不同型号的数字式电压表；根据装置对测点容量的要求，可选用不同数量的输入通道箱；如果装置还需要用来测量频率量，可以增加一台数字式电子计数器等。因此积木式结构将为不同用户提供一套经济实惠的通用测试设备，也为设计、安装调试和维修带来方便。

（4）插件式结构。该结构是中小型测控系统常用的一种结构，兼有分板式结构和积木式结构的优点。插件式结构通常只有一个机箱，具有总线连接方式，每个插件具有一种独立的功能。测控系统具有正常工作必需的固定插件（如专用微处理机插件、A/D 转换器插件等），也有供用户任意选用的插件和供用户更换的插件。目前，国外生产的一些高精度微处理机电压表就采用这种结构形式。

4. 设计工作的筹划与准备

设计工作的筹划与准备往往被人们所忽视，然而实际上它却是测控系统总体设计的一个重要组成部分，是测控系统设计能顺利进行的保证。设计工作的筹划与准备包括以下五个部分的工作。

（1）根据微机化测控系统的硬件电路、软件设计和结构设计等三大方面的任务及其完成的先后次序，作出进度计划和人力安排。

（2）安排设计场地和设计所需的仪器、设备和工具，包括计划使用微机开发系统的时间。

（3）拟定主要元器件的采购和外加工计划。

（4）作出经费概算。

（5）组织有关专家（包括上级主管技术部门）对设计方案和计划进行审定，并根据专家意见进行适当修改。

10.4　硬　件　设　计

微机化测控系统的硬件电路是由各种元件或器件按照设计的线路连接而成的，因此，微机化测控系统的硬件设计包括元器件选择和电路设计两方面，但是这两方面是紧密联系不可分割的。

10.4.1　元器件的选择

1. 微处理器的选择

元器件选择时特别要注意的是微处理器的选择。微处理器（或微处理机，以下同）是微机的核心部件，它的结构、特性对所研制微机化测控系统的性能有很大影响，所以要成功地研制一台微机化测控系统，首先应选择合适的微处理器[4]。选定微处理器（或单片微机）后，再按设计要求确定与其配套的外围芯片。在选择微处理器时应考虑如下的主要特性。

（1）用途。微处理器是一种通用器件，如果给予足够的外部支持电路和处理时间，它几乎可以完成任何任务。数据处理和控制是微处理器的两个主要用途。数据处理要求它有较强的算术运算能力。一般兼有数据处理任务的控制类微机化系统大多采用数据处理型的微处理器。微处理器的用途可以根据字长、指令系统、支持硬件和支持软件等进行考察后作出判断。单片微型机既适用于控制，也可进行数据处理。

（2）字长。微处理器的字长取决于并行数据总线的数目。通常使用 4 位、8 位或 16 位的微处理器来研制微机化测控系统。4 位字长的微处理器一般设计成简单的控制器。8 位微处理器则既可用于数据处理，也可用于控制。用于数据处理时，可进行双倍精度或三倍精度运算。16 位的运算精度适合于大多数的数据处理工作，因此，16 位微处理器大多用于复杂的数据处理和控制。由于 8 位微处理器或单片微型机适用范围广，价格也不贵，故其被目前多数微机化测控系统所采用[5]。随着微机技术的发展，已出现带有 16 位微处理器或单片机的高性能测控系统，它将越来越多地应用在生产过程中[6]。

不同字长微处理器的成本、特点和应用范围如表 10-4-1 所示。

表 10-4-1　不同字长微处理器的成本、特点和应用范围

字长	4 位	8 位	16 位
成本	低	中	高
特点	指令少，功能弱，速度慢	适宜于字符、数据处理、双倍字长精度运算时，速度要降低	具有多种指令，功能强，速度快
应用范围	适合计算精度低，对处理时间要求不高的场合，如计算器、家用电器、简单控制器等	适合测量、监视、数据处理、实时控制以及用于计算机外围设备和终端设备	与一般小型计算机用途相同，可用于数值计算、较复杂的数据处理和实时控制

（3）寻址范围和寻址方式。微处理器的地址长度反映了微机可寻地址的范围，表示系统中可存放的程序和数据量。例如，8 位标准微处理器，其地址长度为 16 位，可寻址的范围为 64 KB。设计人员应根据测控系统要求确定合理的存储容量[7]。

微处理器有多种寻址方式，如直接寻址、间接寻址、相对寻址、变址寻址等。选择恰当的寻址方式，能使程序量大为减少，从而可节省存储空间和加快程序的执行速度。

（4）指令的功能。一般说来，指令条数多的微处理器，其操作功能要强些，这可使编程灵活。但是一个微处理器的功能究竟丰富与否，不能单由指令的数量确定，还要看每一条指令的具体内容，因为每一个厂家都有它自己计算指令的方式。

所选取的微处理器，其指令功能应该面向所要处理的问题。用于控制的测控系统，要特别注意访问外部设备（或接口）指令的功能。用于数据处理的测控系统，还应注意数据操作指令的功能。例如，算术和逻辑运算、十进制调整、位操作指令、控制转移等指令的功能是否齐全。

20 世纪 80 年代推出的单片机，由于吸收了各类微处理器的长处，其指令功能较为完善。例如，MCS-51 系列单片机，具有较强的算术和逻辑运算能力，且擅长位处理，还具有乘法和除法指令，编程灵活、方便。

（5）执行速度。微处理器的执行速度可用时钟周期数或机器周期数来表示。大多数微处理器要多个乃至十多个时钟周期才能执行一条指令。不能单从时钟速率来衡量微处理器的执行速度。因为不同类型的微处理器以不同的方法执行指令，有些微处理器采用高速时钟和许多微操作（如 8051）；另一些微处理器则采用低速时钟和少量强有力的操作（如 6800 和 6502）。指令的执行时间应由时钟速率和执行该指令所需的周期数算得。

执行速度的选择要区别不同的对象。对于采样周期较短且有大量实时计算的数据处理或过程控制系统，应选择速度快的微处理器。

（6）功耗。功耗由器件工艺、器件的复杂性和时钟速率所支配。字长较宽的微处理器，因器件电路复杂，其功耗比字长较窄而工艺相同的微处理器要大。从器件工艺来说，高速双极性微处理器要消耗更多的功率，NMOS 和 PMOS 的微处理器消耗中等的功率，而 CMOS 的微处理器所消耗的功率最少。时钟速率也影响一些微处理器的功耗。较慢的时钟速率，微处理器消耗的功率较小。应按器件所允许的温度范围和测控系统使用环境等条件来选择不同功耗的微处理器。

（7）中断能力和 DMA 能力。在实际应用中，外部设备常要求微处理器暂时转去执行一个为其服务的子程序。为了满足这一要求，微处理器必须具有较强的中断能力。对于快速、多通道实时处理的对象，应选择中断功能丰富的微处理器。

DMA 是一种数据传输方式[8]。其数据传输不是由微处理器控制的，而是由 DMA 控制部件暂时"接管"微机 CPU，通过总线对存储器进行直接访问。DMA 能力对于大块数据传输很有用，它减轻了由微处理器控制传输数据时必须执行数据传输程序的负担，因此，DMA 传输比程序控制数据传输快得多。如果要求大量的高速数据传输，则必须选择一个具有 DMA 能力的微处理器。

（8）硬件、软件支持。选择微处理器时，应考虑该器件有无足够的硬件、软件支持。从硬件来说，构成一个微机化测控系统要有足够的 LSI 外围芯片，例如，串行接口、并行接口、定时计数器、A/D 转换器和 D/A 转换器等。对于单片机要考虑应有配套的扩展芯片供应。

从软件来说，应用软件研制的费用往往超过元器件成本。为此，应选择那些具有大量的基本软件（编辑程序、汇编程序、高级语言等）支持的微处理器，以便采用微机开发装置来调试微机化测控系统的硬件和软件，缩短研制周期。当然，对于较小的测控系统，就不一定需要丰富的支持软件。

（9）成本。微机化测控系统的成本是优先考虑的指标之一，特别是成批生产时更是如此。当然，估计成本应从整个测控系统考虑，而不仅仅是微处理器的成本。但是，是否正确地选择微处理器或单片机，又直接影响整个测控系统的成本。因此，必须仔细权衡、全盘考虑。特别是由于微机技术发展得非常快，必须经常关心微处理器、单片机和其他芯片以及有关外部设备的现行价格，合理地进行选择。

2. 外围元器件的选择

在设计微机化测控系统时，外围芯片、器件的选择同样是十分重要的。例如，输入通道中 A/D 转换器的类型、转换速度、输出位数（字长）、精度，输出通道中的 D/A 转换器的类型、字长、精度等的选择。设计人员应根据测控系统的功能、整机精度、采样周期等的要求来选定外围芯片、器件，以便在保证测控系统设计指标的前提下降低成本，简化结构；而不要一味追求器件的宽字长、高速度和高精度。

根据经验，选择元器件时一般还要注意如下几点。

（1）要根据元器件所在电路对该器件的技术要求来选择元器件，在满足技术要求的前提下尽可能选择价格低的元器件。

（2）尽可能选用集成组件而不选用分立元件，以便简化电路，减小体积，提高可靠性。

（3）为减少电源种类，尽可能选用单电源供电的组件，避免选用要求特殊供电的组件。对只能采用电池供电的场合，必须选用低功耗器件。

（4）元器件的工作温度范围应大于所使用环境的温度变化范围。

（5）系统中相关的器件要尽可能做到性能匹配。例如，选用单片机时钟的晶振频率较高时，存储器的存储时间有限，应该选择允许存取速度较高的芯片；选择 CMOS 芯片单片机构成低功耗系统时，系统中的所有芯片都应选择低功耗的产品。

10.4.2　电路设计

电路设计应依据以下原则进行。

（1）硬件电路结构要结合软件方案一并考虑。考虑的原则是：软件能实现的功能尽可能由软件来实现，以简化硬件电路。但必须注意，由软件实现的硬件功能，其响应时间要比直接用硬件实现来得长，而且占用 CPU 时间。因此，考虑到硬件软化方案时，要考虑到这些因素。

（2）尽可能选用典型电路和集成电路，为硬件系统的标准化、模块化打下基础。

（3）微型机系统的扩展与外围设备配置的水平应充分考虑测控系统的功能要求，并留有适当更改的余地，以便进行二次开发。

（4）在把设计好的单元电路与其他单元电路相连时要考虑它们是否能直接连接，模拟电路连接时要不要加电压跟随器进行阻抗隔离，数字电路连接和微型机接口电路要不要逻辑电平转换，要不要加驱动器、锁存器和缓冲器等。

（5）在模拟信号传送距离较远时，要考虑以电流或频率信号传输代替以电压信号传输，如共模干扰应采用差动信号传送。在数字信号传送距离较远时，要考虑采用"线驱动器"。

（6）可靠性设计和抗干扰设计是硬件系统设计不可缺少的一部分，它包括去耦滤波、印刷电路板布线和通道隔离等。

10.4.3　硬件电路研制过程

微机化测控系统的硬件电路设计步骤与测控系统的复杂程序有关，不能一概而论，这里仅做基本的分析。

（1）自顶向下的设计。硬件电路设计一般也采用自顶向下的办法，对硬件电路做进一步细分，直到最后的单元电路是一个独立功能的模块（或组件），并提出设计方案和绘制粗略电路图。

（2）技术评审。组织有关专家和软件设计师、结构设计师一起对上述粗略的硬件电路图进行评审，它是否符合设计的总目标和总决策，是否与软件设计的要求相符合，对工艺结构提出的要求是否可以实现等，进而可对硬件电路设计方案做进一步修改。

（3）设计准备工作。硬件电路设计的准备工作包括拟定工作进度计划，人力、工作场所及设备的安排，订购元器件和作出经费预算等。

（4）电路的设计与计算。根据设计要求对设计指标进一步细化。绘制详细电路图并进行参数计算。对具有重大创新部分的电路，除了进行详细的分析与计算外，还应对具体电路进行多次反复实验和修改。

（5）实验板的制作。电路的书面设计是一回事，实际工作往往又是一回事。因此，对硬件电路需要制作相应的实验板，以便验证并帮助修改电路图，使之逐步完善。一般来说，电路实验板上元件的安装排列及走线等工艺暂不是主要考虑的问题。

（6）实验板的调试。通过实验板的调试可以验证、修改和改进设计，并要求在硬件和软件联调开始前，查明并排除硬件电路设计中存在的缺陷，否则将会给以后的联调带来很大的麻烦。

（7）组装连线电路板。通常在初步调试和修改好实验板后，才组装正规的连线电路板。在组装这种手布线的电路板时，要仔细安排元件的位置、结构和走线。

（8）编写调试程序。一旦对所设计的硬件电路完成安装调试后，就要设计一些调试程序或采用软件设计中的某些子程序，以对相应的硬件工作进行检查。

（9）利用开发系统来调试电路板。当调试程序或相应子程序编完后，即可装入微型计算机开发系统；然后将开发系统的仿真器探头插入初样电路板的微处理器插座中，以代替电路板中的微处理器芯片；最后对电路板进行调试，如果设计者手头没有开发系统，也可用一台单板微型机代替一台开发系统。

（10）制作印刷电路板。待电路板调试成功后，即可制作测控系统初样的印刷电路板。

（11）调试印刷电路板。待初样印刷电路板加工完毕后，先要做一些初步的功能及逻辑检验，在肯定硬件电路能工作后才在微型计算机开发系统上进行电路内仿真。开发系统内预先装入必要的调试程序，在印刷电路板的调试过程中，一般总会发现一些硬件的问题，这时就需一步步地调试，仔细研究虚假信号、竞争状态及其他不正常的操作，并设法加以排除，直到调试过程不出问题为止。

待印刷电路板调试成功后，就可进行硬件和软件的联合调试。在某些紧急设计的场合或者生产批量极小的情况下，为了缩短设计周期、节省开支，往往采用现成的单板微机代替测控系统中的专用微型计算机，从而使试制过程大大简化。对于个别微机化测控系统的硬件设计具有丰富经验的设计师，往往不需要实验板制作和实验板调试这两个步骤，从而在设计过程中也可取消这两个步骤。

最后应强调指出，在硬件电路设计时还需要考虑产品的可维修性设计，即在电路中要加入若干故障检查手段。这样做虽然会增加产品的成本，但可节省今后产品的维修费用。

10.5　软件设计

测控系统的硬件电路确定之后，测控系统的主要功能将依赖于软件来实现。对同一个硬件电路，配以不同的软件。它所实现的功能也就不同，而且有些硬件电路功能常可以用软件来实现。研制一个复杂的微机化测控系统，软件研制的工作量往往大于硬件，可以认为，微机化测控系统设计在很大程度上是软件设计。因此，设计人员必须掌握软件设计的基本方法和编程技术。

10.5.1　软件研制过程

1. 进行系统定义

在着手进行软件设计之前，设计者必须先进行系统定义（或说明）。系统定义就是清楚地列出微机化测控系统各个部件与软件设计的有关特点，并进行定义和说明，以作为软件设计的根据（详见 10.5.2 节）。

2. 绘制流程图

程序设计的任务是制定微机化测控系统程序的纲要，而微机化测控系统的程序将执行系统定义所规定的任务。程序设计的通常方法是绘制流程图。这种方法以非常直观的方式对任务作出描述，因此，很容易从流程图转变为程序。

在设计中，可以把测控系统整个软件分解为若干部分。这些软件部分各自代表了不同的分立操作，把这些不同的分立操作用方框表示，并按一定顺序用连线连接起来，表示它们的操作顺序。这种互相联系的表示图，称为功能流程图。

功能流程图中的模块，只表示所要完成的功能或操作，并不表示具体的程序。在实际工作中，设计者总是先画出一张非常简单的流程图，然后随着对系统各细节认识的加深，逐步对流程图进行补充和修改，使其逐渐趋于完善。

程序流程图是功能流程图的扩充和具体化。例如，功能流程图中所列的"初始化"模块，如果写成程序流程图，就应写明清除哪些累加器、寄存器和内存单元等。程序流程图所列举的说明，都针对微机化测控系统的机器结构，很接近机器指令的语句格式。因此，有了程序流程图，就可以比较方便地写出程序。在大多数情况下，程序流程图的一行说明，只用一条汇编指令并不能完成，往往需要一条以上的指令。

3. 编写程序

编写程序可用机器语言、汇编语言或各种高级语言。究竟采用何种语言则由程序长度、测控系统的实时性要求及所具备的研制工具而定。在复杂的系统软件中，一般采用高级语言。

对于规模不大的应用软件，大多用汇编语言来编写，因为从减少存储容量、降低器件成本和节省机器时间的观点来看，这样做比较合适。程序编制后，再通过具有汇编能力的计算机或开发装置生成目标程序，经模拟实验通过后，可直接写入 EPROM 中。

在程序设计过程中还必须进行优化工作，即仔细推敲、合理安排，利用各种程序设计技巧使编出的程序所占内存空间较小，而执行时间又短。

目前已广泛使用微机开发装置来研制应用软件。利用开发装置丰富的硬件和软件系统来编程和调试，可大大减轻设计人员的工作强度，并帮助设计者积累研制各种软件的经验，这不仅可缩短研制周期，而且有助于提高应用软件的质量。

4. 查错和调试

查错和调试是微机化测控系统软件设计中很关键的一步。软件查错和调试的目的是在软件引入测控系统之前，找出并改正逻辑错误或与硬件有关的程序错误。由于微机化测控系统的软件通常都存放在 ROM 中，所以程序在注入 ROM 之前必须彻底进行测试。

5. 文件编制

文件编制是以对用户和维护人员最为合适的形式来描述程序。适当的文件编制也是软件设计的重要内容。它不仅有助于设计者进行查错和测试，而且对程序的使用和扩充也是必不可少的。文件如果编得不好，不能说明问题，程序就难以维护、使用和扩充。

一个完整的应用软件，一般应涉及下列内容：

（1）总流程图；

（2）程序的功能说明；

（3）所有参量的定义清单；

（4）存储器的分配图；

（5）完整的程序清单和注释；

（6）测试计划和测试结果说明。

实际上，文件编制工作贯穿着软件研制的全过程。各个阶段都应注意收集和整理有关的资料，最后的编制工作只是把各个阶段的文件连贯起来，并加以完善而已。

6. 维护和再设计

软件的维护和再设计是指软件的修复、改进和扩充。当软件投入现场运行时，一方面可能会发生各种现场问题，因而必须利用特殊的诊断方式和其他维护手段，像维护硬件那样修复各种故障；另一方面，用户往往会由于环境或技术业务的变化，提出比原计划更多的要求，因而需要对原来的应用软件进行改进或扩充，并注入新的 EPROM，以适应情况变化的需要。

因此，一个好的应用软件，不仅要能够执行规定的任务，而且在开始设计时，就应该考虑到便于维护和再设计，使它具有足够的灵活性、可扩充性和可移植性。

10.5.2　软件设计的依据——系统定义

系统定义（或说明）是软件设计的依据，应包括下列各项内容。

1. 输入/输出说明

每种 I/O 设备都有自己特定的操作方式和编码结构。详细说明这些特点，对于程序设计是非常必要的。I/O 设备要考虑的另一个因素是微处理器和外部设备之间的时间关系。外部设备、传感器和控制装置的操作速度，不仅在选择微处理器时，而且在软件设计中都是十分重要的问题。对于那些传输速度比微处理器运行速度低得多的外部设备来说，一般不会存在太大的问题，但如果所采用的外部设备比较复杂，操作速度又比较快（如 CRT 显示器等），就必须着重考虑如何使外部设备的数据传输速度与微处理器的运行速度相匹配。

对于具有多个外部设备的微机化测控系统，必须保证它们的中断服务请求得到及时的响应，而不致丢失数据。设计者应根据各个外部设备的操作速度及重要性，确定这些外部设备的中断优先等级，并精确计算它们可能等待的时间及微处理器分时处理这些中断的能力。必要时，还必须适当调整硬件结构，以提高中断响应速度。

为了满足上述要求，在系统定义时，必须对每个输入提出下列问题：

（1）输入字节是何种信息，是数据字还是状态字？

（2）输入何时准备好，CPU 如何知道输入已准备好？是采用中断请求方式，还是采用程序查询方式，或是采用 DMA 传送方式？

（3）该输入是否有自己的时钟信号，是否需要 CPU 提供软件定时？

（4）输入信号是否被接口锁存？如果不锁存，该信号能保持多长时间供 CPU 读取？

（5）输入信号多长时间变化一次？CPU 如何知道这种变化，并及时响应？

（6）输入数据是否是一个数据序列（数据块），是否需要校验？如果校验出错误，应该如何处理？

（7）该输入是否同其他输入或输出有关系？如果有关系，应根据什么条件或算式产生相应的反应？

对每个输出，也应提出类似的问题。

2. 系统存储器说明

存储器是存放系统程序和数据的器件[9]，软件设计者必须考虑下列问题。

（1）是否采取存储器掉电保护技术？

（2）如何管理存储器资源，对其工作区域如何划分？

（3）采用何种软件结构能只改换一片或两片 ROM 即可改变系统软件的功能？

对上述问题的考虑和规划，就构成了系统存储器的说明。

3. 处理阶段的说明

从读入数据到送出结果的阶段称为处理阶段。根据微机化测控系统的功能不同，这个阶段的任务也不同；但总体来说，这个阶段需要涉及精确的算术逻辑运算和监督控制功能。

微机化测控系统的算术逻辑运算一般是通过微处理器的指令系统来实现的。设计者必须细心地考虑系统中算术逻辑运算的比重、运算的基本算法、结果精确程度、处理时间的限制等问题。根据这些情况，就可确定是否建立相应的功能程序块。

除一般的算术逻辑运算操作外，微处理器还必须完成某些监督或控制功能。这些功能应包括：

（1）操作装置的管理，主要指外部设备的操作管理，如设置外部设备的初始状态，判定它们的工作状态，并作出相应的反应等。

（2）系统管理，指对系统资源，包括存储器、微处理器、总线和 I/O 设备的控制调度。

（3）程序和作业控制，指 CPU 管理程序作业流程和实现程序监督与控制的能力。

（4）数据管理，指数据结构和文件格式的形成与组织。

上述这些功能是微机化测控系统的基本控制功能。不同的微机化测控系统对监督、控制功能的要求，各有其不同的重点，软件设计者需要根据应用的特点加以考虑。

4. 出错处理和操作因素的说明

出错处理是许多微机化测控系统功能的一个重要方面。因此，在系统定义阶段，设计者必须对出错处理提出下列主要问题。

（1）可能发生什么类型的错误，哪些错误是最经常出现的？

（2）系统如何才能以最低限度的时间和数据损失来排除错误？对错误处理的结果以何种形式记录在案或显示？

（3）哪些错误或故障会引起相同的不正常现象？如何区分这些错误或故障？

（4）为了方便查到故障源，是否需要研制专用的测试程序或诊断程序。

此外，由于许多微机化测控系统涉及人和机器的相互作用，因此，在软件设计过程中，还必须考虑到人的因素。例如，采用何种输入过程最适合操作人员的习惯；操作步骤是否简单易懂；当操作出错时，如何提醒操作人员；显示方式是否使操作人员容易阅读和理解等。

系统定义为构成一个微机化测控系统建立了系统的概念，并明确了任务和要求。系统定义的基础是对系统的全面了解和正确的工程判断。它对微机化测控系统选用何种类型和速度的微处理器，以及软件和硬件如何折中等问题提供必要的指导。

10.5.3　软件设计方法

软件设计方法，就是指导软件设计的某种规程和准则。结构化设计和模块化编程相结合是目前广泛采用的一种软件设计方法。

1. 模块化编程

"模块"就是指一个具有一定功能、相对独立的程序段，这样一个程序段可以看作一个可调用的子程序。模块化编程，就是把整个程序按照"自顶向下"的设计原则，从整体到局部再到细节，一层一层分解下去，一直分解到最下层的每一模块能容易地编码时为止。模块化编程也就是积木式编程法，这种编程方法的主要优点如下。

（1）单个模块比起一个完整的程序容易编写、查错和测试。

（2）有利于程序设计任务的划分，可以让具有不同经验的程序员承担不同功能模块的编写。

（3）模块可以共享，一个模块可被多个任务在不同的条件下调用。

（4）便于对程序进行查错和修改。

从上述说明可以看出，模块程序设计的优点是很突出的。但如何划分模块，至今尚无公认的准则，大多数人是凭直觉、经验等一些特殊的方法来构成模块，下面给出的一些原则对编程将会有所帮助。

（1）模块不宜分得过大或过小。过大的模块往往缺乏一般性，且编写和连接时可能会遇到麻烦；过小的程序模块会增加工作量。通常认为 20～50 行的程序段是长度比较合适的模块。

（2）模块必须保证独立性，即一个模块内部的更改不应影响其他模块。

（3）对每一个模块作出具体定义，定义应包括解决某问题的算法，允许的输入/输出值范围以及副作用。

（4）对于一些简单的任务，不必企求模块化。因为在这种情况下，编写和修改整个程序，比起装配和修改模块可能要更加容易一些。

（5）当系统需要进行多种判定时，最好在一个模块中集中这些判定。这样在某些判定条件改变时，只需修改这个模块即可。

2. 结构化程序设计

结构化程序设计的方法给程序设计施加了一定的约束，它限制采用规定的结构类型和操作顺序。因此，能够编写出操作顺序分明、便于查错和纠正错误的程序。这些方法指出，任何程序逻辑都可用顺序、条件和循环三种基本结构来表示。

1）顺序结构

在这种结构中，微处理器按顺序先执行 P1，然后执行 P2，最后执行 P3。其中，P1、P2、P3 可以是一条指令，也可以是一段程序。

2）条件结构

当条件满足时，微处理器执行 P1，否则执行 P2。在这种结构中，P1 和 P2 都只有一个入口和一个出口。

3）循环结构

常见的循环结构有两种。第一种循环结构中，微处理器先执行循环操作 P，然后判断条件是否满足。若条件满足，程序继续循环；若条件不满足，则停止循环。第二种循环结构中，微处理器先执行条件判别语句，只有在条件满足的情况下才执行循环操作 P。在程序设计中，应注意这两种循环结构的区别，在设置循环参数初值时，尤其应加以注意。

利用上述几种基本结构，可构成任何功能的程序。结构化程序设计的优点如下。

（1）由于每个结构只有一个入口和一个出口，故程序的执行顺序易于跟踪，给程序查错和测试带来很大的方便。

（2）由于基本结构是限定的，故易于装配成模块。

（3）易于用程序框图来描述。

10.5.4　软件的测试和运行

为了验证编制出来的软件无错，需要花费大量的时间测试，有时测试工作量比编制软件本身所花费的时间还长。测试是为了发现错误而执行程序。

测试的关键是设计测试用例，常用的方法有功能测试法和程序逻辑结构测试法两种。

功能测试法并不关心程序的内部逻辑结构，而只检查软件是否符合它预定的功能要求。因此，用这种方法来设计测试用例时，是完全根据软件的功能来设计的。例如，要想用功能测试法来发现一个微机系统的软件中可能存在的全部错误，则必须设想出系统输入的一切可能情况，从而来判断软件是否都能作出正确的响应。一旦系统在现场中可能遇到的各种情况都已输入系统，且都证明系统的处理是正确的，则可认为此系统的软件无错，但事实上由于疏忽或手段不具备，无法列出系统可能面临的各种输入情况。即使能全部罗列出来，要全部测试一遍，在时间上也是不允许的，从而使用功能测试法测试过的软件仍有可能存在错误。

程序逻辑结构测试法根据程序的内部结构来设计测试用例。用这种方法发现程序中可能存在的所有错误，必须至少使程序中每种可能的路径都被执行一次。

既然"彻底测试"几乎是不可能的，就要考虑怎样来组织测试和设计测试用例以提高测试的效率。下面是一些应注意的基本原则。

（1）由编程者以外的人进行测试会获得较好的结果。

（2）测试用例应由输入信息与预期处理结果两部分组成，即在程序执行前，应清楚地知道输入什么后会有什么输出。

（3）不仅要选用合理的正常的可能情况作为测试用例，更应选用不合理的输入情况作为输入，以观察系统的输出响应。

（4）测试时除了检查系统的软件是否做了它该做的工作外，还应检查它是否做了不该做的事。

（5）长期保留测试用例，以便下次需要时再用，直到系统的软件被彻底更新为止。

经过测试的软件仍然可能隐含着错误。同时，用户的需求也经常会发生变化。实际上，用户在整个系统未正式运行前，往往不可能把所有的要求都提供出来。当投运后，用户常常会改变原来的要求或提出新的要求。此外，系统运行的环境也会发生变化，所以在运行阶段需要对软件进行维护，即继续排错、修改和扩充。

另外，软件在运行中，设计者常常会发现某些程序模块虽然能实现预期功能，但在算法上不是最优的或在运行时间、占用内存等方面还有改进的必要，因此也需要修改程序，使其更完善。

10.6 设 计 实 例

10.6.1 电冰箱温度测控系统设计

1. 直冷式电冰箱的工作原理及控制要求

直冷式电冰箱的控制原理是根据蒸发器的温度控制制冷压缩机的启、停，使冰箱内的温度保持在设定温度范围内。一般来说，当蒸发器温度为 3～5℃时启动压缩机制冷，当温度为–20～–10℃时停止制冷，关断压缩机。采用单片机控制，可以使控制更准确、灵活。

电冰箱采用单片机控制的主要功能及要求：

（1）设定 3 个测温点，测量范围为–26～+26℃，精度为±0.5℃；
（2）利用功能键分别控制温度设定、速冻设定、冷藏室及冷冻室温度设定等；
（3）利用数码管显示冷冻室、冷藏室温度，压缩机启、停和速冻、报警状态；
（4）制冷压缩机停机后自动延时 3min 后方能再启动；
（5）电冰箱具有自动除霜功能，当霜厚达 3mm 时自动除霜；
（6）开门延时超过 2min 发声报警；
（7）连续速冻时间设定范围为 1～8h；
（8）工作电压为 180～240V，当欠压或过压时，禁止启动压缩机并用指示灯显示。

2. 电冰箱测控系统硬件电路设计

1）主机电路

主机电路采用 8031 单片机，扩展一片 2732 EPROM 程序存储器和一片 A/D 转换芯片 ADC0809，构成基本系统，另外，功能键和 LED 显示由串行口扩展几片 74LS164 实现。还有一些附加电路，如除霜电路、电压检测和开门报警电路等。冰箱控制原理框图及单片机控制电路图分别如图 10-6-1 和图 10-6-2 所示。

2）A/D 转换电路及功能

A/D 转换电路采用逐次逼近式 8 位 ADC0809 芯片。ADC0809 共有 8 路模拟输入通道，本系统只用了其中 4 个通道 IN0～IN3。其中，IN0 作为冷冻室温度检测通道，IN1 作为冷藏室温度检测通道，IN2 作为除霜检测通道，IN3 作为电源电压检测通道。

ADC0809 与单片机接口电路见主电路图 10-6-2，图中 ADC0809 的 A、B、C 三端通过地址锁存器接于 P0 口的 P0.0～P0.2，该三端控制模拟通道号的选择。P1.6 与 $\overline{WR}$、$\overline{RD}$ 端经与非门接于 ADC0809 的 ALE、START、$\overline{OE}$ 端，控制 ADC0809 的启动、读、写。ADC0809 的 EOC 端悬空，转换后利用软件延时一段时间再读结果，不用中断方式。

3）功能键及显示电路

功能键及 LED 显示电路见主电路图 10-6-2，采用 6 个功能键控制冷冻室、冷藏室及速冻温度设定，4 位 LED 数码管负责显示冷冻室、冷藏室温度及压缩机启、停和报警等状态。

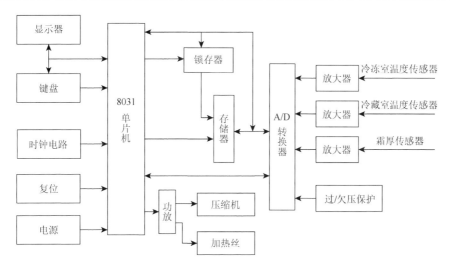

图 10-6-1 冰箱控制原理框图

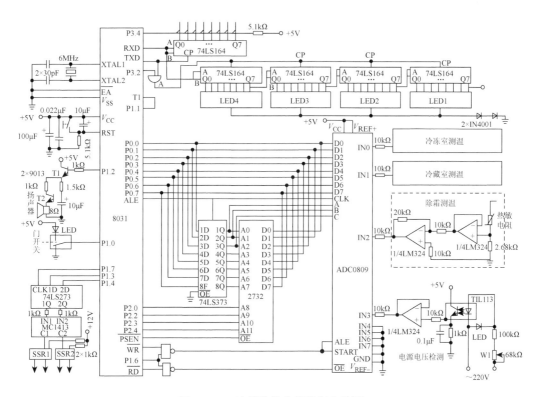

图 10-6-2 冰箱的单片机控制电路图

显示和键盘输入均通过 8031 的串行口。显示输出通道和键盘输入通道的选择由端口线 P3.2 和与门 A 完成。当 P3.2 为 "1" 时，8031 的 TXD 端输出同步脉冲通过与门 A 发送到显示移位寄存器 74LS164 的移位脉冲输入端，这样 8031 欲显示的数据，由 RXD 端输出，移位读入显示器通道。当 P3.2 为 "0" 时，8031 的 RXD 的数据仅能被移位读入键盘扫描用的移位寄存器中。由于显示通道采用 LED 数码管，并用 74LS164 作为驱动器，所以简化了线路，线路结构简单，显示字位扩充方便，驱动程序易于设计。键盘工作原理也很简单，8031 通过 RXD 向键盘扫描移位寄存器 74LS164 逐位发送数据"0"，每次发送后即从 P3.4 端读入键盘信号，若读得"0"，表示有键按下，则转入处理键功能程序。

4）除霜电路

除霜电路如图 10-6-3 所示。图中 R_t 为温度传感器，选用 MF53-1 型热敏电阻，具有负温度系数，灵敏度较高。其阻值和温度的关系为

$$R_t = \frac{286}{26.8 + t} - 2.68 (\text{k}\Omega)$$

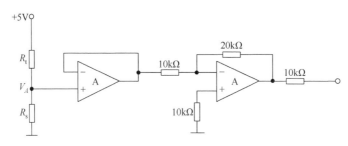

图 10-6-3　除霜电路

A 点电压与温度的关系为

$$V_A = \frac{2.68 \times 5}{R_t + 2.68} = 1.26 + 0.047t$$

把热敏电阻安装在距蒸发器 3mm 的某个合适的位置上，当霜厚大于 3mm 时，热敏电阻接触到霜而温度变低，其电阻值 R 变大，A 点电压降低，反放大器输出电压升高，经 A/D 转换后送入 CPU，经单片机分析、判断后，给出除霜命令。

5）制冷压缩机和除霜电热丝启、停控制电路

图 10-6-4 是压缩机和加热丝控制电路。8031 单片机控制信号经 P1.3 和 P1.4 端口输出，并在 P1.7 的控制下锁存在 74LS273 中，74LS273 的输出再经达林顿驱动器 MC1413 后驱动固态继电器 SSR1 和 SSR2。当 MC1413 的 16 端有高电平输出时，SSR1 的 3、4 端接通，使加热丝接通电源而除霜。当 MC1413 的 15 端输出高电平时，SSR2 的 3、4 端接通，使压缩机绕组接通电源而启动，开始制冷。74LS273 锁存控制信号，一方面增加输出功率，另一方面也防止单片机复位时引起控制的误动作。采用固态继电器作为压缩机和除霜电热丝的开关，属于无触点开关，内部是大功率的晶闸管电路，不产生火花，无电磁干扰并使高压与单片机系统隔离。

3. 电冰箱测控系统软件设计

电冰箱控制程序主要有三大部分：主程序、定时器 T0 中断服务程序和定时器 T1 中断服务程序。

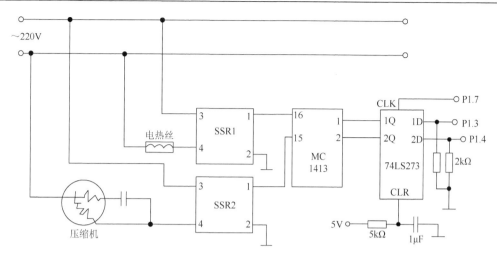

图 10-6-4　压缩机和加热丝控制电路

1）主程序

主程序是整个电冰箱的总控制程序，如控制各单元初始化、控制中断、定时、显示、键盘程序的启动与重复等。

2）T0 中断服务程序

T0 中断服务程序主要完成电源欠压、过压处理，开门状态检查及处理等。

3）T1 中断服务程序

T1 工作于计数方式，通过计数达到延时 3min 的目的。T1 的中断服务程序主要完成 3min 定时及温度、除霜、速冻等各种检测，根据检测结果，比较、分析以控制执行元件工作。

10.6.2　防盗报警系统设计

单片机防盗报警系统主要用于宾馆、仓库、居民楼等场所，它能对监测点进行自动检测，一旦出现盗情，能立即报警，并指示出被盗地点。该防盗报警系统具有结构简单、可靠性高、成本低等特点。若改用其他传感器，则该系统还可用于火灾报警、煤气泄漏报警等。

由于该系统主要用于多点集中检测报警，故应能对受监测点进行巡回检测。为防止误报警，当检测到某点有盗情时，该系统应延时 3s 后再检测一次，若确有情况方可报警，并用数字指示出被盗点。该系统的传感器可选用接触式、断开式等开关量传感器。系统终端部分选用音响报警电路及数码显示电路。

1. 硬件设计

硬件电路如图 10-6-5 所示，主机选用 8031 单片机，扩充一片 2716 作为程序存储器，地址锁存器选用 74LS373，4 线/7 线译码器选用 74LS48，数码显示部分选用 BS212 共阴数码管，报警电路可选用一片 KD9561 及放大器、扬声器来构成，多点检测电路选用 8243

并行 I/O 口。由于 8243 每片有 4 个口，每个口有 4 个点，故每片 8243 可监测 16 个房间，图 10-6-5 用了 2 片 8243，若需要，还可以增加 8243 的数量。

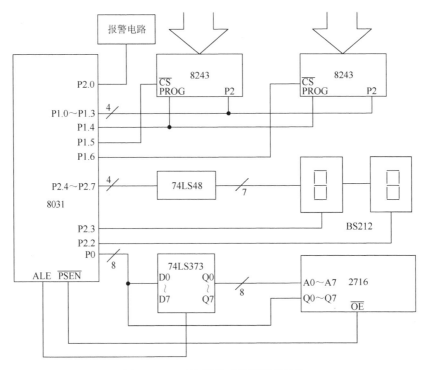

图 10-6-5　防盗报警系统的硬件结构

2. 软件设计

1) 主程序

主程序主要用来进行初始化，设置 8243 的口地址及控制字，并对检测结果进行核对、控制。

编程如下：

```
START:   MOV      P1,#0F0H     ;关闭 8243
         MOV      R3,#0D0H     ;读第一片 8243 P4 口的控错字暂存 R3
         MOV      20H,#02H     ;计 8243 的片数
M1:      MOV      A,R3         ;控制字送 A
         MOV      R1,A         ;暂存 R1 中
         ACALL    READ         ;调用读数子程序
         JZ       N1           ;无盗警转 N1
         ACALL    M2           ;调用核对子程序
N1:      MOV      A,R1         ;指向 P5 口
         INC      A
```

```
           MOV      R1,A
           ACALL    READ          ;调用读数子程序
           JZ       N2            ;无盗警转 N2
           ACALL    M2            ;调用核对子程序
    N2:    MOV      A,R1          :指向 P6 口
           INC      A
           MOV      R1,A
           ACALL    READ          ;调用读数子程序
           JZ       N3            ;无盗警转 N3
           ACALL    M2            ;调用核对子程序
    N3:    MOV      A,R1          ;指向 P7 口
           INC      A
           MOV      R1,A
           ACALL    READ          ;调用读数子程序
           JZ       N4
           ACALL    M2            ;调用核对子程序
    N4:    MOV      R3.#0B0H      ;读第二片 8243 P4 口的控制字暂存 R3
           MOV      A 20H         ;两片 8243 都读完否
           DEC      A
           JNZ      M1            ;没读完再读
           STMP     START         ;读完了循环检测
```

2) 读数子程序

读数子程序主要用来读入 8243 输入口的信息，并检查是否有报警信号。

根据流程图编程如下：

```
READ:      MOV      P1,A          ;送控制字到 P1 口
           CLR      P1.4          ;使 PROG 由高变低,送控制字至 8243
           ORL      P1,#0FH       ;单片机 P1 口的低 4 位置成输入态
           MOV      A,P1          ;把 8243 口上的数读入 A 累加器
           SETB     P1.4          ;使 PROG 由低变高,结束读过程
           ANL      A,#0FH        ;清高 4 位,保留低 4 位数据
           RET                    ;子程序返回
```

3) 核对子程序

核对子程序主要用于核对盗警的真实性，以防止发生误报，故在核对子程序中先延时 3s，然后读入相同口的信号，比较后判断是否报警。

编程如下：

```
M2:        MOV      R0,A          ;第一次读入数据存 R0
           LACLL,DELAD1           ;延时 3s
```

```
        MOV     A,R1            ;送相同口控制字
        ACALL   READ            ;重读
        XRL     A,R0            ;比较
        JNZ     M22             ;有警否
        ACALL   TLTC            ;有警,调用查找报警点子程序
  M22:  RET                     ;无警返回
```

4）查找报警点子程序

查找报警点子程序要完成三项任务：第一项任务是判断当前读的是 8243 四个口中的哪一个；第二项任务是判断这个口所在的片；第三项任务是判断这个口有哪几个点不为 0。定义为 PX.0～PX.4（X＝4～7）。编程如下：

```
TLTC:   MOV     A,R1            ;送有警口控制字到 A
        ANL     A,#0FH          ;屏蔽高 4 位
        MOV     R7,A
        JNZ     L1
        MOV     R2,#00H         ;是 P4 口,00H 送 R2
L1:     MOV     A,R7
        XRL     A,#01H
        JNZ     L2
        MOV     R2,#04H         ;是 P5 口,04H 送 R2
L2:     MOV     A,R7
        XRL     A,#02H
        JNZ     L3
        MOV     R2,#08H         ;是 P6 口,08H 送 R2
L3:     MOV     A,R7
        XRL     A,#03H
        JNZ     LL3
        MOV     R2,#12H         ;是 P7 口,12H 送 R2
LL3:    MOV     A,R1            ;再送有警口控制字到 A
        XRL     A,#0F0H         ;查找是哪片 8243 有警
        RLC     A
        JC      L4
        MOV     R3,#16H         ;是第二片,16H 送 R3
L4:     RLC     A
        JC      L5
        MOV     R3,#00H         ;是第一片,00H 送 R3
L5:     MOV     A,R0            ;核对过的数据送 A
        RRC     A               ;循环右移
        MOV     R0,A
```

```
          JNC      L5            ;查找是哪个点为 1(有警)
          MOV      R4,#01H       ;是 PX.0,01H 送 R4
          LCALL    DIS           ;调用显示子程序
L6:       MOV      A,R0          ;继续寻找
          RRC      A
          MOV      R0,A
          JNC      L7
          MOV      R4,#02H       ;是 PX.1,02H 送 R4
          LCALL    DIS           ;调用显示子程序
L7:       MOV      A,R0          ;继续寻找
          RRC      A
          MOV      R0,A
          JNC      L8
          MOV      R4,#03H       ;是 PX.2,03H 送 R4
          LCALL    DIS           ;调用显示子程序
L8:       MOV      A,R0          ;继续查找
          RRC      A
          JNC      L9
          MOV      R4,#04H       ;是 PX.3,04H 送 R4
          LCALL    DIS           ;调用显示子程序
L9:       RET                    ;子程序返回
```

5）显示及报警子程序

编程如下：

```
DIS:      MOV      A,R2          ;(R2)加(R3)加(R4)
          ADD      A,R3          ;即得报警点地址
          DA       A
          ADD      A,R4
          DA       A
          MOV      R4,A          ;把相加结果存入 R4 中
          MOV      21H,#00H      ;置循环显示初值
HDISP:    MOV      A,R4
          ANL      A,#0F0H
          ORL      A,#07H        ;选通高位数码管
          MOV      P2,A          ;送显高位
          ACALL    DELAD2        ;延时
          MOV      A,R4
          ANL      A,#0FH
          SWAP     A
```

```
        ORL     A,#0BH          ;选通低位数码管
        MOV     P2,A            ;送显低位
        ACALL   DELAD2          ;延时
        INC     21H
        MOV     A,#0FFH
        XRL     A,21H
        JZ      B1              ;循环显示完否
        SJMP    HDISP           ;未完继续
  B1:   RET                     ;显示完,返回
```

6）延时子程序

```
DELAD1:  MOV     R5,#04H           ;延时子程序1
DELAD2:  MOV     R6,#0F0H
DELAD3:  MOV     R7,#0F7H
DELAD4:  NOP
         NOP
         DJNZ    R7,DELAD4
         DJNZ    R6,DELAD3
         DJNZ    R5,DELAD2
         RET
DELAD5:  MOV     R5,#02H           ;延时子程序2
DELAD6:  MOV     R6,#0FFH
         DJNZ    R6,$
         DJNZ    R5,DELAD6
```

参 考 文 献

[1]　孙守昌，韩红芳. 测控系统的微机化监控程序设计[J]. 单片机与嵌入式系统应用，2008，8（1）：66-69.

[2]　赵望达. 微机测控系统抗干扰方法探讨[J]. 微型机与应用，1994，13（4）：7-9.

[3]　瞿军，阳初春. 加注设备微机测控系统设计[J]. 计算机自动测量与控制，1995，3（4）：16-18.

[4]　张峰，翟季冬，陈政，等. 面向异构融合处理器的性能分析、优化及应用综述[J]. 软件学报，2020，31（8）：2603-2624.

[5]　简析8位微处理器的未来之路[N]. 电子报，2012-07-08（10）.

[6]　许庆贤. 32位微处理器的性能、应用和未来（上）[J]. 微电子学与计算机，1987，4（3）：30-35.

[7]　曾维达. 第四讲 中央处理器的指令系统与寻址方式[J]. 气象，1985，11（5）：33-37.

[8]　闫改，郭晓光. 基于DSP的PCI总线高速DMA数据传输[J]. 无线电工程，2013，43（8）：19-21，32.

[9]　范新弼，黄玉珩. 电子计算机的记忆系统存储器[J]. 电信科学，1957（5）：16-25.

第 11 章　智能车路协同系统设计与实现

11.1　概　　述

近年来，随着我国城市化、机动化进程加速，许多大城市机动车拥有量以高于 10% 的速度增加。这不仅促进了交通需求的大幅增加，也使我国城市的道路负荷日益加重，同时伴随而来的交通安全问题也成为一个不容忽视的重大问题[1]。

据统计，我国百万人口以上城市有 80% 的路段和 90% 的路口通行能力已接近极限。高峰期机动车的平均时速由 2000 年的 30km 已降到目前的 21.1km，乘车环境严重恶化。交通拥堵将导致交通延误、车速降低、时间损失、燃料费用增加、排污量增加，城市环境恶化，诱发交通事故，影响人们的工作效率和身体健康。

另外，我国每年因交通事故造成近 6 万人死亡，20 多万人受伤，直接经济损失数以十亿计。相关研究表明，超过 95% 的道路交通事故是驾驶者犯错引起的，如果可以提前 1s 预警，90% 的交通事故可以避免，如果提前 0.5s 预警，50% 的交通事故可以避免。

目前，国内外通用的"诱导型"疏堵措施一般强调"绕开拥堵路段"，传统的智能交通系统在一定程度上缓解了城市交通问题[2]，但其产生的效果随着机动车保有量的急剧增加而被逐步抵消。针对交通安全问题主要使用改造事故黑点等单一手段来解决[3]。

11.2　系统总体设计

1. 功能

智能车路协同系统采用新一代专用短程通信和互联网技术，基于车车、车路通信实现信息交互和共享，将人、车、路有机协同，从而提高交通安全水平，提升道路通行效率，降低能源消耗，也是继安全带、安全气囊之后的新一代安全技术，在保障道路交通安全方面将发挥巨大作用[4]。

2. 系统构成

智能车路协同系统[5]如图 11-2-1 所示，由智能车载单元（on board unit，OBU）、智能路侧单元（road side unit，RSU）、高精度差分定位基站、交通环境检测传感器、车路协同运行监测系统等五部分组成。

智能车载单元安装于每辆车中，属于后装式设备，由车载控制单元、高精定位模块、专用短程通信（dedicated short range communication，DSRC）模块和人机交互界面组成。车载控制单元内嵌 V2X 协议栈开发框架，接收高精定位模块提供的定位数据，进行消息构建与车道识别，通过 DSRC 模块发送或者接收 V2X 通信数据，并通过人机交互界面展示车辆信息、预警信息和道路信息。

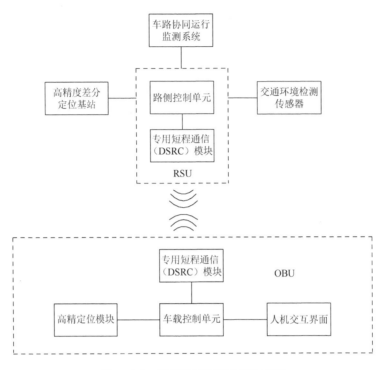

图 11-2-1　智能车路协同系统构成图

　　智能路侧单元安装于道路旁边，由路侧控制单元和 DSRC 模块构成。路侧控制单元内嵌 V2X 协议栈开发框架[6]，通过 DSRC 模块发送/接收 V2X 通信数据。

　　高精度差分定位基站安装在道路旁边，通过卫星导航天线接收卫星数据，并通过路侧单元将差分定位数据传送至车载高精定位模块，使得高精定位模块能实时结算获取的差分位置与航向信息。

　　交通环境检测传感器安装在道路旁边，根据不同的道路环境配置不同的传感器，包括微波检测器、雨雾传感器、能见度传感器和视频检测器等。

　　车路协同运行监测系统使用高精地图，全面实时监控各车辆的运行状态，也能以目标车辆单独监控，并获取其位置、方向、速度等信息。同时能与路侧单元实时交互，向路侧设备发送时间、位置和事件等信息。

11.3　智能车载终端

1. 智能车载终端硬件架构

智能车载终端硬件架构如图 11-3-1 所示，主控制板采用天嵌 E9 开发板，主芯片使用飞思卡尔的 i.MX 系列，基于 ARM Cortex^{TM}-A9 架构的高扩展性四核处理器提供运行速度达到 1.2GHz 的四个 ARM Cortex^{TM}-A9 的内核。

对外提供了一个 UART 接口、两个 USB 接口、一个 RJ45 接口进行通信，核心板上通过 50PIN 插针提供了两个 TTL 电平的 UART 接口，底板上对其中一个接口进行了电平转换，可以提供 RS-232 接口与 GPS 模块进行通信，另外一个 UART 接口可以用于和惯性测量装置（inertial measurement unit，IMU）进行通信；底板 USB 接口通过连接 USB 转 WiFi 模块，实现 WiFi 通信；底板 RJ45 接口通过网线连接 DSRC 网卡，实现 DSRC。

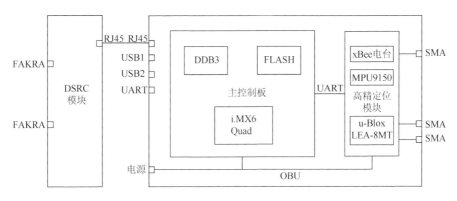

图 11-3-1　智能车载终端硬件架构

2. 智能车载终端软件架构

车载系统软件架构如图 11-3-2 所示，基于 Linux 系统，采用 C 语言进行开发，内置消息协议栈动态库、消息中间件模块、空口收/发模块、DSRC 模块、基础服务与第三方应用。

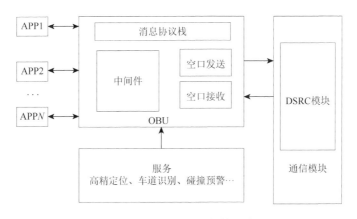

图 11-3-2　车载系统软件架构

其中，消息协议栈动态库中定义了现有场景应用所需的消息集合及其实现。消息中间件模块定义了应用动态注册与管理机制、消息分发机制，可实现对协议栈中各模块与应用的实时管理与消息中转。空口收/发模块实现对车载系统应用数据的收发,并将数据发送至 DSRC 模块。DSRC 模块封装了底层 DSRC 接口,通过定义消息收发接口与空口收/发模块进行数据交互,实现 DSRC 方式传输车载数据。基础服务定义了各场景应用所必需的或核心的场景应用,主要包括高精定位服务、车道识别服务、碰撞预警(车车)服务。第三方应用即基于 V2X 环境开发的各场景应用,开发者仅需要按照协议栈提供的开发环境进行开发,即可屏蔽所有与场景业务无关的操作,使开发的场景应用快速运行于本软件系统。

3. 智能车载终端工作原理

智能车载终端通过 RS-232[7]与 GPS 定位模块、惯性导航单元连接,获得高精定位数据与实时车辆姿态信息。同时,通过 RJ45 网口连接 DSRC 网卡,向周边车辆广播车辆信息与预警信息,同时接收周边车辆与路侧单元广播的信息进行业务处理。最终,车载终端通过 USB 转 WiFi 网卡与平板电脑连接,实现实时车辆信息、道路信息与预警信息展示,同时驾驶人员可通过人机交互(human-machine interaction,HMI)界面向车载终端发送控制指令。

4. 智能车载终端样机外观

智能车载终端硬件实现实物图如图 11-3-3 所示。

图 11-3-3　智能车载终端硬件实现实物图

11.4　智能路侧终端

1. 智能路侧终端硬件架构

智能路侧终端硬件架构如图 11-4-1 所示,主控制板采用 i.MX6 Quad 开发板,主芯片使用飞思卡尔的 i.MX 系列,基于 ARM Cortex™-A9 架构的高扩展性四核处理器提供运行速度达到 1.2GHz 的四个 ARM Cortex™-A9 的内核。

路侧终端对外提供了四个 UART 接口、一个 USB 接口、一个 RJ45 接口进行通信，核心板上通过 50PIN 插针提供了四个 TTL 电平的 UART 接口，底板上对其中一个接口进行了电平转换，可以提供 RS-232 接口与 GPS 模块进行通信，另外两个 UART 接口可以用于和信号灯、微波检测器进行通信；底板 RJ45 接口通过网线连接 DSRC 网卡，实现 DSRC。

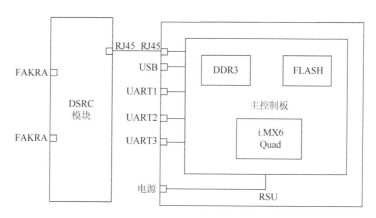

图 11-4-1　智能路侧终端硬件架构

2. 智能路侧终端软件架构

路侧系统软件与车载系统软件类似，同样基于 Linux 系统，采用 C 语言进行开发。该系统软件架构如图 11-4-2 所示，内置消息协议栈动态库、消息中间件模块、空口收/发模块、站点收/发模块、DSRC 模块、基础服务与第三方应用。

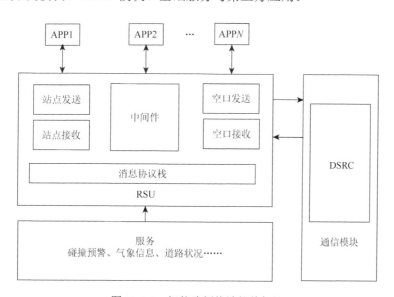

图 11-4-2　智能路侧终端软件架构

与车载系统软件的区别在于，路侧系统软件框架中包含站点收/发模块，该模块实现路侧基站与中心系统的交互：一方面记录、收集覆盖区域的异常事件，然后向中心系统上报，为管理人员作出决策提供数据支持；另一方面，接收中心系统向指定路侧基站下发控制命令，并解析执行。同时，路侧系统软件中的基础服务与车载系统软件也有所不同，主要包括碰撞预警（车路）服务、气象信息预警服务、道路状况预警服务。另外，路侧系统软件中的第三方应用与车载系统软件中的也有所不同，主要处理基于路侧信息类型的业务场景。

3. 智能路侧终端工作原理

智能路侧终端通过 RS-232 与 GPS 定位基站、惯性导航单元连接，获得高精定位辅助数据。同时，通过 RJ45 网口连接 DSRC 网卡，接收周边车辆运动状态信息与车辆请求信息，并通过内置算法处理采集数据进行业务处理。最终，路侧设备向周边车辆广播辅助定位数据与业务处理的预警信息；同时与后台交互，执行后台控制中心指令，并上报危险事件信息。

4. 智能路侧终端样机外观

智能路侧单元实现实物图如图 11-4-3 所示。

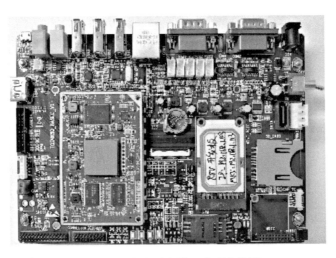

图 11-4-3　智能路侧单元实现实物图

11.5　高精定位基站

1. 高精定位基站硬件架构

高精定位基站硬件架构如图 11-5-1 所示，处理器使用君正 XBurst CPU M150，单核速率可以达到 1.0GHz，内置 128MB LPDDR 内存。射频单元主要由 MCX 天线接口和 u-Blox 模块组成。MCX 接口为标准接口，u-Blox 模块选用了 u-Blox 公司的 NEO-M8T，可以并发接收 GPS/QZSS（quasi-zenith satellite system，准天顶导航卫星系统）、GLONASS

（global navigation satellite system，全球导航卫星系统）、北斗多通道卫星信号。NEO-M8T
精密授时模块能够产生精确度小于 20ns 的精密参考时钟。其接收器具有高灵敏度的特点，
即使在视野受限的建筑物内，也能够快速启动。该精密参考时钟是从 GPS、GLONASS
和北斗等 multi-GNSS 中取得的。九轴传感器使用 InvenSense 公司的 MPU9150，单芯片
内集成了加速度计、陀螺仪和磁力计，并且内置数字运动处理器（digital motion processor，
DMP）用于姿态融合[8]。

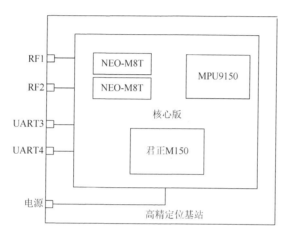

图 11-5-1　高精定位基站硬件架构

高精定位基站对外提供了两个 UART 接口进行通信，核心板上通过 20 PIN 插针提供
了两个 TTL 电平的 UART 接口，底板上对其中一个接口进行了电平转换，可以提供 RS-232
接口，另外一个 UART 接口可以用于和电台进行通信。

2. 高精定位基站软件架构

该软件主要划分为以下几个模块，如图 11-5-2 所示。其中数据输入与解析、单点
定位算法、相对定位算法以及数据输出四个模块分别对应数据处理的四个基本步骤。
配置输入与初始化模块负责对不同的接收机配置、输入条件（包括定位模式）等进行
初始化。通用函数模块包含解算过程中所需的矩阵运算函数、通用模型定义、坐标时
间转换函数等。

程序流程控制模块控制程序的主要执行流程，是整个软件的主要入口，负责根据初
始化的配置进行模块选择及调用。

3. 高精定位基站工作原理

定位终端通过两个天线接口收到 GPS/QZSS、GLONASS、北斗多通道卫星信号，并
通过两个 u-Blox 模块转成基带信号，通过串口送给 CPU 进行解算，同时 CPU 还通过 I2C
接口访问九轴传感器 MPU9150，获取加速度、磁力计和陀螺仪数据，以提高解算的可靠
性，最终 CPU 通过串口将解算后的定位结果输出。

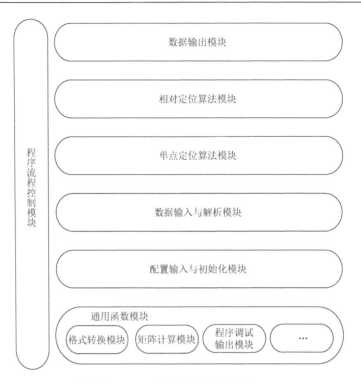

图 11-5-2　软件划分模块示意图

4. 高精定位基站样机外观

高精定位基站样机外观如图 11-5-3 所示。

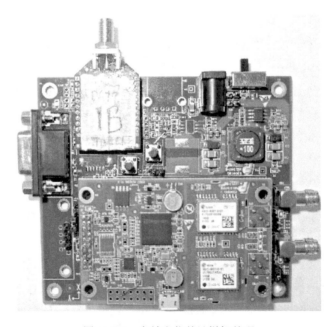

图 11-5-3　高精定位基站样机外观

11.6　交通环境检测传感器

本车路协同系统中采用微波交通流检测器,安装于路侧设备杆件上,将检测到的车流信息通过串口传送至路侧单元,路侧单元通过对该数据的结算,广播预警消息至相应装有车载单元的车辆上,微波交通流检测器实物图如图 11-6-1 所示。

11.7　车路协同运行监测系统

车路协同运行监测系统采用 Visual Studio 2010 开发,利用 C#开发语言搭建基于 ArcEngine 的地理信息科学（geographic information science,GIS）开发环境和 TCP 传输通信协议。软件架构为数据接收、处理机制以及触发代理绘图。通过 TCP 接收各类型消息,对各项消息进行分类处理,并触发相应代理进行操作。

图 11-6-1　微波交通流检测器实物图

11.8　试验场景测试与分析

该车路协同系统搭建于重庆金凤封闭试验场内,将路侧单元和微波检测器安装于路边的立杆上。微波检测器每隔 20ms 对左下侧车道进行扫描,将通过车辆的扫描数据传送至路侧单元设备;路侧单元安装实物图如图 11-8-1 所示。

考虑到车载单元不对原车结构产生影响、不对驾驶人操作产生影响、不占用车内大量空间,以及不影响 GPS 和 DSRC 接收信号,设计了车载单元在试验车辆上的布置方案,如图 11-8-2 所示。

结合交通参与者、政府管理部门及道路运营企业的各种需求,根据 DSRC 方式的特点及优势,实现 12 个典型应用场景分别为交叉口碰撞预警、视线受阻路段安全提示、逆向行驶提醒与告警、高速路段慢速/静止车辆提醒、信号灯优先请求与控制、局部极端天气/气象状况提醒和道路施工提醒等。以下是三个典型案例测试结果。

1. 无信号灯交叉口车辆碰撞预警

车辆在过无信号灯交叉口且视线有遮挡的情况下,与垂直于其行驶方向的来车碰撞风险较高,利用 V2X 通信技术可有效地预防碰撞的发生。该演示场景示意图和算法流程图分别如图 11-8-3 和图 11-8-4 所示。

图 11-8-1　路侧单元安装实物图

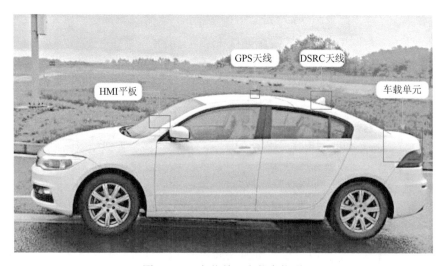

图 11-8-2　车载单元安装实物图

图 11-8-3　无信号灯演示场景示意图

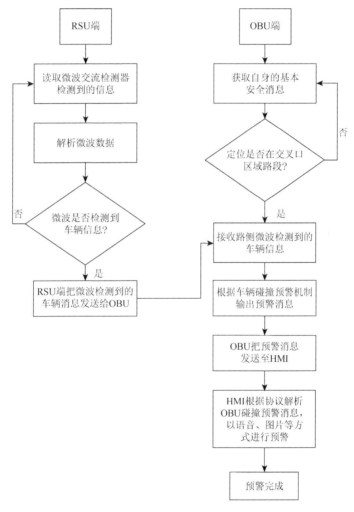

图 11-8-4　无信号灯算法流程图

2. 局部极端天气/气象状况提醒

在低能见度气象条件下，常因驾驶人视距变短对前方路况或前方车辆估计有误，容易发生追尾事故，甚至因车速过快造成连环追尾。利用 V2X 通信技术可获取视距外的道路情况。该演示场景示意图和算法流程图分别如图 11-8-5 和图 11-8-6 所示。

图 11-8-5　局部极端天气/气象状况演示场景示意图

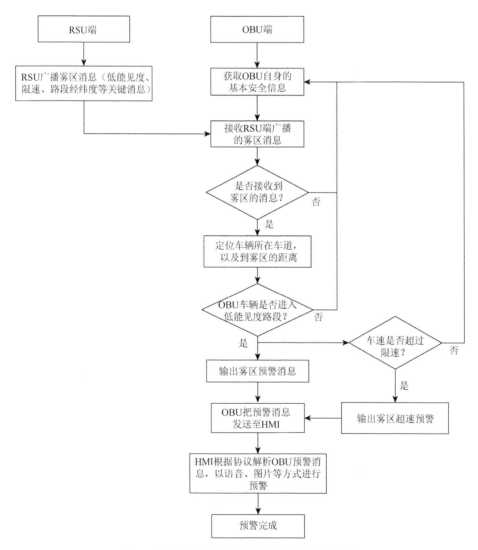

图 11-8-6　局部极端天气/气象状况算法流程图

低能见度气象条件预警算法步骤如下。

（1）RSU 不停地向外广播低能见度气象消息，如低能见度范围、限速、路段经纬度等关键信息。

（2）车载 OBU 接收路侧发送的消息，如果未接收到消息继续等待接收，直到接收到路侧消息转步骤（3）。

（3）通过 GPS 定位车辆所在位置，判断车辆是否进入低能见度区域路段。进入隧道后转步骤（4）。

（4）车载设备给 HMI 发送前方能见度较低的预警消息，并给出建议车速，转步骤（5）。

（5）判断低能见度区域内车速是否超过其限速，超过其限速则给 HMI 发送隧道超速预警消息，如图 11-8-7 所示。

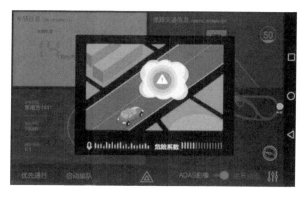

图 11-8-7　超限速演示预警示意图

3. 特种车辆优先请求

特种车辆在执行紧急救援任务时，必须争分夺秒，否则很有可能因为耽误短短的几分钟，造成本可以避免的损失。利用 V2X 通信技术能保障执行紧急任务的救护车、消防车、工程救险车等特种车辆的特别通行权利，建立和完善应急处置工作"绿色通道"。该演示场景示意图和算法流程图分别如图 11-8-8 和图 11-8-9 所示。

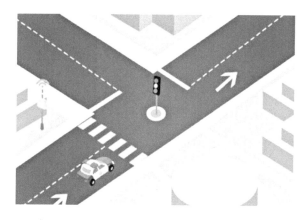

图 11-8-8　特种车辆优先请求演示场景示意图

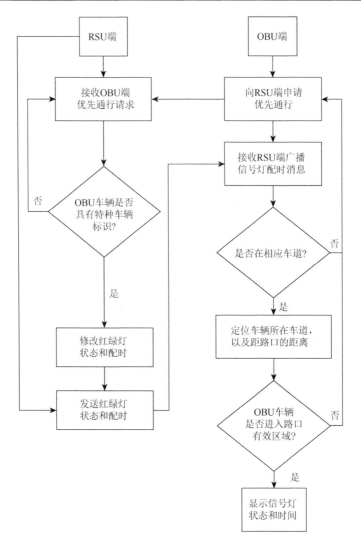

图 11-8-9   特种车辆优先请求算法流程图

特种车辆优先请求算法步骤如下。

（1）车载 OBU 发送优先通行请求，RSU 接收请求消息。

（2）根据接收到的请求消息，RSU 判断该消息是否具有特种车辆标识，如果有，进入步骤（3）。

（3）判断特种车辆所在车道，如果为该路口包含车道，进入步骤（4）。

（4）根据特种车辆所在车道修改信号灯状态和配时，进入步骤（5）。

（5）向外广播信号灯状态和配时。

本案例实现了一种基于 DSRC 技术的车路协同系统的设计，弥补了现阶段在交通安全事故中无法提前预警的弊端，试验测试结果表明，该系统能够稳定、可靠地工作，极大地降低了车辆交通事故发生率，而且该系统安装维护方便，具有一定的商业应用前景。

参 考 文 献

[1] 单强. 城市道路交通设施存在的问题及改善措施[J]. 城市建设理论研究（电子版），2023（28）：193-195.

[2] 郑桂桐. 城市道路施工交通诱导信息发布的标准化研究[D]. 重庆：重庆交通大学，2018.

[3] 徐怡湧. 城市道路交通诱导系统的设计与实现[D]. 杭州：浙江工业大学，2016.

[4] 桑中山，景峻，李杰，等. 基于智能交通的车路协同系统技术应用研究[J]. 中国新通信，2023，25（17）：95-97.

[5] 林志超，林小敏，郑志晓. 基于专用短程通信技术的自动跟车控制策略研究[J]. 汽车实用技术，2023，48（9）：45-49.

[6] 薄涛，王小磊，冯凯，等. V2X 技术在通信系统架构中的应用[J]. 汽车实用技术，2023，48（6）：64-68.

[7] 郭宝军，高贝贝，崔金龙，等. 基于 RS232 接口的交流电源系统设计[J]. 光源与照明，2021（4）：64-65.

[8] 陈新海，祖晖，王博思，等. 车路协同车载高精定位服务系统设计[J]. 激光杂志，2019，40（11）：109-113.